Armin Six

Hühnerzucht heute

Armin Six

Hühnerzucht heute

Rasseporträts – Aufzucht – Haltung
Genetik – Vererbung

3., aktualisierte Auflage

Oertel+Spörer

Bildnachweis
Titelbild: Arco Images J. Moebes
Innenteilbilder:
Arco Images J. Moebes S. 186
Arco Images D. Usher S. 207
Kruppert S. 64u.
Lehari S. 10, 15(2), 18, 24, 189, 192, 193, 194, 195, 197l., 198, 204, 206, 218, 222, 226
Lüft S. 47
Schellschmidt S. 25, 27(2), 28o., 29o., 30(2), 32(2), 33(2), 34u., 35(2), 36, 37(2), 38(2), 40o., 41(2), 42(2), 43u., 44o., 45, 46(2), 48u., 51(2), 53u.,54(2), 56(u.), 57o., 58u., 59(2), 60u., 61o., 62o., 63(2), 64(2)., 65., 66(2), 67(2), 68(2), 69, 70(2), 75u., 76(2), 77(2), 80o., 83u., 84u., 86(2), 87(2), 88(2), 89u., 90, 91(2), 93u., 94, 139(2), 141(2), 143o., 143u.l.
Mersch S. 142u.
Mertensotto S. 39o., 60o., 68o., 71o., 73(2), 74(2), 84o., 89o., 92(2), 143o.
Muss S. 12, 13
Nielsen S. 72
Oehm S. 137
Proll S. 28u., 29u., 39u., 40u., 44u., 56o., 62u., 78u., 79o., 80u.
Wandelt S. 49
Wolters S. 26(2), 31(2), 34o., 43o., 48o., 50(2), 52(2), 53o., 55(2), 57u., 58o., 61u., 68u., 75o., 78o., 79u., 81, 82, 83o., 93o., 143u.r.
Alle anderen Fotos und Grafiken vom Autor

Haftungsausschluss
Die Hinweise in diesem Buch wurden vom Autor sorgfältig recherchiert und geprüft. Es können jedoch keinerlei Garantien übernommen werden. Eine Haftung des Autors, des Verlags und seiner Beauftragten für Personen-, Sach- und Vermögensschäden ist ausgeschlossen.

Bibliografische Information der Deutschen Nationalbibliothek
Die Deutsche Nationalbibliothek verzeichnet diese Publikation in der Deutschen Nationalbibliografie; detaillierte bibliografische Daten sind im Internet über http://dnb.d-nb.de abrufbar.

3., aktualisierte Auflage 2026
Postfach 16 42 · 72706 Reutlingen

Lektorat: Dr. Gabriele Lehari
DTP und Repro: raff-digital gmbh, Riederich
Druck und Einband: FINIDR, s.r.o., Tschechische Republik
ISBN 978-3-88627-569-4

Inhalt

Vorwort

Hühnerzucht bedeutet heute mehr denn je die Erhaltung der immensen Formen- und Farbenvielfalt, die im Laufe der Domestikation des Haushuhns hervorgebracht wurde. Vor dem Hintergrund einer immer kleiner werdenden Züchterschaft und zunehmenden praktischen Problemen bei der Haltung von Hühnern müssen zahlreiche Rassen – auch solche, die noch vor zwei Jahrzehnten als verbreitet und häufig galten – mittlerweile zu den Seltenheiten gerechnet werden, eindrücklich belegt durch die Zuchttierbestandserfassungen des Bund Deutscher Rassegeflügelzüchter.

Daher ist es wichtig, besonders Neueinsteiger in die Geflügelzucht zur Zucht und Haltung von Rassehühnern zu motivieren und sie mit allen Aspekten dieses umfangreichen Themengebietes vertraut zu machen.

Ziel dieses Buches ist daher, dem Züchter und Interessenten einen grundlegenden Einblick in die wichtigsten Bereiche der Hühnerzucht zu vermitteln.

Beginnend mit der Domestikation und Ausbreitung des Haushuhns folgt ein zusammenfassender Überblick über die Vielfalt der Hühnerrassen mit Angaben zu ihrer Entstehung, ihrem Erscheinungsbild und ihren Leistungseigenschaften.

Ein weiterer Schwerpunkt widmet sich der Genetik, wobei nach einer Darstellung der grundlegenden Mechanismen im ersten Teil auf die für die Erhaltungszucht essenziellen Fragen der Populationsgenetik und Züchtungsmethodik eingegangen wird. Der zweite Teil beschreibt die Vererbung der einzelnen Körper- und Farbmerkmale und bietet dem Züchter so eine Hilfe für die praktische Zuchtplanung, speziell, wenn es um notwendig werdende Einkreuzungen zur Minimierung von Inzucht geht.

Der dritte Schwerpunkt beschäftigt sich mit der Brut, Aufzucht und Haltung der Hühner und tangiert dabei auch die Bereiche Fütterung, Krankheiten und Impfungen.

Bei der Fülle der behandelten Themen muss klar sein, dass dieses Buch nur auf die basalen Aspekte jedes einzelnen Fachgebietes eingehen kann. Zur Vertiefung sei daher die weiterführende Literatur empfohlen.

Gedankt sei allen Züchtern, die durch das Mitteilen ihrer Erfahrungen an der Entstehung dieses Buches mitgewirkt haben und nicht zuletzt dem Verlagshaus Oertel+Spörer welches seine Verwirklichung überhaupt erst ermöglicht hat.

Marburg, im Mai 2018
Armin Six

Herkunft und Entstehung des Haushuhns

Domestikation des Haushuhns

Zoologisch betrachtet ist das Haushuhn die domestizierte Form des auch gelegentlich als Bankivahuhn bezeichneten Roten Kammhuhns (*Gallus gallus*) und trägt dementsprechend die wissenschaftliche Bezeichnung *Gallus gallus domesticus*. Zur Gattung der Kammhühner zählen neben dem Roten Kammhuhn noch drei weitere Arten: das Grüne Kammhuhn oder Gabelschwanzhuhn (*Gallus varius*), das Gelbe Kammhuhn oder Lafayettehuhn (*Gallus lafayettii*) und das Graue Kammhuhn oder Sonnerathuhn (*Gallus sonneratii*).

Die Kammhühner zählen innerhalb der Ordnung der Hühnervögel (Galliformes) zur Familie der Fasanenartigen (Phasianidae). Ihre nächsten Verwandten sind nach aktuellen molekulargenetischen Untersuchungen (Wang et al. 2013) die in Ost- und Südostasien beheimateten Bambushühner (Gattung *Bambusicola*).

Das Verbreitungsgebiet des Roten Kammhuhns erstreckt sich von Pakistan und Kaschmir im Westen bis Südchina im Osten, umfasst nahezu vollständig Hinterindien und reicht im Süden bis Sumatra und Java. Zusätzliche Vorkommen auf den Philippinen und der polynesischen Inselwelt sind möglicherweise nicht natürlich und auf neuzeitliche Verbreitung durch den Menschen zurückzuführen. Als bevorzugter Lebensraum gelten trockene bis feuchte Wälder mit dichter Bodenvegetation bis etwa 1100 m ü.N.H. Die Tiere entsprechen in Größe und Erscheinungsbild in etwa den Deutschen Zwerghühnern und zeigen die auch als bankivoider Typ bezeichnete Landhuhnform. Sie sind allesamt einfachkämmig und wildfarbig, was in etwa der heute als rebhuhnhalsig (früher rebhuhnfarbig) standardisierten Farbvariante entspricht.

Die Hennen wiegen um 700 g, die Hähne um 1000 g. Im Gegensatz zu fast allen domestizierten Hühnerrassen legt das Rote Kammhuhn im Sommer eine Zwischenmauser ein, bei der die Hähne ein schlichtes Ruhekleid ausbilden.

Die Tiere kommunizieren durch 30 verschiedene Gackerlaute. Der Krähruf entspricht weitestgehend dem des Haushuhns, speziell dem von Zwerghähnen vergleichbarer Körpergröße. Die Hühner sind tagaktiv und ziehen sich zur Nachtruhe auf Äste in etwa zwei Meter Höhe zurück. Obwohl flugtüchtig, sind sie eher Kurzstreckenflieger. Grundsätzlich halten die Vögel Abstand zueinander, allerdings helfen sie sich gegenseitig bei der Federpflege. Gern nutzen sie auch Staub- oder Sandbäder in Sandkuhlen, um sich von Parasiten zu befreien.

Die Gruppengröße umfasst im Regelfall einen Hahn und drei bis fünf Hennen, doch kommen auch Gruppen von bis zu 40 Tieren mit mehreren Hähnen, die dann eine Rangordnung ausbilden, vor. Das Gelege besteht aus sechs bis

Ein Hahn der Unterart Gallus gallus jabouillei

zwölf Eiern entsprechend der Menge, die eine Henne während einer Brut zu bedecken vermag. Anders als viele Haushuhnrassen erlangt das Rote Kammhuhn seine Fortpflanzungsfähigkeit erst nach Vollendung des ersten Lebensjahres. Zumeist werden zwei bis drei Gelege pro Jahr ausgebrütet.

Die Nahrung besteht hauptsächlich aus Samen, Beeren, Knospen, Insekten und Würmern. Mehr als die Hälfte des Tages wird für die Futtersuche aufgewendet, wobei der Boden durch Scharren mit den Läufen durchsucht wird. Die Hühner haben ein gutes Gehör, einen ausgeprägten Tastsinn an den Beinen und können bis zu 50 Meter weit sehen.

In seinem Areal kommt *Gallus gallus* in fünf geografischen Unterarten vor:

- Die Nominatform ***Gallus gallus gallus*** ist in Cochinchina, Vietnam und Thailand verbreitet, hat große, weiße Ohrscheiben und blaugraue bis bräunliche Beine. Der Schnabel ist braun mit horngelber Spitze. Die Brutdauer beträgt im Gegensatz zum Haushuhn nur 19 Tage, die Eier sind weiß bis rosig cremefarben. In Nord-Annam haben sich Mischpopulationen mit *Gallus gallus jabouillei* herausgebildet.
- Die Verbreitung von ***Gallus gallus murghi*** erstreckt sich in Form eines Gürtels von Pakistan über Nordindien bis nach Ostindien. Die Unterart ist charakterisiert durch kleine Ohrscheiben mit rotem Rand und weißen Innenflächen. Die Beine sind bleibraun, der Schnabel oberseitig braun, unterseitig hornfarbig. Die Eier sind hell isabellfarbig bis hell rötlichbraun. *Gallus gallus murghi* gilt als leichter zähmbar als die anderen Unterarten und soll nach einigen Generationen in Gefangenschaft an Größe zunehmen.
- ***Gallus gallus spadiceus*** ist in Burma, Laos, Malaysia, West- und Süd-Thailand sowie Nord-Sumatra verbreitet. Diese Unterart hat kleine, rote Ohrlappen und einen kürzeren Halsbehang als die Nominatform. Ihr Lebensraum überschneidet sich an den Außengrenzen teilweise mit dem von *Gallus gallus murghi*, was zur Ausbildung von Mischpopulation geführt hat.
- ***Gallus gallus jabouillei*** ist in Tonking, Laos und Jünnan beheimatet. Es handelt sich um die dunkelste Variante, die zudem einen auffallend kleinen

Kamm hat. Ansonsten ähnelt sie *Gallus gallus spadiceus*. Sie lebt in kälteren und feuchteren Habitaten als die übrigen Unterarten. Im Nordwesten Tonkings kommen Mischpopulationen mit *Gallus gallus spadiceus* vor.

- ***Gallus gallus bankiva*** bewohnt die Südhälfte Sumatras, Java und Bali. Auffallend sind die lanzettförmigen, an der Spitze abgerundeten Nackenfedern, die bei den anderen Unterarten spitz auslaufen. Es gilt als die kleinste Unterart. Zur Farbe der Ohrscheiben gibt es verschiedene Darstellungen. Während Raethel (1991) sie als weiß bezeichnet, beschreibt Kaiser (2018) sie als rot. Die Beine sind blaugrau.

Bereits Charles Darwin vertrat 1873 die Auffassung, dass sich alle Haushühner auf das Rote Kammhuhn zurückführen lassen. Er stützte seine Ansicht seinerzeit auf die mögliche Kreuzbarkeit von Haushuhn und dieser Wildhuhnart, bei der unbegrenzt fruchtbare Nachkommen erzeugt werden, sowie die Ähnlichkeit vieler ursprünglicher Haushuhnrassen mit *Gallus gallus* bezüglich Form und Farbe. Mittlerweile sind verhaltensbiologische und genetische Befunde hinzugekommen, sodass als sicher gilt, dass das Rote Kammhuhn der maßgebliche Vorfahr des Haushuhns ist.

Unabhängig davon gab es immer wieder Vermutungen, dass auch andere Arten der Gattung *Gallus* an der Domestikation beteiligt waren. Begründet wurde dies mit der bedingt möglichen Kreuzbarkeit dieser Arten mit Haushühnern. So sind die Hähne aus Verpaarungen mit Gabelschwanzhuhn fruchtbar (die Hennen legen nicht entwicklungsfähige Eier) und auch die Hähne aus Kombinationen mit dem Sonnerathuhn lassen sich erfolgreich auf das Haushuhn zurückkreuzen.

Hier Vertreter der Unterart Gallus gallus spadiceus

Derartige Verpaarungen wurden in der Vergangenheit regelmäßig in Südostasien durchgeführt und sollen gelegentlich auch in freier Natur vorkommen (Gleichauf 1972).

Speziell die gelbe Lauffarbe des Haushuhns sollte danach ebenso wie der Silberfaktor ein Erbe des Sonnerathuhns sein. Was den Silberfaktor betrifft, so ist dies sicher auszuschließen. Entsprechende Kreuzungsexperimente zeigten eindeutig, dass die Nachkommen auch nach mehrjähriger Geschwister- und Rückpaarung kein Silber im Federkleid trugen, was bei der Dominanz des haushuhntypischen Silberfaktors aber zu erwarten gewesen wäre (Kirchner 1984a, 1984b).

Anders verhält es sich bei der gelben Lauffarbe. Die gelbe Färbung von Haut und Läufen beruht auf einer Mutation, die genau genommen ein Gendefekt ist. Normalerweise werden Karotinoide, also Pflanzenstoffe, die im Futter enthalten sind, vom Stoffwechsel in Vitamin A umgewandelt und gehen dann in eine farblose Form über. Die besagte Mutation führt jedoch dazu, dass dieser Mechanismus in der Haut, also auch den Läufen, nicht mehr funktioniert: Die Karotinoide werden nicht mehr abgebaut, sondern eingelagert.

Gelbe Läufe sind besonders bei Rassen asiatischer Herkunft verbreitet. Innerhalb Europas kommen sie fast ausschließlich bei Rassen italienischen Ursprungs wie Italienern oder Leghorn vor.

Eine schwedische Studie aus dem Jahr 2008 konnte nun zeigen, dass die gelben Läufe bei Haus- und Sonnerathuhn auf derselben Mutation beruhen, diese aber beim Roten Kammhuhn nicht vorkommt. Daraus schlossen sie, dass auch das Sonnerathuhn an der Entstehung der heutigen Hühnerrassen beteiligt war. Nach Ansicht der Forscher wurde das Sonnerathuhn mit einer frühen Form des Haushuhns gekreuzt. Die heutige Häufigkeit gelbläufiger Hühner führten sie auf eine Bevorzugung durch den Menschen zurück (Erikson et al. 2008).

Eine Klärung dieses Sachverhalts brachte schließlich eine großangelegte Untersuchung (Lawal et al. 2020), in der durch genomweite Analysen gut abgesicherte Ergebnisse auf weitaus breiterer Datengrundlage als bisher generiert werden konnten. Neben allen Kammhuhn-Arten und sämtlichen Unterarten des Roten Kammhuhns waren hier Langschan aus China, verschiedene unselektierte Landhühner aus Äthiopien, Saudi-Arabien, Sri Lanka und Indonesien sowie Tiere der Rassen Mechelner und Bresse involviert.

Die überraschenden Ergebnisse gingen weit über das Erwartete hinaus und konnten zeigen, dass es neben einem Genfluss des Sonnerathuhns in das Haushuhn auch einen Input des Lafayettehuhns gab, und darüber hinaus sogar eine einmalige Hybridisierung mit dem Gabelschwanzhuhn stattgefunden hat.

Der Anteil der Mischung wurde für das Sonnerathuhn auf 12 %, für das Lafayettehuhn auf 14 % und für das Gabelschwanzhuhn auf 9 % geschätzt, wobei der Anteil des Lafayettehuhns real deutlich niedriger einzustufen ist. Der hier ermittelte hohe Wert ist auch auf dessen nahe Verwandtschaft zum Sonnerathuhn zurückzuführen, die eine klare Zuordnung der beigesteuerten DNA-Abschnitte teils nicht möglich machte und sie so für beide Arten anzeigte.

Die Gemeinsamkeiten im Genpool zwischen Haushuhn und Rotem Kammhuhn wurden, je nach angewandtem Analyseverfahren, auf 71 beziehungsweise 79 % geschätzt.

Die DNA-Abschnitte des Sonnerathuhns konnten vermehrt bei den Haushühnern aus Sri Lanka und Saudi-Arabien vorgefunden werden und erreichen in Äthiopien ihre höchste Frequenz. Sie kommen jedoch auch bei indonesischen Rassen und Roten Kammhühnern vor, während sie bei den chinesischen Langschan komplett fehlen. Sie sind also bei Rassen des westlichen Ausbreitungszweiges stärker vertreten, was plausibel erscheint, da das Verbreitungsgebiet des Sonnerathuhns westlich an das des Roten Kammhuhns angrenzt. Für die europäischen Rassen, die hier nicht explizit untersucht wurden, kann ein ähnliche hoher Anteil wie für die nahöstlichen Populationen vermutet werden.

Hahn und Henne von Gallus sonneratii, dem Grauen Kammhuhn oder Sonnerathuhn

Die DNA-Abschnitte des Lafayettehuhns fanden sich in dieser Studie ausschließlich bei Landhühnern aus Sri Lanka, doch ist davon auszugehen, dass sie auch bei (hier nicht untersuchten) Populationen des indischen Festlands und deren Nachfahren vorkommen.

Die Introgression des Gabelschwanzhuhns konnte nur bei den Langschan als einziger untersuchter chinesischer Rasse nachgewiesen werden. Sie dürfte aber auch bei weiteren Rassen chinesischer Herkunft vorhanden sein und spricht für eine frühe Einfuhr südostasiatischer Haushühner in den chinesischen Kulturraum.

Weiterhin lieferte die Studie modellbasierte Schätzungen zum Zeitpunkt der Trennung zwischen Rotem Kammhuhn und Haushuhn, also dem Beginn der Domestikation, die danach vor ca. 7.000 bis 8.800 Jahren stattgefunden hat.

Sehr hartnäckig hält sich bis heute die Legende vom ausgestorbenen Riesenwildhuhn *Gallus giganteus*, von dem die malaioiden Kampfhühner abstammen sollen. Mittlerweile konnte jedoch mithilfe der Molekulargenetik (Six & Weigend 2003) gezeigt werden, dass die asiatischen Kämpfer (untersucht wurden Asil und Malaien aus europäischen Zuchten) keine Außengruppe mit hoher genetischer Distanz zu den anderen Rassen bilden, sondern sich im Gegenteil relativ zentral im Verwandtschaftssystem der Haushühner mit Tendenz hin zu den asiatischen Rassen ansiedeln. Weiterführende Untersuchungen unter Einbeziehung indigener chinesischer Rassen, darunter verschiedene malaioide Kämpfer, bestätigten diese Ergebnisse und zeigten eine klare Clusterung dieser Kämpfer innerhalb der phänotypisch sehr variablen Gruppe der asiatischen Rassen (Granevitze et al. 2009; Malomane et al. 2019).

Lange Zeit war unklar, welche Unterarten des Roten Kammhuhns an der Domestikation des Haushuhns beteiligt waren und ob diese nur einmal oder mehrfach unabhängig voneinander stattgefunden hat. Da im Rahmen mehrerer Studien gezeigt werden konnte, dass die heutigen Haushuhnpopulationen DNA-Abschnitte von *G. g. gallus, G. g. spadiceus und G. g. murghi* aufweisen, lag es nahe, von mehreren Domestikationsereignissen auf Basis verschiedener Unterarten auszugehen.

Auch diese Frage konnte durch eine neuere Studie (Wang et al. 2020) weitgehend geklärt werden. Danach gab es lediglich ein Domestikationsereignis auf der Grundlage von *G. g. spadiceus*, was das Areal der Haustierwerdung auf den südostasiatischen Raum konzentriert und den Bereich der Industal-Kultur im heutigen Pakistan und Indien, der bisher als gesichertes Domestikationszentrum galt, ebenso wie vermutete Regionen in Zentralchina praktisch ausschließt.

Der zusätzlich nachgewiesene Genfluss von allen anderen Unterarten ist danach ein sekundärer Prozess, der während der frühen Ausbreitung des Haushuhns durch Mischung mit den entsprechenden Wildformen stattfand.

Besonders stark ist dabei der Input von *G. g. murghi*, das in Bangladesch 22,4 %, in Indien 17,6 % und in Pakistan 8,4 % des Genpools der dortigen Haushühner ausmacht. Den höchsten Wert erreichten die weißen Leghorn als Repräsentanten der europäischen Rassen, deren Genom zu 25 % auf *G. g. murghi* basiert. Dieser starke Input auf dem westlichen Ausbreitungszweig des Haushuhns steht in Einklang mit der Verbreitung vom *G. g. murghi* als westlichster Unterart und bietet eine Erklärung für die bei ursprünglichen europäischen Landschlägen vorkommenden weißen Ohrscheiben mit rotem Rand.

Die untersuchten chinesische Rassen weisen Anteile von *G. g. jaboullei* in Höhe von 1,3 bis 6,2 % auf, während indonesische Hühner sowohl einen Input von *G. g. gallus* (4,8 bis 10,7 %) als auch von *G. g. bankiva* (1,6 bis 6,5 %) erhielten.

Der Trennung des Haushuhns von *G. g. spadiceus* fand nach dieser Studie etwas früher, und zwar vor 9.500 ± 3.500 Jahren statt, was aber weitgehend mit der Schätzung in der zuvor zitierten Untersuchung (Lawal et al. 2020) übereinstimmt; für die Trennung des Haushuhns von *G. g. murghi* wurde ein Zeitraum von 54.800 ± 5.100 Jahren ermittelt.

Über die **Gründe für die Domestikation** herrscht noch weitgehend Unklarheit. Benecke (1994) führt mehrere denkbare Motive an:

So vermuten manche Forscher primär kultische Motive. Eine Vase aus Mohenjo-Daro, einer der großen Städte der Industal-Kultur, stellt Hühner auf Bäumen sitzend neben Sonnen dar. Solche Motive, die sich in ähnlicher Form auch auf iranischer Keramik des 3. Jahrtausends v. Chr. und später vor allem auf mittelassyrischen Gefäßen finden, lassen einen Zusammenhang mit dem zu jener Zeit stark verbreiteten Sonnenkult vermuten.

Eine Tonstatuette, ebenfalls aus Mohenjo-Daro, die ein schweres Huhn vor einem Futternapf zeigt, belegt jedoch ebenso wie Knochenfunde großer Hühner der gleichen Kultur eine frühe Fleischnutzung des Huhns.

Über die Legeleistung der Hühner dieser Zeit ist nichts bekannt, doch ist nicht zu vermuten, dass sie jene der Wildform weit überschritten hat.

Weiterhin wird vermutet, dass die Aggressivität der Bankivahähne während der Revierverteidigung den Menschen dazu motiviert hat, diese Tiere zum Zwecke des Hahnenkampfes zu halten, wobei auch hier kultische oder religiöse Aspekte mitgewirkt haben könnten. Zumindest wurde der Hahnenkampf schon sehr früh praktiziert, wofür nicht zuletzt das hohe Alter einiger Kampfhuhnrassen (z.B. Asil, Malaien) spricht.

Ausbreitung des Haushuhns und Entwicklung der Rassen

Nach der Domestikation begann recht schnell die primäre Ausbreitung des Haushuhns, die wohl relativ zeitgleich in verschiedene geographische Richtungen erfolgte. Dabei führte ein Zweig nach Norden in den Himalaya und nach China, wo es zur Hybridisierung mit *G. g. jaboullei* und, infolge unterschiedlicher Umweltbedingungen, einer starken phänotypischen Diversifizierung kam. So entstanden hier die sogenannten „Riesenhühner" vom Cochintyp, deren Merkmale wie großes Körpervolumen, dichte Befiederung, die Ausbildung von Unterhautfett, eine starke Daunenentwicklung der Küken und die Legetätigkeit im Winter als Anpassungen an das Überleben in der kalten Umgebung der Hochtäler des Himalayas gedeutet werden. Die ältesten schriftlichen Hinweise für eine Hühnerhaltung in China sind ca. 3.400 Jahre alt, doch dürfte der Zeitpunkt der Ersteinfuhr deutlich früher anzusetzen sein.

Seit Jahrtausenden zählen die Hühner zu den wichtigsten Nutztieren.

Ein weiterer asiatischer Zweig führte auf den Malaiischen Archipel, wo der Genfluss von *G. g. gallus*, *G. g. bankiva* und dem Gabelschwanzhuhn (*G. varius*) hinzukam. Neben ursprünglichen Landhuhnformen, die dem Wildtyp nahestehen, ist diese Gruppe heute besonders durch eine hohe Vielfalt an Kampfhühnern (sowohl des Malaien- als auch des Bankivatyps) gekennzeichnet.

Der westliche Ausbreitungszweig führte zunächst nach Indien, wo Haushühner auf etwa 4.500 Jahre alten Artefakten der Industal-Kultur dargestellt werden und es bereits erste Hinweise auf eine Größenzunahme gibt, belegt durch Knochenfunde großer Hühner und eine Tonstatuette, die ein schweres Huhn vor einem Futternapf zeigt. Hier kam es zu den Hybridisierungen mit *G. g. murghi* und dem Sonnerathuhn (*G. sonneratii*), auf Sri Lanka zusätzlich mit dem Lafayettehuhn (*G. lafayettii*). Ebenso wie Südostasien weist auch Indien eine Vielzahl von Kampfhuhnrassen, speziell des Malaientyps, auf. Bereits während der Industal-Kultur fand eine weitere Ausbreitung nach Westen statt, wie persische Keramiken aus dieser Epoche belegen. Kurz darauf, vor gut 4.000 Jahren, tritt das Haushuhn in Vorderasien (Syrien) auf, und wird vor mindestens 3.500 Jahren auch in Kleinasien sichtbar, wie Funde frühhethitischer Zeit zeigen.

Etwa zeitgleich fand die Ausbreitung nach Ägypten statt, wo die ersten Darstellungen von Hühnern auf die Zeit vor 3.500 Jahren datieren. Darunter befindet sich auch die älteste bekannte Abbildung eines Hahns auf einer Vase, die vermutlich minoischen Ursprungs ist und darauf hindeutet, dass Hühner in der Ägäis möglicherweise früher vorhanden waren als auf dem griechischen Festland. Vom Niltal aus schritt die Verbreitung dann weiter in den afrikanischen Kontinent fort.

Von Kleinasien aus erreichte das Haushuhn Griechenland, wo Hühner vor spätestens 3.000 Jahren vornehmlich zu Kampfzwecken gehalten wurden. Von dort führte ein Zweig nach Westen über das Mittelmeer nach Italien, wo das Bucchero-Hähnchen von Viterbo unweit von Rom, eine ca. 2.600 Jahre alte etruskische Keramikfigur, die als Gefäß diente, den ersten dortigen Nachweis repräsentiert.

Ein weiterer Zweig breitete sich über den Balkanraum nach Osteuropa aus, wo die ältesten gesicherten Belege skythischen Gräbern aus der Ukraine, die ebenfalls in die Zeit vor etwa 2.600 Jahren zurückreichen, entstammen (Benneke 1994).

Im selben Zeitraum erscheint das Huhn auch in Mitteleuropa, was durch Funde aus der Heuneburg, einem keltischen Fürstensitz der Hallstattzeit im Kreis Sigmaringen, bestätigt wird. Diese Tiere kamen entweder aus dem Mittelmeerraum, worauf archäologisch belegte Beziehungen zur etruskischen Kultur hinweisen, oder mit den Skythen aus Osteuropa, die nachweislich Einfluss auf die Entwicklung der eisenzeitlichen keltischen Hallstattkultur nahmen.

Durch die Ausdehnung des phönizischen Einflussbereiches in den westlichen Mittelmeerraum, beginnend vor ca. 3.000 Jahren, erscheint das Haushuhn auch schon sehr früh auf der iberischen Halbinsel.

Bei den Hühnern des europäischen Ausbreitungszweiges handelte es sich ausschließlich um relativ kleine Formen des Landhuhntyps, die sich in ihren Proportionen wohl nur wenig von der Wildform unterschieden. Dieser Typ blieb innerhalb der europäischen Rassen im Prinzip bis in die Neuzeit erhalten, wobei ab dem Spätmittelalter eine Größenzunahme auf das Niveau der heutigen Landhuhntypen erkennbar war. Lediglich in römischer Zeit kam es, bedingt durch züchterische Bemühungen und verstärkte Handelsbeziehungen, zu einer Vergrößerung der Formen- und Größenvielfalt, die jedoch nach dem Ende des römischen Reiches weitgehend wieder verloren ging.

Thema einer laufenden Debatte ist nach wie vor die Situation in Südamerika. Sicher ist, dass die Spanier Hühner in die von ihnen eroberten Gebiete brachten, denen nur wenig später Einfuhren aus Afrika und Asien folgten. Doch wird ebenso die Auffassung vertreten, dass schon in vorkolumbianischer Zeit polynesische Seeleute den amerikanischen Kontinent erreichten und das Haushuhn dort verbreiteten. DNA-Untersuchungen zur Klärung dieser Frage lieferten widersprüchliche Ergebnisse, lassen es aber zumindest möglich erscheinen, dass polynesische Hühner an der Herausbildung der südamerikanischen Populationen beteiligt waren.

Basierend auf den skizzierten Ausbreitungswegen lassen sich, unabhängig vom äußeren Erscheinungsbild, zwei große Verwandtschaftsgruppen differenzieren: einerseits die asiatischen Rassen inklusive der malaienartigen Kämpfer, andererseits die europäischen Rassen, die zumindest teilweise auch die in Europa entstandenen Kampfhühner beinhalten.

Morphologisch werden **drei Grundtypen** des Haushuhns unterschieden:

- Der **Cochintyp** ist gekennzeichnet durch einen großen, massigen, würfelförmigen Körper, sehr reiche, weiche, lose Befiederung und rote Ohrlappen.
- Der **Malaientyp** beschreibt Tiere mit schlankem, muskulösem Körperbau, aufgerichteter Haltung, kräftigen Läufen, langem, kräftigem Hals, straffer, knapper Befiederung und roten Ohrlappen. Kommen ursprünglich nur Wulst- oder Erbsenkämme vor, finden sich heute durch Kreuzungen auch andere Kammformen.
- Als **Bankivatyp** oder **Landhuhntyp** werden Formen bezeichnet, die einen schlanken, walzen- bis rechteckförmigen Körper, volle, lange Befiederung und eine lange Besichelung der Hähne aufweisen.

Aus diesen drei Grundtypen ist im Laufe der Zeit durch Kreuzung eine ganze Reihe von Mischtypen entstanden. So ist der halbasiatische Typ als Abwandlung des Cochintyps zu verstehen, der überwiegend aus diesem unter leichter Beteiligung von Bankiva- und zum Teil auch Malaientypen herausgebildet wurde.

Daneben gibt es Zwischenformen, die etwa gleich große morphologische Anteile verschiedener Typen zeigen.

Einige asiatische Bankivatypen (z. B. die Sumatra) weisen Merkmale malaienartiger Hühner auf. Wurden sie früher oft als Kreuzungen dieser beiden Typen aufgefasst, gilt heute als wahrscheinlicher, dass es sich um äußerst ursprüngliche Formen handelt, die entwicklungsgeschichtlich zu den stark abgewandelten Malaientypen überleiten.

Die Rassen asiatischer Herkunft weisen eine weit stärkere morphologische Vielfalt auf als die vorwiegend im Bankivatyp vorkommenden europäischen Rassen, was mit einer längeren Domestikationsphase, der Anpassung an die stark variierenden Umweltbedingungen des asiatischen Kontinents sowie gezielten Zuchtbemühungen zu erklären ist.

Molekulargenetische Untersuchungen auf Basis von 25 selektionsneutralen Erbanlagen (Mikrosatelliten) an zunächst 31 (Six & Weigend 2003), später 65 Haushuhn-Populationen (Granevitze et al. 2009) unterschiedlicher Herkunft zeigten unter Anwendung verschiedener Auswertungsverfahren jeweils eine geografischen und nur substrukturell morphologischen Mustern folgende Auftrennung der Rassengruppen, die eine deutliche Clusterung in asiatische und europäische Rassen erkennen lässt. Die Herausbildung der Verwandtschaftsgruppen folgte über Jahrhunderte hinweg vielmehr der zufälligen Verteilung von Erbanlagen im Rahmen der sukzessiven Ausbreitung (Genetische Drift) als gezielten Zuchtbemühungen des Menschen.

Weitergeführt wurden diese Untersuchungen im SYNBREED chicken diversity panel (Malomane et al. 2019), das mit der Analyse von 174 Populationen aller geographischer und morphologischer Gruppen inklusive verschiedener Unterarten des Roten Kammhuhns auf Basis von 123.273 genetischen Markern (Single Nucleotid Polymorphismen) das bisher umfangreichste und umfassendste Projekt dieser Art darstellt. Es bestätigte grundsätzlich die zuvor generierten Ergebnisse und konnte sie an vielen Stellen noch weiter verfeinern. So wurden die Rassen des Nahen Ostens und Nordostafrikas erwartungsgemäß als Schwestergruppe des europäischen Zweiges identifiziert und innerhalb der asiatischen Rassen konnte eine basale südostasiatische Gruppe differenziert werden, der auch die Roten Kammhühner angehören. Die erstmals in der Analyse vertretenen japanischen Rassen zeigten einen starken Bezug zur chinesischen Gruppe. Weiterhin konnte eindeutig geklärt werden, dass die europäischen Kampfhühner das Ergebnis einer komplett eigenständigen Entwicklung sind und nicht, wie früher vielfach angenommen, auf in der Antike importierten asiatischen Kämpfern basieren.

Besonders aufschlussreich waren die Ergebnisse der Admixture-Analyse. Das Programm Admixture sucht nach typischen, immer wieder auftretenden Allelkombinationen und überprüft, in welchem Umfang sie in einem Individuum beziehungsweise einer Population vorhanden sind. Bei der Analyse werden diese Kombinationen schrittweise in Untergruppen getrennt, wobei im ersten Schritt eine Trennung in zunächst zwei Cluster vorgenommen wird, die in den folgenden Schritten jeweils weiter differenziert werden. Auf diese Weise werden immer detailliertere Cluster erkennbar, die ganz bestimmte Herkünfte charakterisieren.

Das **Südostasiatische Cluster** repräsentiert geographisch die Ursprungsregion des Haushuhns und erreicht seine höchsten Frequenzen bei Roten Kammhühnern, in Vietnam, Indien, bei japanischen Kämpfern und europäischen Malaientypen, also den europäischen Zuchtformen der asiatischen Kampfhühner. Relativ stark vertreten ist es auch bei europäischen und japanischen Urzwergen, indigenen chinesischen Rassen, ostafrikanischen Kämpfern sowie den in Europa gezüchteten Langschwanzhühnern. Da es bei den asiatischen Kämpfern und den meisten Urzwergen signifikant vertreten ist, kann es als „Marker“ für diese Gruppen aufgefasst werden, die beide Wurzeln im südostasiatischen Raum haben und von dort aus weiter verbreitet wurden.

Der westliche Ausbreitungszweig ist zu Beginn durch eine Zunahme des **Westasiatisch-Nordostafrikanischen Clusters** gekennzeichnet, dessen Anteil von Indien über den Nahen Osten und Ägypten bis nach Ostafrika stark ansteigt. Eine relativ hohe Frequenz zeigt es noch, wenn auch mit bereits abnehmender Tendenz, im östlichen Mittelmeerraum.

Das **Westeuropäische Cluster** wird erstmals im Nahen Osten und in Ägypten deutlich sichtbar, avanciert in Kleinasien zur stärksten Komponente und erreicht seine höchsten Werte in Italien, Spanien und Mitteleuropa (bis zu 90%). Auch bei den Rassen osteuropäischer Herkunft ist es relativ stark vertreten, wenngleich mit deutlich geringerer Frequenz. Es repräsentiert den Ausbreitungsweg von Kleinasien über Griechenland nach Italien und von dort, primär während der Zeit des römischen Reiches, nach West- und Mitteleuropa.

Das **Osteuropäisches Cluster** ist bei den kleinasiatischen Rassen mit moderater Frequenz vorhanden und nimmt bei den nachweislich aus Osteuropa stammenden Hauben- und Sprenkelhühnern massiv zu, wo es etwa 40% des Genoms ausmacht. Die Tatsache, dass es bei sehr alten englischen Rassen wie den Altenglischen Kämpfern und Dorking ähnlich hohe Werte erreicht, spricht stark dafür, dass es tatsächlich zu einer eisenzeitlichen, von Osteuropa ausgehenden Verbreitung nach Mittel- und Westeuropa kam und es sich bei den Altenglischen Kämpfern und Dorking um relativ unverfälschte Nachfahren dieses alten Zweiges handelt. Seinen Maximalwert erreicht das Osteuropäische Cluster bei den Federfüßigen Zwerghühnern, die zusammen mit ihren Verwandten als Zwergform der osteuropäischen Gruppe interpretiert werden können.

Das **Weißleger-Cluster** wurde durch die massive Selektion einiger Leghornlinien auf Legeleistung und damit einhergehende genetische Drift vom übrigen europäischen Genpool getrennt. Es ist bei allen Rassen mit Leghornbezug mehr oder weniger stark vorhanden.

Ebenso das Resultat einer starken Selektion ist das **Sebright-Cluster**. Es dominiert komplett bei den Sebright und ist überwiegend europäischer und zu einem geringen Teil asiatischer Herkunft, was in Einklang mit der Entstehung der Sebright aus südostasiatischen Nankin-Bantam, Hamburger Silberlack und Paduanern steht. Es ist charakteristisch für die meisten europäischen Urzwerge.

Auf dem asiatischen Ausbreitungszweig kam es nordöstlich zu einer massiven Zunahme des **Chinesischen Clusters**, das die höchsten Werte (bis zu 90%) bei den Brahma und Cochin erreicht. Auch bei deren (partiellen) Nachfahren, den Rassen im halbasiatischen Typ und den Zwischentyprassen, zeigt es hohe bis sehr hohe Frequenzen. Es kann daher als „Marker" für diese Gruppen gewertet werden.

Das **Seidenhuhn- und Zwerg-Cochin-Cluster** spaltet sich in der Analyse erst relativ spät vorwiegend aus dem Chinesischen und zum geringeren Teil aus dem Südostasiatischen Cluster heraus. Es charakterisiert mit den Seidenhühnern und Zwerg-Cochin die in Europa gezüchteten leichten Rassen im Cochintyp und dominiert bei diesen komplett.

Die geographische und langwährende politische Isolation Japans führte zur Ausbildung des **Japanischen Clusters**, das bei den Langschwanzrassen Onagadori, Totenko und Ohiki Frequenzen von bis zu 100% erreicht und diese so als Nachfahren der ersten nach Japan eingeführten Hühner identifiziert. Auch bei den Chabo, die einen zusätzlichen Input südostasiatischer Zwerghühner erhielten, ist es hochfrequent vorhanden, während es bei den japanischen Kämpfern, deren Ursprung ebenso in Südostasien liegt, geringere Anteile zeigt.

Sekundäre Ausbreitung

Durch verstärkte Handelsbeziehungen, besonders den ausgeprägten niederländischen und britischen Seehandel, kam es vor allem ab dem 18. Jahrhundert zur Einfuhr asiatischer Rassen unterschiedlicher Typen („Riesenhühner", Kampfhühner, Langschwanzrassen, Zwerghühner) nach Europa und Nordamerika. Deren Kombination mit indigenen Landhühnern führte zu einer geradezu explosionsartigen Entstehung neuer Typen und Rassen (Schwere Rassen, Rassen im halbasiatischen Typ, Zwischentyprassen), sodass man hier durchaus von einer sekundären Ausbreitung sprechen kann.

Auch wäre die Entstehung so populärer Urzwerge wie der Sebright oder Bantam ohne den Einfluss südostasiatischer Zwerghühner wie der Nankin-Bantam nicht denkbar gewesen.

Die Hühnerrassen

Die folgende systematische Einordnung der Haushühner basiert auf Herkunft, Verwandtschaft und Erscheinungsbild der in Deutschland anerkannten Rassen, ergänzt um eine kurze Beschreibung einschließlich der jeweiligen Zwergformen. Angegebene Legeleistungen beziehen sich auf ein Jahr.

Rassen asiatischer Herkunft

Kampfhühner im Malaientyp

Rassen dieses Typs zeichnen sich durch einen muskulösen Körper mit aufgerichteter Haltung und kräftigen, meist gelben Läufen, die Ausbildung von Wulst- oder Erbsenkämmen in Kombination mit verkleinerten Kehllappen, einen greifvogelartig wirkenden Kopf, rote Ohrlappen und eine oft knappe, harte Befiederung aus. Diese überwiegend sehr alten Rassen sind das Ergebnis einer Jahrhunderte währenden Selektion für den Hahnenkampf. Einige der folgenden Rassen weisen einen mehr oder weniger großen Anteil europäischer Kämpfer auf. Da die asiatische Herkunft jedoch überwiegt, erfolgt die Einordnung an dieser Stelle.

Malaien verkörpern einen sehr großen (70-80 cm), hochgestellten Kämpfertyp mit Dreibogenlinie aus Hals, Rücken und Schwanz, kurzer knapper Befiederung und Wulstkamm. Aus Hinterindien und vom malaiischen Archipel stammend wurden sie in der ersten Hälfte des 19. Jahrhunderts nach Europa eingeführt, wo sie bei der Entstehung zahlreicher Rassen Pate standen. Mehrere Farbenschläge. Legeleistung ca. 80 bräunliche oder gelbe Eier.

Die Zwergform ist englischen Ursprungs und wurde bereits Mitte des 19. Jahrhunderts aus der Großrasse und den gerade entstehenden Modernen Englischen Zwergkämpfern herausgebildet. Zahlreiche Farbvarianten. Legeleistung ca. 80 hellbraune Eier.

1,0 Malaien, blau-weizenfarbig

1,0 Shamo, schwarz-rot

Shamo bedeutet auf Japanisch schlicht Kämpfer und ist daher eine Sammelbezeichnung für eine ganze Gruppe von Kämpferrassen stark variierender Größe. Kampfhühner wurden einst von China (800-1200 n. Chr.) und später (16. Jahrhundert) von Thailand aus nach Japan importiert, wo sich die heutigen Typen herausbildeten. Die in Deutschland gezüchtete Variante (siehe Abb.) kam in den 1950er-Jahren aus Tokio. Es handelt sich um große, muskulöse, hochgestellte, fast senkrecht aufgerichtete Hühner mit langem Hals, Erbsenkamm und knappem, dicht anliegendem Gefieder. Verschiedene Farben, Farbreinheit jedoch von untergeordneter Bedeutung. Legeleistung ca. 80 bräunliche Eier.

1,0 Yakido, schwarz

Als kleinere Shamo-Variante wurden **Yakido** zu Beginn der Meji-Periode um etwa 1850 in Mitteljapan herausgezüchtet. Sie zeigen alle Attribute der Shamo, sind allerdings dichter im Gefieder und kommen nur im schwarzen Farbenschlag vor. Legeleistung ca. 80 bräunliche bis cremefarbige Eier.

Die Geschichte indischer Kampfhühner lässt sich bis zu 3000 Jahre zurückverfolgen. Ebenso wie in Japan herrschte auch hier eine starke Vielfalt unterschiedlicher Typen. Die Basis der europäischen **Asil** bildeten sowohl die leichteren Raja Murgh-Schläge des Nordwestens als auch die größeren schwereren Kulang-Typen Südindiens. Asil repräsentieren ein breites, gedrungenes, stark muskulöses, mittelhochgestelltes, aufgerichtetes Huhn mit knapper, fest anliegender Befiederung und Erbsenkamm. Zahlreiche Farben, Farbreinheit jedoch von untergeordneter Bedeutung. Legeleistung ca. 70 cremefarbige bis bräunliche Eier.

1,0 Asil, weiß

Die Zwergform entstand um 1980 in Belgien aus der Großrasse und verschiedenen Zwerg-Kämpfern. Auch sie wird mittlerweile in mehreren Farben gezüchtet. Zwerg-Asil legen etwa 80 cremefarbige bis bräunlich schattierte Eier.

Auf die zuvor genannten größeren südindischen Kulang-Typen gehen die in den 1960er-Jahren nach Deutschland importierten **Madras** zurück. Bei ihnen handelt es sich um ein reichlich mittelgroßes, kräftiges, muskulöses Huhn mit aufgerichteter Haltung und Erbsenkamm. Verschiedene Farben, Farbreinheit von untergeordneter Bedeutung. Die Tiere sind von zutraulichem Charakter, die Hennen haben einen sehr guten Brut- und Führungstrieb. Legeleistung 40 bis 60 gelblich weiße bis hellbraune Eier.

1,0 Madras, blau-wildfarbig

1,0 Indische Zwerg-Kämpfer, weiß-fasanenbraun

Indische Kämpfer sind eine englische Züchtung des 19. Jahrhunderts auf Basis von Asil, und hier vermutlich den südindischen Kulang-Typen, Malaien und Altenglischen Kämpfern zur Steigerung der Kampffähigkeit Letzterer. Dabei entstand ein schweres, breites, muskelbepacktes, erbsenkämmiges Huhn auf knapp mittellangen, starken Läufen, das letztlich für den Kampfplatz zu schwerfällig war, jedoch ein exzellentes Tafelhuhn abgab und so eine der Grundlagen für die spätere Masthähnchenzucht bildete. In Fasanenbraun (vergleichbar der Doppelsäumung) mit schwarzer, weißer und blauer Zeichnung gezüchtet. Legeleistung ca. 80 bräunliche Eier.

Die Zwergform entstand in England Ende des 19. Jahrhunderts mithilfe Asil und Modernen Englischen Zwerg-Kämpfern. Die Farbenschlag-Palette entspricht jener der Großrasse. Legeleistung ca. 70 hellbraune Eier.

0,1 Yamato Gunkei, gold-weizenfarbig

Yamato Gunkei verkörpern einen vergleichsweise kleinen, jedoch äußerst kräftigen, bulligen, tiefgestellten Kämpfertyp mit steil aufgerichteter Haltung, sehr knapper Befiederung, breiter Stirn, fleischigem Gesicht, starker Kehlwamme, Walnusskamm, kräftigen Läufen, „Garnelenschwanz" und der typischen „Fünfbogenline", gebildet aus markant abstehenden, breiten Schultern, Rücken und Flügeln. Charakteristisches Verhaltensmerkmal ist das „Tänzeln" des Hahns, wobei er sich um die eigene Achse dreht und auf den Zehenspitzen trippelt. Das Heimatland dieser Rasse ist Japan, wo sie vor etwa 500 Jahren aus Asil-Varianten entstanden sein soll. Verschiedene Farbenschläge. Legeleistung ca. 40 cremefarbige bis bräunliche Eier.

Ein wenig wie die Zwergform der Yamato Gunkei wirkend und zweifellos mit diesen verwandt repräsentieren die **Ko Shamo** mit nur 800 bis 1000 g für den Hahn und 600 bis 800 g für die Henne die kleinste Variante japanischer Kampfhühner. Abgesehen von der Größe und dem etwas schlankeren Erscheinungsbild gleichen sie auch im Verhaltensrepertoire den Vorgenannten weitgehend. Zahlreiche Farbenschläge. Legeleistung ca. 90 cremefarbige bis bräunliche Eier.

1,0 Ko Shamo, rotgesattelt-weizenfarbig

Tuzo basieren auf kleinen japanischen Kampfhuhnvarianten und wurden 1965 über die USA nach Europa importiert. Sie repräsentieren ein kleines, elegantes Kampfhuhn im Asiltyp mit aufgerichteter Haltung, Erbsenkamm, knapper Befiederung und gut entwickelter Schwanzpartie auf mittellangen, je nach Farbenschlag mehr oder weniger dunklen Läufen. Legeleistung ca. 80 weiße bis gelbliche Eier.

1,0 Tuzo, schwarz

1,0 Pfälzer Kampfhühner, goldhalsig

Grundidee zur Erzüchtung der **Pfälzer Kampfhühner** war die Übertragung einer weniger durch Verbiss gefährdeten Kammform auf ein Huhn vom Typus der Modernen Englischen Kämpfer, wozu diese in den 1990er-Jahren mit Malaien kombiniert wurden. Das Resultat war ein sehr hochgestelltes, kräftiges Huhn mit langem Hals, stolzer Haltung, kurzem, fest anliegendem Gefieder, weidengrünen Läufen und Erbsenkamm. Einziger Farbenschlag Goldhalsig. Legeleistung ca. 100 weiße bis gelbliche Eier.

Kampfhühner im Bankivatyp

Die folgenden Rassen ähneln den zuvor Genannten speziell in den Kopfpunkten, zeigen in ihrem Erscheinungsbild aber einen mehr oder weniger großen bankivoiden Einschlag, wobei in einigen Fällen unklar bleiben muss, ob dieser einer Einkreuzung von Landhuhntypen in Kampfhühner geschuldet ist oder es sich um ursprüngliche Typen handelt, die zu den stark abgewandelten Malaienformen überleiten, wie es z.B. für die Sumatra vermutet wird.

0,1 Satsumadori, wildbraun

Satsumadori, die vor etwa 200 Jahren (späte Edo-Epoche) im Süden Japans aus Shamo und Shôkoku entstanden sein sollen, repräsentieren ein elegantes, gut mittelhochgestelltes, erbsenkämmigs Kampfhuhn mit aufgerichteter Körperhaltung und schirmartigem Aufbau des langen, vollen Schwanzes. Farbenschläge sind Wildbraun, Silber-Wildfarbig und Weiß. Legeleistung bis zu 60 gelblich weiße bis hellbraune Eier.

1,0 Sumatra, schwarz

Als extrem alte Rasse gelten die **Sumatra**, ein von den Sundainseln stammendes, mittelgroßes, fasanenartiges, voll befiedertes Langschwanzhuhn mit dunkelroten bis schwärzlichen Kopfattributen, Erbsenkamm, dunkel olivfarbenen bis grünschwarzen Läufen und Mehrfachsporen der Hähne. Neben den ursprünglichen grünglänzend Schwarzen gibt es mittlerweile auch Schwarz-Rote und Wildfarbige. Legeleistung ca. 130 weiße bis gelbliche Eier.

Die Verzwerung erfolgte mehrfach in verschiedenen Ländern. Die deutschen Bestände gehen einerseits auf belgische Tiere, die mit Zwerg-Hamburgern verpaart wurden, andererseits auf die Kombination der Großrasse mit Modernen Englischen Zwerg-Kämpfern und Zwerg-Phoenix zurück. Gleiche Farbenschlagpalette wie bei der Großrasse. Legeleistung ca. 100 weiße bis gelbliche Eier.

Aus indonesischen Landschlägen wurden in den 1970er-Jahren in den Niederlanden die **Sundanesischen Kämpfer** als mittelgroßes, schlankes Kampfhuhn mit aufgerichteter Haltung, mittellangen gelben Läufen, Erbsenkamm und waagerecht getragenem, gut entwickeltem Schwanz etabliert. Einziger Farbenschlag ist Gold-Weizenfarbig. Sehr gute Brüter. Legeleistung ca. 110 cremefarbige bis bräunliche Eier.

0,1 Sundanesischer Kämpfer, gold-weizenfarbig

0,1 *Zwerg-Yokohama, weiß*

Bei den 1864 aus der gleichnamigen Hafenstadt eingeführten **Yokohama** handelt es sich aller Wahrscheinlichkeit nach um eine Variante der japanischen Minohiki, eine in der frühen Tokugawa-Periode (Anfang 17. Jahrhundert) aus Shamo und Shôkoku entstandene Langschwanzrasse. Yokohama sind elegante fasanenartige Hühner mit langem, federreichem Schwanz und Sattelbehang, leicht abfallender Haltung, kleinem Wulstkamm und mittellangen gelben Läufen. Der Farbenschlag Weiß-Rotgezeichnet erinnert an die Zeichnung rotgesattelter Tiere, ein weiterer Farbenschlag ist Weiß. Legeleistung ca. 80 rötlich gelbe bis gelbe Eier.

Zwerg-Yokohama wurden in Deutschland ab 1956 aus der Großrasse, Deutschen Zwerghühnern und Modernen Englischen Zwerg-Kämpfern in beiden Farbvarianten der Großrasse herausgebildet. Legeleistung 80 bis 100 gelbliche Eier.

1,0 *Cubalaya, wildfarbig-zimtfarbig*

Von der Insel Kuba kommend und dort vermutlich auf philippinische Ausgangsbestände zurückgehend, begegnen uns die **Cubalaya** als mittelgroßes Kampfhuhn mit abfallender Haltung, Erbsenkamm, fleischfarbigen, teils mit Mehrfachsporen versehenen Läufen und vollem, stark gespreiztem, der abfallenden Rückenlinie folgendem Schwanz (Hummerschwanz). In Wildfarbig-Zimtfarbig, Blau-Zimtfarbig und Weiß gezüchtet. Legeleistung ca. 100 bis 120 weiße bis gelbliche Eier.

Schwere Rassen im Cochintyp

Rassen dieser Gruppe sind gekennzeichnet durch einen großrahmigen Körper mit rundlichen Proportionen, ein hohes Körpergewicht, reiche, aber relativ kurze, weiche Befiederung, rote Ohrlappen, gelbe bis braune Eischalenfarbe und ein zutrauliches Wesen. Die Kammformen variieren ebenso wie die Lauffarbe. Sie gehen zurück auf die ersten Importe schwerer asiatischer Hühner im 19. Jahrhundert und bildeten die Basis für die zahlreichen Wirtschaftsrassen im halbasiatischen Typ und so letztlich auch der Braunleger und partiell der Masthähnchenlinien.

Cochin kamen 1843 aus Shanghai nach England und haben einen breiten, tiefgetragenen Körper, hohen Federreichtum, befiederte, gelbe Läufe und einen Einfachkamm. Sie legen ca. 120 braungelbe Eier und werden in vielen verschiedenen Farben gezüchtet. Sie sind von sehr zutraulichem, verträglichem Wesen, gute Brüter und weltweit verbreitet.

0,1 Cochin, gelb

Die **Brahma**, 1846 aus Indien in die USA eingeführt, ähneln den Cochin im Typ, haben ebenso gelbe, befiederte Läufe, stehen jedoch etwas höher und zeigen einen Erbsenkamm. Auch sie werden in vielen verschiedenen Farben gezüchtet und legen etwa 130 gelbbraune bis gelbrote Eier

Zwerg-Brahma wurden in Deutschland Ende des 19. Jahrhunderts aus der Großrasse, Federfüßigen Zwerghühnern und Seidenhühnern erzüchtet. Auch sie kommen in vielen Farbvarianten vor. Legeleistung ca. 120 hellbraune Eier.

0,1 Zwerg-Brahma, rebhuhnfarbig-gebändert

0,1 Croad-Langschan, schwarz

Die uralten mandschurischen **Croad-Langschan** kamen 1872 nach England und haben im Vergleich zu den zuvor genannten Rassen ein längeres und fester anliegendes Gefieder. Sie sind einfachkämmig und relativ hochgestellt mit leicht befiederten dunklen Läufen. Sie werden in Schwarz, Weiß und Blau-Gesäumt gezüchtet. Ihre Legeleistung liegt zwischen 100 und 140 Eiern, die Eischalenfarbe ist dunkelbraun.

Zwerg-Croad-Langshan wurden in den USA und England herausgebildet und in den 1990er-Jahren nach Deutschland eingeführt. Sie haben dasselbe Farbenschlagspektrum wie die Großrasse und legen bis zu 160 braune Eier.

1,0 Deutsche Zwerg-Langschan, orangebrüstig

Deutsche Langschan sind ab 1879 vornehmlich aus Croad-Langschan unter Mitwirkung von Plymouth Rocks, Minorka und Sumatra herausgezüchtet worden. Sie sind einfachkämmig, haben einen langen, gestreckten Körper und im Gegensatz zu ihren maßgeblichen Vorfahren unbefiederte dunkle Läufe. Sie werden in Schwarz, Weiß, Blau-Gesäumt und Braunbrüstig gezüchtet und legen ca. 130 stroh- bis braungelbe Eier.

Schon zu Beginn des 19. Jahrhunderts wurde in Deutschland die Zwergform aus der Großrasse, Zwerg-Cochin, Bantam und Landzwerghühnern entwickelt. Zahlreiche Farbenschläge. Legeleistung ca. 130 gelbliche Eier.

Orpington sind große, stattliche Hühner mit ziemlich tiefer Stellung, reicher Befiederung und der für sie typischen Würfelform. Es handelt sich um eine englische Züchtung des späten 19. Jahrhunderts, die genetisch den Cochin, Brahma und Croad-Langschan nahesteht. Sie sind einfachkämmig mit je nach Farbenschlag unterschiedlicher Lauffarbe. In vielen Farben gezüchtet legen sie bis zu 130 cremefarbige bis gelbliche Eier.

Die Verzwergung wurde in Deutschland nach 1945 auf Basis der Großrasse, Zwerg-Cochin, Zwerg-Wyandotten und Andalusiern vorgenommen. Wie bei der Großrasse viele Farbenschläge; Legeleistung ca. 120 hellbraune Eier.

1,0 Orpington, gelb

Mit den **Jersey Giants** begegnet uns eine weitere Rasse aus dem umfangreichen Verwandtschaftskreis der Croad-Langschan. Neben Letzteren waren besonders schwarze Java und dunkle Brahma an diesem ungewöhnlich großen, schweren und breiten Huhn mit waagerechter Haltung, mittelhohem Stand und Einfachkamm beteiligt, das Ende des 19. Jahrhunderts im gleichnamigen US-Bundesstaat vorwiegend als Fleischhuhn herausgebildet wurde. Die Farbpalette entspricht jener der Australorps, die Lauffarbe variiert je nach Farbenschlag zwischen Schwarz und Weidengrün. Legeleistung ca. 140 braune Eier.

1,0 Jersey Giants, schwarz

Mittelschwere bis schwere Rassen im halbasiatischen Typ

Die folgenden Rassen wurden überwiegend in Europa und Nordamerika auf Basis der schweren asiatischen Typen unter Beteiligung weiterer Rassen (Mittelmeerrassen, Nordwesteuropäische Rassen, Kämpfer) erzüchtet. Sie ähneln daher den zuvor Genannten in vielen Merkmalen, wie z. B. dem vergleichsweise massivem Körper, den roten Ohrlappen und dem in der Regel zutraulichen Wesen.

Viele von ihnen waren vor Etablierung der Hybridzucht ausgesprochene Wirtschaftsrassen im Zweinutzungstyp und weisen auch heute noch gute Leistungseigenschaften auf.

0,1 Zwerg-Australorps, weiß

Als „Australian Orpington" sind die **Australorps** nicht anderes als die in den 1920er-Jahren in Australien unter besonderer Berücksichtigung von Leistungseigenschaften entstandene Variante der Orpington. Von diesen unterscheiden sie sich hauptsächlich durch höheren Stand und straffere, längere Befiederung. Neben dem Hauptfarbenschlag Schwarz werden auch Weiße und Blau-Gesäumte gezüchtet. Legeleistung ca. 180 hellbraune Eier.

Die Zwergform ist deutschen Ursprungs. An ihrer Entstehung waren ab den 1950er-Jahren Deutsche Zwerg-Langschan, Zwerg-Wyandotten und Zwerg-Barnevelder beteiligt. Auch in Schwarz, Weiß und Blau-Gesäumt anerkannt legen sie ca. 140 hellbraune Eier.

Bereits seit etwa 1850 werden die im gleichnamigen US-Bundesstaat aus Dominikanern, Schwarzen Java und schwarzen Cochin entstandenen **Plymouth Rocks** in ihrem Ursprungsfarbenschlag Gestreift gezüchtet. Sie repräsentieren ein großes, kräftiges, mäßig langes, einfachkämmiges Huhn mit mittellangen gelben Läufen, das mittlerweile in zahlreichen Farbvarianten präsentiert wird und eine Legeleistung von ca. 150 dunkelgelben Eiern aufweist. Die Weißen bildeten neben den White Cornish eine der Grundlagen für die heutige Masthähnchenzucht.

0,1 Pymouth Rocks, gestreift

Ab 1908 bildeten Tiere der Großrasse, graue Zwerg-Schotten, Bantam und Zwerg-Cochin die Basis für die in Deutschland durchgeführte Verzwergung. Zu den Gestreiften sind sukzessive weitere Farbenschläge hinzugekommen. Legeleistung ca. 140 gelbliche Eier.

Amrocks sind die in Deutschland für das Schauwesen etablierte Zuchtrichtung der in den USA entwickelten Barred Rocks, einer Wirtschaftslinie der gestreiften Plymouth Rocks. Dementsprechend ähneln sie den Vorgenannten in weiten Teilen, sind jedoch etwas gedrungener (Glockenform) und zeigen eine gröbere Streifung. Legeleistung 150 bis 180 braune bis bräunlich gelbe Eier.

Die Zwergform entstand in den 1960er- und 1970er-Jahren in Deutschland und wurde zuerst 1972 in der damaligen DDR anerkannt. Legeleistung ca. 150 bräunlich gelbe Eier.

0,1 Zwerg-Amrocks, gestreift

0,1 Bielefelder Zwerg-Kennhühner, silber-kennsperber

Bielefelder Kennhühner sind eine relativ junge Rasse, die erst in den 1970er-Jahren aus verschiedenen Rassen im halbasiatischen Typ (u. a. Mechelner, Welsumer und Rhodeländer) kreiert wurde und sich seitdem stark verbreitet hat. Sie repräsentieren ein mittelhochgestelltes, großes Huhn mit gerader und langer Rückenlinie, Einfachkamm und gelben Läufen. Farbenschläge Kennsperber und Silber-Kennsperber. Legeleistung über ca. 170 braune, teils dunkel gefleckte, mindestens 60 g schwere Eier.

Schon kurz nach der Etablierung der Großrasse erfolgte in den 1980er-Jahren die Verzwergung mithilfe von Zwerg-New Hampshire, Zwerg-Amrocks und Zwerg-Welsumern in beiden Farbenschlägen. Legeleistung ca. 140 braune, relativ große Eier.

0,1 Sussex, weiß-schwarzcolumbia

Der Ursprung der **Sussex** liegt in der gleichnamigen englischen Grafschaft, wo im 19. Jahrhundert Kreuzungen der dort bodenständigen Dorking mit Cochin und Brahma durchgeführt wurden. Sie verkörpern einen breiten und tiefen, kastenförmigen Typ mit mittellanger Befiederung, Einfachkamm und fleischfarbigen Läufen. Verschiedene Farbenschläge. Legeleistung ca. 140 gelbe bis gelbraune, teils gesprenkelte Eier.

Zwerg-Sussex wurden erstmals 1924 in England gezeigt, überstanden den Zweiten Weltkrieg in Deutschland jedoch nicht und mussten hier in den 1950er-Jahren auf Basis der Großrasse und verschiedener geeigneter Zwerghuhnrassen erneut kreiert werden. Ebenfalls verschiedene Farbenschläge. Legeleistung 130 bis 150 gelbbraune bis hellbraune, teils braun gesprenkelte Eier.

Das **Sundheimer** Huhn ist eine badische Züchtung zu Mastzwecken, die Ende des 19. Jahrhunderts aus Houdan, französischen Lachshühnern (Faverolles), Dorking, Cochin und Brahma hervorging. Damit weist es eine zum Teil ähnliche Ahnenreihe auf wie die Sussex, was sich auch im äußeren Erscheinungsbild widerspiegelt. Hauptunterschied sind die schwach befiederten Läufe der Sundheimer. Einziger Farbenschlag ist Weiß-Schwarzcolumbia. Sehr gute Legeleistung mit ca. 170 braunen, teils punktierten Eiern.

Die Erzüchtung der Zwergform erfolgte in den 1960er-Jahren mit Tieren der Großrasse, Zwerg-Sussex, Zwerg-Cochin und Deutschen Zwerg-Lachshühnern. Legeleistung ca. 140 bräunliche, teils punktierte Eier.

1,0 Zwerg-Sundheimer, weiß-schwarzcolumbia

Ebenfalls als Masthuhn entstanden ab ungefähr 1850 in Belgien die **Mechelner** aus Brahma, eingeführten chinesischen Rassen und heimischen Fleischhühnern. Später kamen noch Croad-Langschan, Cochin und Brügger Kämpfer hinzu. Das schwere, rechteckige, tiefe und breite Huhn mit Einfachkamm und schwach befiederten, fleischfarbigen Läufen gilt als eine der besten Fleischhuhnrassen der Welt. Farbenschläge sind Gesperbert und Weiß. Legeleistung ca. 150 cremefarbige Eier.

Zwerg-Mechelner wurden in den 1990er-Jahren in Deutschland und Belgien in den Farbvarianten Gesperbert und Perlgrau-Gesperbert hervorgebracht. Legeleistung ca. 130 cremefarbige Eier.

0,1 Mechelner, gesperbert

0,1 Zwerg-Niederrheiner, blausperber

Um ein im Vergleich zu den Melchelnern beweglicheres und frühreiferes Masthuhn zu schaffen, entstanden um 1900 aus diesen und blauen Belgischen Kämpfern, Lachshühnern, Orpington, Langschan, Plymouth Rocks, Leghorn u. a. die zunächst als „Nordholländische Blaue" bezeichneten **Niederrheiner** als einfachkämmiges Huhn mit fleischfarbenen, unbefiederten Läufen. Zu den ursprünglichen Blausperbern kamen später weitere Farbschläge hinzu. Sie legen etwa 160 gelbe bis hellbraune Eier.

Die Verzwergung auf Basis der Großrasse begann bereits in den 1930er-Jahren in Deutschland; die Anerkennung erfolgte 1954. Wie bei der Großrasse verschiedene Farbenschläge. Hohe Legeleistung mit ca. 130 Eiern.

0,1 Deutsche Lachshühner, lachsfarbig

Deutsche Lachshühner sind die hiesige Zuchtrichtung der französischen Faverolles, eines aus Brahma, Houdan und Dorking entstandenen französischen Masthuhns. Mit dem Federbart an Kehle und Backen, den befiederten fünfzehigen Läufen und der außergewöhnlichen, farbenfrohen Ursprungsfärbung, einer als Lachsfarbig bezeichneten Abwandlung der Silber-Weizenfarbe, zeigt diese einfachkämmige Rasse eine ganze Reihe nicht alltäglicher Merkmale. Später kamen weitere Farbenschläge hinzu. Legeleistung ca. 140 hellgelbe bis braune Eier.

Deutsche Zwerg-Lachshühner entstanden ab 1922 aus der Großrasse, Federfüßigen Zwerghühnern und Zwerg-Brahma. Auch hier mehrere Farbenschläge. Legeleistung 110 bis 140 gelbliche Eier.

0,1 Zwerg-Wyandotten, silber-schwarzgesäumt

Wyandotten, benannt nach einem Stamm nordamerikanischer Ureinwohner, wurden ab 1865 aus schweren asiatischen Hühnern, Paduanern, Hamburger Silberlack und Sebright zunächst in Silber-Schwarzgesäumt entwickelt. Später kamen noch zahlreiche weitere Farbenschläge dieser populären, durch abgerundete Konturen gekennzeichneten, rosenkämmigen und gelbläufigen Rasse hinzu. Die Legeleistung variiert bei den Farbenschlägen und ist im Mittel bei 120 je nach Farbvariante gelb bis dunkelbraun gefärbten Eiern einzuordnen.

Als häufigste in Deutschland gezüchtete Rasse begegnen uns die Zwerg-Wyandotten in über 25 Farbvarianten, die seit Beginn des 20. Jahrhunderts aus der Großrasse und zahlreichen verschiedenen Zwerghuhnrassen in Deutschland, England und den Niederlanden herausgezüchtet wurden. Je nach Farbenschlag im Mittel ca. 120 hellbraune bis cremefarbige Eier.

1,0 Deutsche Reichshühner, weiß

Deutsche Reichshühner sind eine zu Beginn des 20. Jahrhunderts aus verschiedenen Ursprungsrassen (Orpington, Dorking, Minorka, Brahma, Wyandotten, Mechelner, Plymouth Rocks, Dominikaner u. a.) entstandene rosenkämmige Züchtung mit gestreckter, abgerundeter Rechteckform, mittellangem Schwanz und fleischfarbigen Läufen. Zahlreiche Farbvarianten. Legeleistung ca. 140 rahmgelbe Eier.

1930 begann die Verzwergung mit Tieren der Großrasse und Zwerg-Wyandotten im Farbenschlag Weiß-Schwarzcolumbia. Später kamen zusätzliche Farbvarianten unter Verwendung weiterer Rassen hinzu. Legeleistung ca. 120 gelbliche bis bräunliche Eier.

0,1 Zwerg-Barnevelder, braun-blaudoppeltgesäumt

Barnevelder sind eine seit Mitte des 19. Jahrhunderts im gleichnamigen niederländischen Ort aus Landschlägen, Cochin, Brahma, Croad-Langschan, Orpington, Rhodeländern, Wyandotten und wohl auch Indischen Kämpfern entstandene einfachkämmige, gelbläufige Rasse mit kräftigem, breitem Körper, fließender Linienführung und mittellangem Schwanz. Verschiedene Farbenschläge. Legeleistung im Mittel 130 bis 140 dunkelbraune Eier.

Doppeltgesäumte Zwerg-Barnevelder wurden in den 1920er-Jahren in Deutschland aus der Großrasse, Zwerg-Rhodeländern, Deutschen Zwerg-Langschan, Zwerg-Wyandotten und Indischen Zwerg-Kämpfern kreiert. Später folgten weitere Farbenschläge. Legeleistung im Mittel 130 bis 140 mittelbraune Eier.

1,0 Zwerg-Welsumer, orangefarbig

Ebenfalls niederländischen Ursprungs und mit teils gleicher Ahnenreihe wie die Vorgenannten (Landschläge, Orpington, Cochin, Brahma, Wyandotten, Faverolles, Dorking, Kämpfer, Rhodeländer, Italiener, Barnevelder) repräsentieren die Anfang des 20. Jahrhunderts entstandenen **Welsumer** ein walzenförmiges Huhn mit mittellangem Schwanz, Einfachkamm und gelben Läufen. Zum Hauptfarbenschlag Rost-Rebhuhnfarbig kamen später Orangefarbige hinzu. Leger von ca. 140 dunkelbraunen, vergleichsweise großen Eiern.

Auslöser zur Zucht der Zwerg-Welsumer war um 1930 die Zufallsverpaarung eines Welsumerhahns mit Zwerg-Rhodeländerhennen, deren Nachzucht später mit einem rebhuhnfarbigen Deutschen Zwerghahn kombiniert wurde. Neben den Farbenschlägen der Großrasse gibt es auch Silberfarbige und Blau-Rostrebhuhnfarbige. Legeleistung ca. 150 dunkel- bis rötlich braune Eier.

1,0 Rhodeländer, dunkelrot

Rhodeländer sind das Produkt der Verpaarung vorwiegend roter, in der Mitte des 19. Jahrhunderts aus Asien eingeführter Hähne mit den Legehennenbeständen der amerikanischen Ostküste. Resultat war ein kräftiges Huhn in Rechteckform mit waagerechter Haltung, mittellangem Schwanz, dunkelroter Farbe und gelben Läufen. Neben Einfachkämmigen gibt es auch die rosenkämmige Variante. Legeleistung ca. 180 braune bis dunkelbraune Eier. Hauptbasis der Braunleger-Hybridlinien.

Die Verzwergung erfolgte sowohl in England als auch in Deutschland zu Beginn des 20. Jahrhunderts. Pate standen dabei die Großrasse, Landzwerghühner, Zwerg-Cochin, Deutsche Zwerg-Langschan und Bantam. Legeleistung ca. 160 hellbraune Eier.

1,0 Zwerg-New Hampshire, goldbraun

Durch Selektion auf Frühreife, schnelle Befiederung und hohe Eiproduktion entstanden im gleichnamigen US-Bundesstaat aus den damals bereits weltbekannten Rhodeländern ab 1915 die **New Hampshire** als kräftiges, gut gerundetes Huhn mit Einfachkamm und gelben Läufen. Zu den ursprünglichen Goldbraunen kamen später noch Weiße hinzu. Legeleistung ca. 190 braune Eier.

Die Verzwergung auf Basis der Großrasse unter Zuhilfenahme von Zwerg-Welsumern, Zwerg-Wyandotten und Antwerpener Bartzwergen erfolgte in den 1950er-Jahren in Deutschland. Etwa zeitgleich entstanden Zwerg-New Hampshire auch in den USA. Farbenschläge entsprechend der Großrasse. Legeleistung ca. 150 braune Eier.

0,1 Zwerg-Dresdner, braun

Beginnend 1948 wurde aus englischen New Hampshire-Bruteiern, Rhodeländern und Wyandotten ein mittelschweres, leicht gestrecktes, nach seinem Herkunftsort **Dresdner** genanntes Huhn mit abgerundeter Form, Rosenkamm und gelben Läufen geschaffen. Dem goldbraunen Farbenschlag folgten sukzessive weitere Varianten. Legeleistung ca. 140 gelbbraune Eier.

Schon kurz nach Entstehung der Dresdner erfolgte bereits die Verzwergung mit Tieren der Großrasse, Zwerg-Wyandotten und Antwerpener Bartzwergen. Mittlerweile verschiedene Farbenschläge. Legeleistung bis zu 160 gelbliche Eier.

1,0 Marans, schwarz-kupfer

Eine französische Züchtung, die wegen ihrer intensiv dunklen, schokoladenbraunen Eischalenfarbe große Popularität erlangt hat, sind die **Marans**, die wohl vorwiegend aus Croad Langschan, Rhodeländern und Landschlägen entstanden sind. Es handelt sich um ein kräftiges, breites Huhn mit Einfachkamm und leicht befiederten Läufen. Verschiedene Farbvarianten. Legeleistung ca. 160 vergleichsweise große Eier.

Die Zwergform auf Basis der Großrasse entstand in England; hierzulande ist sie in Schwarz-Kupfer und Weiß anerkannt. Legeleistung ca. 130 dunkelrotbraune Eier.

0,1 Strupphühner, gesperbert

Die Einordnung der **Strupphühner** an dieser Stelle erfolgt aufgrund ihrer vermuteten Herkunft aus dem südlichen Asien, von wo aus sie dann, eventuell durch englische und niederländische Seefahrer, nach Europa gelangten und sich hier mit heimischen Landhühnern vermischten. Sie verkörpern ein kräftiges, gut gerundetes, knapp mittelhochgestelltes Huhn mit Einfachkamm und der als Struppfiedrigkeit bezeichneten speziellen Gefiederbildung. Dabei sind die breiten Federn an Hals, Brust, Rücken und auf den Flügeldecken aufgerichtet und zum Kopf hin gebogen, die Federstruktur der Handschwingen zerschlissen, die Steuerfedern und Sicheln leicht gewellt. Verschiedene Farbenschläge. Legeleistung ca. 130 weiße bis gelbbraune Eier.

Seit ihrem Erscheinen in Europa kamen Strupphühner auch in der Zwergvariante vor. Die Etablierung als Schaurasse erfolgte jedoch erst in den 1970er-Jahren in England; in Deutschland sind sie seit 1980 zugelassen. Mehrere Farbvarianten. Legeleistung ca. 120 hellbraune Eier.

Leichte Rassen im Cochintyp

Zu dieser Gruppe gehören in Deutschland die Seidenhühner, die bis zur Anerkennung ihrer Zwergform im Jahr 1988 zu den Zwerghühnern gerechnet wurden, nun jedoch als leichte Großrasse gelten.

1,0 Seidenhühner mit Bart, gelb

Wie keine andere Rasse verkörpern die **Seidenhühner** eine in dieser Form außergewöhnliche Kombination von Merkmalen: Die fellartige Federstruktur, der Walnusskamm, der gut ausgebildete Schopf, die fünfzehigen befiederten Läufe und die schwärzlich blaue Färbung von Haut, Gesicht, Kämmen und Kehllappen in Verbindung mit der abgerundeten Würfelform verleihen diesem bereits vor der Zeitenwende von Aristoteles (384-322 v. Chr.) erwähnten „Huhn mit Katzenhaar aus dem Reich von Mangi" (China) etwas Einmaliges. Hinzu kommt, dass Seidenhühner von sehr zutraulichem Wesen und ausgezeichnete Brüterinnen sind. Mit und ohne Bart in vielen verschiedenen Farbenschlägen vorkommend. Legeleistung ca. 130 hellbraune Eier.

Zwerg-Seidenhühner wurden in den 1960er-Jahren in den Niederlanden aus der Großrasse, den dortigen Federfüßigen Zwerghühnern (Sabelpootkrielen) und seidenfiedrigen Chabo herausgezüchtet. Ebenso mit und ohne Bart und in vielen Farben. Legeleistung ca. 100 weiße bis cremefarbige Eier.

1,0 Siamesische Zwerg-Seidenhühner, weiß

Als Variante mit heller Haut und roten Kopfattributen wurden die **Siamesischen Zwerg-Seidenhühner** ab 1989 aus zufällig angefallenen hellhäutigen Zwerg-Seidenhühnern und Zwerg-Cochin (zur Etablierung der gelben Lauf- und Schnabelfarbe) geschaffen. Sie werden in Weiß gezüchtet und legen ca. 100 weiße bis cremefarbige Eier.

Leichte Rassen im Bankivatyp

Onagadori sind eine alte japanische Rasse im eleganten, langfiedrigen Landhuhntyp mit Einfachkamm, möglichst weißen Ohrscheiben, variierender Lauffarbe und der genetisch fixierten Besonderheit (Gen Gt), dass die Schwanz- und Sattelfedern der Hähne nicht gemausert werden, sondern jährlich bis zu 90 bzw. 30 cm weiter wachsen. Auf diese Weise können Schwanzlängen von mehreren Metern erreicht werden. Bisher bekanntes Maximum sind 13 Meter eines 17 Jahre alten japanischen Hahns. Auch die Hennen zeigen teils Sichelbildung. Es gibt verschiedene Farbenschläge. Die Legeleistung ist unbedeutend, da die Onagadori reine Zierhühner sind.

1,0 Onagarodi, goldhalsig

1,0 Zwerg-Phönix, silberhalsig

Phönix sind eine in Deutschland Ende des 19. Jahrhunderts aus Onagadori und Altenglischen Kämpfern entstandene elegante, langschwänzige Rasse, die der zuvor beschriebenen im Typ ähnelt, deren Hähne jedoch die Schwanz- und Sattelfedern im Abstand von ein bis drei Jahren mausern. Die Farbe der Ohrscheiben ist Weiß, die Läufe sind blaugrau. Auch hier bei den Hennen teils Sichelbildung. Verschiedene Farbenschläge. Legeleistung zwischen 50 und 100 gelblich weiße Eier.

Die Verzwergung erfolgte in Deutschland nach mehreren Anläufen mithilfe von Landzwerghühnern und Ohiki. Auch hier mehrere Farbvarianten. Legeleistung 60 bis 120 gelblich weiße Eier.

0,1 Cemani, schwarz

Cemani stammen aus Sumatra und Java und haben neben ihrem Ursprungsort mit den schwarzen Kopfattributen und der schwarzen Gefiederfarbe noch weitere Gemeinsamkeiten mit den Sumatra, was eine nähere Verwandtschaft nahelegt. Im Gegensatz zu diesen sind sie jedoch einfachkämmig, zeigen eine weniger elegante Landhuhnform und eine kürzere Befiederung. Die Läufe sind ebenso wie Haut und Muskulatur schwarz, die Legeleistung liegt bei ca. 90 hell cremefarbigen Eiern. Der leicht verlängerte Krähruf lässt zudem Verwandtschaftsbeziehungen zu den Langkräherrassen, speziell den Tomaru, möglich erscheinen.

Japanische Langkräherrassen

Die folgenden drei Rassen bilden morphologisch keine Einheit und auch genetisch konnten bisher nur partiell verwandtschaftliche Beziehungen festgestellt werden. So besteht wohl ein Bezug der aus China stammenden Tômaru zu den kämpferartigen Koeyoshi (Osman et al. 2006), während die Tôtenkô zusammen mit den Langschwanzrassen und Ohiki eine ältere Schicht japanischer Hühnerrassen repräsentieren (Malomane et al. 2019).

Dennoch sollen die drei Rassen hier aufgrund ihres gemeinsamen Hauptmerkmals als eigene Gruppe geführt werden.

Als Langkräher von kämpferartigem Habitus, jedoch außerordentlich friedlichem Wesen und tiefem, melodischem, erstaunlich leisem und bis zu 15 Sekunden verlängertem Krähruf begegnen uns die im 18. Jahrhundert im Norden Japans aus Tômaru-Vorfahren und Kämpfern entstandenen **Koeyoshi**. Sie sind von kräftiger Statur mit aufgerichteter Haltung, voller Befiederung, starkknochigen gelben Läufen, roten Ohrlappen und Erbsenkamm. Einziger Farbenschlag ist Silber-Wildfarbig. Legeleistung ca. 80 hellbraune Eier.

0,1 Koeyoshi, silber-wildfarbig

1,0 Tômaru, schwarz

Auf China-Importe zwischen dem 17. und 19. Jahrhundert zurückgehend und ab etwa 1870 auf langen Krähruf selektiert bilden die einfarbig schwarzen **Tômaru** einen eigenen Zweig innerhalb der japanischen Rassen (Osman et al. 2006). Die maulbeerfarbene bis schwarze Kolorierung der Kopfattribute ebenso wie die Gemeinsamkeiten in Farbe und Typ, die das elegante Landhuhn mit fließenden Linien, voller, langer Befiederung, Einfachkamm und schwarzen Läufen zu den indonesischen Cemani aufweist, lassen vielmehr hier einen Bezug vermuten. Der bis zu 15 Sekunden andauernde Krähruf wird mit kräftiger Stimme vorgetragen. Legeleistung ca. 100 cremefarbige Eier.

1,0 Tôtenkô, goldhalsig

Habituell und auch genetisch den Langschwanzrassen nahestehend begegnen uns mit den 1879 erstmals erwähnten **Tôtenkô** die elegantesten japanischen Langkräher als Huhn mit fließenden Linien, vollem, langem Schwanz, Einfachkamm, weißen Ohrscheiben und weidengrünen Läufen. Einziger Farbenschlag ist Goldhalsig. Der besonders melodische Krähruf dauert über 15 Sekunden an. Legeleistung ca. 120 gelblich weiße bis bräunliche Eier.

Asiatische Urzwerge

Zwerg-Cochin sind nicht, wie der Name vermuten lässt, die Zwergform der Cochin, sondern eine eigenständige chinesische Züchtung, die u. a. am Kaiserhof gehalten und ab 1860 nach Europa eingeführt wurde. Sie verkörpern ein breites, rundes, tiefgestelltes Zwerghuhn mit befiederten Läufen, Einfachkamm und roten Ohrlappen, das aufgrund seiner Konturen und der vollen, flaumreichen Befiederung an einen Federball erinnert. Das sehr beliebte, zutrauliche Huhn wird in einer Vielzahl von Farbvarianten gezüchtet und kommt auch mit gelocktem Gefieder vor. Legeleistung ca. 80 braune Eier.

1,0 Zwerg-Cochin, goldhalsig

Optisch als ein Konglomerat aus Zwerg-Phönix, Zwerg-Orpington und Zwerg-Krüpern wurden die **Ohiki** seinerzeit bei Wandelt & Wolters (1998) durchaus treffend beschrieben. Das tiefstehende Zwerghuhn mit Einfachkamm, gelblich weißen Ohrscheiben, weidengrünen Läufen und langer, üppiger Schwanz- und Sattelbefiederung („Schwanzschlepper“) stammt aus der südjapanischen Präfektur Kôchi, wo es in der späten Edo-Epoche (1600-1868) entstanden sein soll. Farbenschläge sind Gold- und Silberhalsig. Legeleistung ca. 110 hellbraune Eier.

1,0 Ohiki, goldhalsig

1,0 Chabo, weiß mit schwarzem Schwanz

Mit der einmaligen Proportionierung aus kurzen Läufen, breitem, gedrungenem Körper, steilem Schwanz, säbelförmigen Hauptsicheln und sehr großen Kopfpunkten gehören die **Chabo** zu den beliebtesten Zwerghuhnrassen der Welt. Einfachkamm, rote Ohrlappen und gelbe Läufe vervollständigen das Bild. Obwohl in Japan als Rasse gefestigt, kann ein Teil ihrer Vorfahren im 17. Jahrhundert aus Indochina gekommen sein, möglicherweise als Handelsgut niederländischer Seefahrer. Breites Farbenschlagspektrum, auch in Gelockt und Seidenfiedrig sowie mit dunklem Kamm und Gesicht vorkommend. Legeleistung ca. 90 beige bis cremefarbige Eier.

In Japan gibt es weitere Chabo-Varianten wie die großkämmigen Daruma und Taikankatsura, die hennenfiedrigen Maruha und die bärtigen Okina. Die beiden Letzteren sind mittlerweile auch in Deutschland anerkannt.

1,0 Maruha-Chabo, schwarz mit weißen Tupfen

Bedingt durch die Hennenfiedrigkeit zeigen die Hähne der **Maruha-Chabo** breite, abgerundete Federn in Schwanz, Hals- und Sattelbehang. Auch der Halsbehang der Hennen weist stark abgerundete Federn auf. Einziger in Deutschland anerkannter Farbenschlag ist Schwarz mit weißen Tupfen. Auch in Gelockt gezüchtet. Legeleistung ca. 50 beige bis cremeweiße Eier.

Die bärtigen **Okina-Chabo** sind die jüngste japanische Chabo-Variante. Sie wurden zwischen 1927 und 1935 aus Chabo und bärtigen Landhühnern, möglicherweise Higejidori, herausgezüchtet. Die Kopfpunkte sind weniger stark ausgeprägt als bei der Stammform. Einziger Farbenschlag ist Weiß. Legeleistung ca. 80 cremeweiße Eier.

0,1 Okina-Chabo, weiß

Mit dem in Deutschland gezüchteten „Buschhuhn" weitgehend identisch, verkörpern die **Javanesischen Zwerghühner** eine Kombination von eleganter Linienführung und voller Befiederung im Typus der Langschwanzrassen mit fünfzehigen, dunkelgrünen Läufen, gelblich weißen Ohrscheiben und Erbsenkamm. Der Ursprung der Rasse liegt vermutlich in Südamerika, von wo aus sie über den Zoo von San Diego/USA, in dem es zu Einkreuzungen von *Gallus gallus murghi* und *Gallus gallus spadiceus* kam, 1982 nach Deutschland gelangte. Besonders interessant, speziell auch im Kontext ihrer vermeintlichen Herkunft, ist die bläulich grüne Eischalenfarbe, die einen Bezug zu den Araucana nahelegt. Mehrere Farbenschläge. Legeleistung 100 bis 120 Eier.

0,1 Javanesische Zwerghühner, rebhuhnhalsig

Rassen europäischer Herkunft

Nach neueren molekulargenetischen Untersuchungen (Malomane et al. 2019) können die europäischen Rassen in zwei Hauptgruppen eingeteilt werden:

1. **Die West- und Mitteleuropäischen Rassen:** Sie umfassen die italienischen und spanischen Rassen sowie die indigenen mitteleuropäischen Landschläge, die sich in Rassen wie den Rheinländern, Bergischen Schlotterkämmern, Krüpern oder Deutschen Sperbern erhalten haben. Sie basieren zum großen Teil auf Hühnern römischer Herkunft.

2. **Die Osteuropäischen Rassen:** Zu ihnen gehören einerseits die Hauben- und Sprenkelhühner, die verstärkt seit der frühen Neuzeit durch den Land- und Seehandel nach West-, Süd- und Mitteleuropa eingeführt wurden.

Überraschenderweise ordnen sich auch die Englischen Rassen (Dorking, Altenglische Kämpfer, Hamburger Lackhühner, Redcaps) in diese Verwandtschaftsgruppe ein, was dem skytischen Einfluss auf die eisenzeitliche Hallstattkultur und der dann folgenden keltischen Expansion auf die britischen Inseln geschuldet sein dürfte. Bedingt durch die Insellage fiel dort der spätere römische Einfluss wesentlich geringer aus als auf dem Festland, weshalb sich diese alte englische Linie bis heute erhalten konnte.

Früher wurde vielfach angenommen, dass die Europäischen Kämpfer von ostasiatischen Kampfhühnern abstammen. Die genetische Typisierung der Altenglischen Kämpfer, der sicher ursprünglichsten Form europäischer Kampfhühner, zeigte jedoch ein nahezu vollständig europäisches Genom und eine den englischen und osteuropäischen Rassen entsprechende Clusterung.

Einige der Europäischen Kämpfer weisen einen mehr oder weniger großen Anteil asiatischer Kampfhühner auf. Da die europäische Herkunft jedoch überwiegt, erfolgt die Einordnung an dieser Stelle.

Italienische Rassen

Aus italienischen Landhühnern, die 1870 über die Schweiz nach Deutschland importiert wurden, avancierten die **Italiener** zumindest hierzulande zur beliebtesten Großrasse und galten lange Zeit als die ideale Kombination von Leistung und Schönheit. Markenzeichen sind der gestreckte Körper mit eleganter Linienführung, der volle, gut entwickelte Schwanz, die gelben Läufe und die weißen oder cremefarbigen Ohrscheiben. Neben der häufigen, einfachkämmigen Variante mit gleichmäßig gezacktem, nierenförmigem, sich bei der Henne zur Seite legendem Kamm gibt es auch rosenkämmige Zuchtlinien. Nach den ursprünglichen Rebhuhnhalsigen kamen zahlreiche weitere Farben hinzu. Legeleistung ca. 170 weiße Eier.

1,0 Italiener, rebhuhnhalsig

Zwerg-Italiener auf Grundlage der Großrasse wurden nach dem Ersten Weltkrieg sukzessive in zahlreichen Farbenschlägen herausgezüchtet. Zum ersten Mal gezeigt wurden sie 1920 im rebhuhnhalsigen Schlag, aus dem später die Goldhalsigen als deren Hennenzuchtlinie hervorgingen. Legeleistung ca. 130 weiße Eier.

Weiße gelbläufige Landhühner aus der italienischen Hafenstadt Livorno, engl. Leghorn, bildeten nach ihrer Einfuhr in die USA die Basis für das Legehuhn schlechthin und die daraus resultierenden Linien der Weißleger-Hybridzucht. **Leghorn** ähneln den Italienern, sind jedoch etwas kürzer im Rücken, zeigen eine höhere Schwanzhaltung und die Kammfahne soll nicht der Nackenlinie folgen. Einziger Farbenschlag ist Weiß. Legeleistung ca. 200 weiße Eier. Die Zwergform wurde in den 1930er-Jahren in den USA herausgezüchtet und 1962 nach Deutschland importiert. Ebenfalls nur in Weiß anerkannt. Legeleistung mindestens 120 weiße Eier.

0,1 Leghorn, weiß

Spanische Rassen

0,1 Spanier, schwarz

Bereits um 1680 sollen französische Hugenotten weißgesichtige Hühner in London gehalten haben, wo Mitte des 19. Jahrhunderts auch die Konsolidierung dieses auf spanische Landschläge zurückgehenden Huhns stattfand. **Spanier** sind schlanke, relativ hochgestellte Hühner mit stolzer Haltung, Einfachkamm, dunklen Läufen und vollständig weißem Gesicht. Einziger Farbenschlag ist Schwarz. Legeleistung ca. 130 weiße Eier.

Zwerg-Spanier wurden ab 1987 in Deutschland aus großen Spaniern und Zwerg-Minorka erzüchtet. Kurz darauf wurden englische Bestände aus einer in den 1980er-Jahren parallel vorgenommenen Verzwergung hinzugenommen. Einziger Farbenschlag ist Schwarz. Legeleistung ca. 120 weiße Eier.

0,1 Zwerg-Minorka, schwarz

Auch aus schwarzen spanischen Landschlägen hervorgegangen und in England zum Rassehuhn gefestigt galten die **Minorka** Ende des 19. Jahrhunderts neben den Italienern und später den Leghorn als eine der besten Legerassen. Sie verkörpern ein großes, gestrecktes Huhn mit gut mittelhoher Stellung, stolzer Haltung, vollem Gefieder, dunklen Läufen, großem Kamm und großen, dicken, weißen Ohrscheiben. Mit Einfach- und Rosenkamm vorkommend. Farbenschläge Schwarz und Weiß. Legeleistung ca. 150 weiße, relativ große Eier. Die ab 1920 etablierte deutsche Zuchtlinie der parallel auch in England erzüchteten Zwerg-Minorka entstammt einem Hahn der Großrasse und Deutschen Zwerghennen. Kammvarianten und Farbenschläge entsprechen denen der Großrasse. Legeleistung ca. 120 weiße Eier.

1,0 Andalusier, blaugesäumt

Die Vorfahren der **Andalusier** wurden 1846 aus der gleichnamigen spanischen Region nach England verbracht, wo sie unter Mitwirkung von blauen Altenglischen Kämpfern und Spaniern bzw. Minorka ihr heutiges Erscheinungsbild erhielten. Auch sie präsentieren sich als stattliches Huhn mit gestrecktem Körper auf gut mittelhoher Stellung und voller Befiederung. Sie tragen einen Einfachkamm, haben weiße Ohrscheiben und schieferblaue Läufe. Einziger Farbenschlag ist das spalterbige, auch als „Andalusierblau" bezeichnete Blaugesäumt, bei dem immer auch schwarze und splashfarbige Tiere in der Nachzucht anfallen. Legeleistung 150 bis 180 weiße Eier. Wie die zuvor beschriebenen Zwergrassen haben auch die Zwerg-Andalusier einen englischen und deutschen Ursprung. Hierzulande verwendete man, nachdem eine erste Zwergform wieder verschwand, ab ca. 1950 die Großrasse, Deutsche Zwerghühner und blaue Bantam. Farbe entsprechend der Großrasse. Legeleistung ca. 120 weiße Eier.

0,1 Zwerg-Kastilianer, schwarz

Am deutlichsten wird der Typ des ursprünglichen, schwarzen spanischen Landhuhns durch die erst in den 1950er-Jahren nach Deutschland importierten **Kastilianer** zum Ausdruck gebracht, was sich nicht zuletzt durch den aufgerichteten, leicht abfallenden Körper mit steiler Schwanzhaltung auf nur mittelhoher Stellung und die im Vergleich zu Minorka und Spaniern kleineren weißen Ohrscheiben zeigt. Der Kamm ist einfach, die Läufe schieferfarbig. Einziger Farbenschlag ist Schwarz. Legeleistung mindestens 130 weiße Eier.

Aus der Großrasse und Zwerg-Rheinländern, Zwerg-Minorka und Holländischen Zwerghühnern wurde ab 1969 die Verzwergung vorgenommen. Ebenfalls nur in Schwarz gezüchtet. Legeleistung ca. 150 weiße Eier.

0,1 Penedesenca, schwarz

Erst sehr spät in Deutschland bekannt geworden und wegen ihrer sehr dunklen rotbraunen Eischalenfarbe aus dem Rahmen der spanischen, ja europäischen Rassen insgesamt fallend, weisen die katalanischen **Penedesenca** mit ihren als Clavel (Nelke) bezeichneten seitlichen Auswüchsen der Kammfahne (Kreuzfahne) ein weiteres Merkmal auf, das sie nur mit den wohl aus ihnen hervorgegangenen Empordanesa teilen. Sie zeigen eine derbe Landhuhnform mit etwas abfallender Haltung, steilem Schwanz und voller Befiederung. Die Läufe sind graublau, die Ohrscheiben weiß, zum Teil mit roten Umrandungen bzw. Einlagerungen. Mehrere Farbvarianten. Legeleistung ca. 190 Eier.

Mittel- und Nordwesteuropäische Rassen

1,0 Zwerg-Rheinländer, schwarz

Aus dem alten Landhuhn der Eifel unter Beteiligung der schwarzen französischen Le Mans („Rosenkämmige La Flèche") ab 1895 als Rasse gefestigt, avancierten die **Rheinländer** nicht zuletzt wegen ihrer guten Legeleistung alsbald zur beliebtesten heimischen Rasse. Charakteristisch ist die gestreckte Rechteckform im Verhältnis 8 : 5 (Länge zu Tiefe) in Kombination mit voller, reicher und langer Befiederung, knapp mittelhohem Stand, Rosenkamm, weißen Ohrscheiben und dunklen Läufen. Zu den ursprünglichen Schwarzen kamen später weitere Farbenschläge hinzu. Legeleistung ca. 180 weiße Eier. Die Verpaarung eines Hahns der Großrasse mit einer dunklen, rosenkämmigen Landzwerghenne leitete 1916 die Zucht der Zwerg-Rheinländer ein. Aus der ersten Nachzucht fiel bereits ein typischer Hahn, der die Grundlage für die mittlerweile in mehrere Farbvarianten gezüchtete Rasse bildete. Legeleistung ca. 140 weiße Eier.

Aus dem verwandten Landhuhn der Vogesen entstanden und daher den Rheinländern ähnlich unterscheiden sich die französischen **Elsässer** von den zuvor Genannten hauptsächlich durch den weniger kastenförmigen, walzenförmigen Körper und den gröberen Kamm mit gerade auslaufendem Dorn. In Deutschland anerkannte Farbenschläge sind Schwarz, Blau-Gesäumt und Goldhalsig. Legeleistung ca. 180 weiße Eier.

Auch Zwerg-Elsässer sind eine französische Züchtung, an der u. a. die Großrasse und Zwerg-Rheinländer beteiligt waren. In Deutschland in Schwarz anerkannt. Legeleistung ca. 150 weiße Eier.

0,1 Elsässer, goldhalsig

Vogtländer wurden beginnend in den 1920er-Jahren aus Rheinländern, Andalusiern, Dominikanern und Welsumern etabliert, später kamen dann erneut Rheinländer hinzu. Dieser Einfluss zeigt sich auch im Erscheinungsbild der gestreckten Landhuhnform mit voller Befiederung, Rosenkamm, weißen Ohrscheiben und blauen Läufen. Die Farbe ist eine Form der Blau-Wildfarbe, die auch als „Mausgrau“ bezeichnet wird. Legeleistung 150 bis 200 weiße Eier.

1,0 Vogtländer, blau-wildfarbig

0,1 Deutsche Zwerg-Sperber, gesperbert

Maßgebliche Grundlage der **Deutsche Sperber** bilden die „Leidendecker“, eine mittlerweile ausgestorbene gesperberte Variante der Bergischen Schlotterkämme. Unter weiterer Berücksichtigung von gestreiften Italienern, Plymouth Rocks und Minorka wurde dann ab 1901 der heutige Typ einer kräftigen Landhuhnform mit langer, voller Befiederung, gut mittelhoher Stellung, Einfachkamm, weißen Ohrscheiben und fleischfarbigen Läufen herausgebildet. Eine nahe Verwandtschaft besteht u. a. zu den schwarzen Bergischen Schlotterkämmen (Malomane et al. 2019). Einziger Farbenschlag ist Gesperbert. Legeleistung 150 bis 180 weiße Eier. Die Ausgangsrassen der Zwergform waren in den 1960er-Jahren die Großrasse, Deutsche Zwerghühner und Zwerg-Rheinländer. Legeleistung ca. 140 weiße Eier.

0,1 Bergische Schlotterkämme, schwarz

Bergische Schlotterkämme beschreiben keine Rasse im genetischen Sinn, sondern sind vielmehr eine Zusammenfassung verschiedener Farbenschläge unterschiedlicher Herkunft unter einer gemeinsamen Typdefinition. Während die Schwarzen einen alten Landschlag repräsentieren, lässt sich die Herkunft der in jüngerer Zeit erzüchteten Schwarz-Weiß- und Schwarz-Gelbgedobbelten überwiegend auf die Bergischen Kräher zurückführen. Die zuvor ausgestorbenen Gesperberten (siehe oben) wurden vor einigen Jahren aus den Schwarzen und Deutschen Sperbern neu gezüchtet. Schlotterkämme zeigen eine gedrungene, leicht abfallende Landhuhnform mit voller, langer Befiederung, gut mittelgroßem Einfachkamm, weißen Ohrscheiben und dunklen Läufen. Legeleistung ca. 150 weiße Eier.

Die Zwergform ist nur im schwarz-weißgedobbelten Farbenschlag vorhanden und entstand ab 1985 aus silber-schwarzgetupften Thüringer Zwerg-Barthühnern und Bergischen Zwerg-Krähern. Legeleistung ca. 150 weiße Eier.

Krüper sind gekennzeichnet durch das Gen Cp und die dadurch hervorgerufene Kurzbeinigkeit. Sie gehen zurück auf zwei kurzbeinige westdeutsche Schläge: die Bergischen Krüper als kurzbeinige Variante der schwarzen Bergischen Schlotterkämme und die leichteren Westfälischen Krüper mit kleineren Kämmen und Kehllappen. 1916 wurden beide Formen zusammengefasst. Krüper zeigen einen gesteckten, waagerecht getragenen Körper mit voller, langer Befiederung, Einfachkamm, weißen Ohrscheiben und dunklen Läufen. Verschiedene Farbenschläge. Legeleistung ca. 150 weiße Eier.

1,0 Krüper, rebuhnhalsig

Die Verzwergung fand beginnend in den 1990er-Jahren unter Berücksichtigung Deutscher Zwerghühner statt, bei der die heute anerkannten Weißen und Silberhalsigen anfielen. Schwarze (noch nicht anerkannt) gingen aus blauen Zwerg-Krüpern (zwischenzeitlich über Weiße und Zwerg-Andalusier entstanden) und Zwerg-Rheinländern hervor. Legeleistung ca. 120 weiße Eier.

In den 1940er-Jahren ausgestorben und später erneut erzüchtet, repräsentieren die **Ardenner** eine ursprüngliche Landhuhnform. Als knapp mittelgroßes Huhn mit schlankem Körperbau, langer und voller Befiederung, hoch getragenem Schwanz, Einfachkamm und dunklen Läufen zeigen sie mit der purpurroten bis schwärzlich roten Färbung der Kopfattribute wohl ebenso einen Bezug zu den Belgischen Kämpferrassen. In Deutschland in Birkenfarbig, Orangebrüstig und Weiß anerkannt. Legeleistung ca. 170 weiße Eier.

0,1 Zwerg-Ardenner, birkenfarbig

Zwerg-Ardenner gingen bereits zu Beginn des 20. Jahrhunderts in Belgien aus der Großrasse, Altenglischen Zwerg-Kämpfern und Bassetten hervor. Im Heimatland verschiedene Farbenschläge, in Deutschland in Birkenfarbig und Braunbrüstig anerkannt. Legeleistung über 120 weiße bis leicht gelbliche Eier.

0,1 Dänische Landhühner, rebhuhnhalsig

Ebenfalls dem alten europäischen Landhuhn entstammend, wurden die **Dänischen Landhühner** ab 1878 als Rasse gefestigt. Sie repräsentieren ein Huhn mit abgerundeter, fast waagerecht getragener Walzenform, langer, voller Befiederung, Einfachkamm, weißen Ohrscheiben und blauen Läufen. Einziger in Deutschland anerkannter Farbenschlag ist Rebhuhnhalsig. Legeleistung ca. 160 weiße Eier.

1,0 Ramelsloher, gelb

Ramelsloher wurden ab 1870 südlich von Hamburg aus dem dortigen Vierländer Landhuhn als Rasse gefestigt. Sie sind einfachkämmig, zeigen einen kräftigen, walzenförmigen Körper, mittellange blaue Läufe und bläulich weiße Ohrscheiben. Zu den ursprünglichen Weißen kamen später noch die Gelben hinzu. Legeleistung 120 bis 170 weiße Eier.

1,0 Zwerg-Lakenfelder

Die ältesten Spuren der **Lakenfelder** lassen sich bis 1727 zurückverfolgen. Seinerzeit war das Dorf Lakervelt südlich von Utrecht bekannt für seine schwarz-weiß gefärbten Hühner. Nach Deutschland wurden sie vermutlich im 19. Jahrhundert durch westfälische Landarbeiter importiert. Sie zeigen eine mittelgroße, gestreckte Landhuhnform auf mittelhoher Stellung mit Einfachkamm, weißen Ohrscheiben und blauen Läufen. Charakteristisch ist die Zeichnung mit schwarzem Hals und Schwanz und dem dazwischen liegenden weißen Mantelgefieder. Legeleistung 120 bis 150 weiße Eier.

Die Verzwergung wurde in Deutschland ab 1964 aus der Großrasse, Zwerg-Vorwerkhühnern und Deutschen Zwerghühnern vorgenommen, in den Niederlanden in den 1950er-Jahren über die Großrasse, silber-wachtelfarbige Bassetten und wachtelfarbige Antwerpener Bartzwerge. Legeleistung ca. 120 weiße bis gelblich weiße Eier.

1,0 Vorwerkhühner

Das **Vorwerkhuhn** verdankt seine Existenz der Idee des Hamburger Fabrikanten Oskar Vorwerk, die Zeichnung der Lakenfelder auf ein gelbes Mantelgefieder zu übertragen. Hierzu kreuzte er ab 1902 Lakenfelder mit gelben Orpington, gelben Ramelslohern und Andalusiern. Die so entstandene Rasse ist kräftiger als die Lakenfelder, mit abgerundeter Rechteckform, Einfachkamm, weißen Ohrscheiben und blauen Läufe. Legeleistung 130 bis 160 gelbliche Eier.

Die Erzüchtung der Zwerg-Vorwerkhühner erfolgte etwa zeitgleich in Ost- und Westdeutschland in den 1960er-Jahren. In Ostdeutschland wurden die Großrasse, gelbe Zwerg-Orpington und Deutsche Zwerghühner verwendet, in Westdeutschland ebenfalls gelbe Zwerg-Orpington kombiniert mit Deutschen Zwerghühnern und Zwerg-Barneveldern. Legeleistung ca. 120 gelbliche Eier.

0,1 Zwerg-Kaulhühner mit Schopf, goldhalsig

Schwanzlosigkeit als Folge des Verlusts der letzten Schwanzwirbel kommt weltweit bei Haushühnern vor und ist auch bei europäischen Landhuhnschlägen seit Jahrhunderten bekannt. Aus solchen Tieren wurden die **Kaulhühner** als Rasse mit Einfachkamm, weißen Ohrscheiben und dunklen Läufen gefestigt. Sie kommen in zahlreichen Farbenschlägen vor. Legeleistung ca. 150 weiße Eier. Auch bei Landzwerghühnern war Schwanzlosigkeit seit Langem verbreitet, sodass die Konstituierung als Rasse ab 1926 erfolgen konnte. Die Zwergform zeigt alle Attribute der Großrasse und ist von zutraulichem Wesen. Zahleiche Farbvarianten. Legeleistung ca. 90 weiße Eier.

0,1 Norwegische Jaerhühner, kennfarbig

Zu Beginn des 20. Jahrhunderts aus einem lokalen Landhuhnschlag entstanden, zeigen die **Norwegischen Jaerhühner** ebenso Merkmale der italienischen Rassen. Welche Variante hier Einfluss genommen hat, konnte anhand genetischer Untersuchungen geklärt werden, die einen starken Bezug zu den Weißlegern erkennen ließen (Granevitze et al. 2009). Es handelt sich bei den Jaerhühnern um ein leichtes Landhuhn mit stolzer Haltung, hoch getragenem Schwanz, voller Befiederung, Einfachkamm, weißen Ohrscheiben und gelben Läufen. Einziger Farbenschlag ist Kennfarbig. Legeleistung ca. 150 weiße Eier.

Englische Rassen

0,1 Dorking, silberhalsig

Die Beschreibung fünfzehiger, im Typ bereits sehr an die heutigen **Dorking** erinnernden Hühner durch den römischen Schriftsteller Columella lässt es durchaus möglich erscheinen, dass diese uralte englische Rasse tatsächlich schon zu dieser Zeit in ihrer heutigen Form gezüchtet wurde. Die häufig geäußerte Annahme, nach der das hohe Körpergewicht und die roten Ohrlappen als Erbe frühzeitig eingekreuzter asiatischer Rassen aufzufassen sei, konnte durch genetische Untersuchungen, die einen fast ausschließlichen europäischen Genpool belegen (Siwek et al. 2013), nicht bestätigt werden. Dorking verkörpern eine lange, große und tiefe Landhuhnform auf knapp mittelhoher Stellung mit voller, langer Befiederung und fleischfarbigen, fünfzehigen Läufen. Mit Einfach- oder Rosenkamm sowie in verschiedenen Farben vorkommend. Legeleistung ca. 120 weiße Eier; sehr ruhiges Wesen.

Zwerg-Dorking wurden in der ersten Hälfte des 19. Jahrhunderts in England erzüchtet. in Deutschland sind sie in Silberhalsig und Einfachkämmig anerkannt. Legeleistung ca. 130 weiße Eier.

1,0 Zwerg-Hamburger, silberlack

Die lack- und einfarbigen Varianten der **Hamburger** werden zwar formal mit den Sprenkeln als Rasse geführt, haben jedoch einen anderen Ursprung und zeigen zu diesen auch keine näheren Verwandtschaftsbeziehungen (Granevitze et al. 2009). Die auf alte englische Landhühner zurückgehenden Gold- und Silberlack („Fasanen-“ bzw. „Mondhühner“) werden erstmals Mitte des 18. Jahrhunderts in Nordengland sichtbar. Sie bildeten unter Hinzunahme verschiedener weiterer Rassen die Basis für die Schwarzen, Weißen und Blau-Gesäumten. Es handelt sich um elegante, fasanenhafte Tiere mit sehr reichem und langem Gefieder, weißen, relativ großen Ohrscheiben, dunklen Läufen und einem gerade auslaufendem Rosenkamm. Legeleistung 150 bis 200 weiße Eier.

Zwerg-Hamburger im Farbenschlag Silberlack wurden in England bereits Ende des 19. Jahrhunderts unter Berücksichtigung der Großrasse, Silber-Sebright und Bantam hervorgebracht. Diese dienten in Deutschland zur Herauszüchtung der Goldlack mithilfe der Großform, Gold-Sebright und erneut Bantam. Unter Verwendung weiterer Rassen entstanden später Schwarze, Weiße und Blau-Gesäumte. Legeleistung 130 bis 170 weiße Eier.

0,1 Redcaps

Auf die Vorfahren der Hamburger Goldlack, Altenglische Kämpfer und Dorking zurückgehend, wurden die **Redcaps** allgemein zu den „Zwischentyprassen“ gerechnet. Genetische Untersuchungen (Siwek et al. 2013) belegen jedoch einen nahezu vollständigen europäischen Genpool, was die Einordnung an dieser Stelle begründet. Sie repräsentieren eine ursprüngliche Landhuhnform mit roten Ohrlappen und blauen Läufen. Blickfang ist der sehr große Rosenkamm mit frei stehendem Dorn, von dem die Rasse ihren Namen erhielt. Das Farbbild entspricht einer Halbmondtupfung auf Goldbasis. Legeleistung ca. 200 weiße Eier.

Europäische Kampfhuhnrassen

1,0 Altenglische Zwerg-Kämpfer, goldhalsig

Wohl schon auf keltische Hühner zurückgehend gelten die **Altenglischen Kämpfer** neben den Dorking als älteste Rasse Englands. Nach dem Verbot des Hahnenkampfes 1849 als Schauhuhn gezüchtet, zeigen sie einen mittelgroßen, kräftigen und beweglichen Landhuhntyp mit starker Muskulatur, hartem Gefieder, Einfachkamm, überwiegend roten Ohrlappen und ausgeprägtem Schwanz. Zahlreiche Farbenschläge. Legeleistung ca. 120 weiße bis gelbliche Eier.

Wohl überwiegend aus landläufigen Zwerg-Kämpfern und weniger aus der Großrasse entstanden, könnte man die Ende des 19. Jahrhunderts als Rasse gefestigten Altenglischen Zwerg-Kämpfer prinzipiell auch bei den Urzwergen einordnen. Die beliebte Rasse wird heute in einer Vielzahl von Farbvarianten gezüchtet. Legeleistung ca. 90 gelbliche Eier.

0,1 Moderne Englische Zwerg-Kämpfer orangebrüstig

Die Etablierung einer eleganten Schaulinie des alten englischen Kampfhuhns nach dem Verbot des Hahnenkampfs 1849 gilt als grundlegende Motivation zur Erzüchtung der **Modernen Englischen Kämpfer**. Dies geschah unter Mitwirkung von Malaien, woraus ein sehr hochgestelltes Huhn mit feiner Linienführung, langem Hals, hartem, kurzem Gefieder, stolzer Haltung, Einfachkamm und je nach Farbenschlag weidengrünen, gelben, grünschwarzen oder schwarzen Läufen resultierte. Legeleistung ca. 90 weiße bis gelbliche Eier.

Ebenfalls in England entstand kurz nach der Großrasse das Zwergformat in zahlreichen Farbenschlägen. Legeleistung ca. 60 hellbraune Eier.

0,1 Brügger Kämpfer, schwarz

Wie in England war auch im heutigen Belgien der Kampfhuhnsport schon zur Römerzeit beliebt. Anfang des 19. Jahrhunderts wurden heimische Kämpferschläge mit Malaien gekreuzt, wodurch mit den **Brügger Kämpfern** ein sehr großes, hochgestelltes Huhn mit im Vergleich zu den asiatischen Ahnen mehr landhuhnartigem, waagerecht getragenem Körper, vollerer Befiederung, maulbeerfarbigen bis schwarzroten Kopfattributen, Erbsenkamm und schieferblauen Läufen hervorging. Verschiedene Farbenschläge. Legeleistung ca. 120 gelbe oder weiße Eier.

Die Verzwergung fand in den 1950er-Jahren in Belgien statt. Ebenfalls verschiedene Farbvarianten. Legeleistung ca. 100 weiße bis rahmgelbe Eier.

1,0 Lütticher Zwerg-Kämpfer, weiß

Von gleicher Herkunft wie der Brügger und prinzipiell ähnlichem Typ unterscheidet sich der **Lütticher Kämpfer** von Ersterem vorwiegend durch den stärker aufgerichteten Körper mit abfallender Haltung und noch etwas höheren Stand. Die Rasse ist neben der erbsenkämmigen auch in einer einfachkämmigen Variante zugelassen. Wie die vorgenannte Rasse, mit der sie zwischenzeitlich als Belgische Kämpfer zusammengefasst wurde, in verschiedenen Farbenschlägen gezüchtet. Legeleistung ca. 130 gelbe oder weiße Eier.

Die Verzwergung erfolgte in den 1950er-Jahren in Belgien im Kontext der Erzüchtung der Brügger Zwerg-Kämpfer, da seinerzeit analog zur Großrasse beide Formen zusammengefasst wurden. Verschiedene Farbvarianten. Legeleistung ca. 90 weiße bis bräunliche Eier.

Sprenkelrassen

Erste gesicherte Hinweise auf Sprenkelhühner in Europa stammen aus der Zeit um 1600. So schreibt Aldrovandi in „Ornithologia", dass sie auf aus Konstantinopel, dem heutigen Istanbul, in die Niederlande eingeführte Tiere zurückgehen (Wandelt & Wolters 1996). Solche „türkischen Hühner" mit dem typischen Erscheinungsbild der Sprenkelrassen konnten bis in die heutige Zeit in der Westtürkei, hier speziell der Küstenregion um Izmir, nachgewiesen werden (Six 2005).

Dennoch ist der Ursprung dieser Rassengruppe nicht im östlichen Mittelmeerraum, sondern vielmehr im osteuropäischen Raum zu verorten; die Handelsmetropole Istanbul diente hier wohl lediglich als Umschlagplatz. Hinweise bei Dürigen (1885), der die Böhmischen Mohnsperber als den Campinern bzw. Totlegern (damals Sammelbegriff für Sprenkelrassen) ähnlich und nächstverwandt beschreibt, sowie das mit den gesäumten bzw. getupften osteuropäischen Haubenhühnern vergleichbare Zeichnungsbild legen das ebenso nahe wie neuere molekulargenetische Untersuchungen (Malomane et al. 2019). In Deutschland und den Niederlanden wurden sie als „Totleger" bzw. „Alltagsleger" oder schlicht als „Möwen" bezeichnet, bevor dann Ende des 19. Jahrhunderts die Differenzierung in die heutigen Rassen erfolgte.

0,1 Friesenhühner, gelb-weißgeflockt

Die aus den Niederlanden stammenden **Friesenhühner** gelten als die ursprünglichste Form westeuropäischer Sprenkelrassen. Das leichte, bewegliche Landhuhn mit voller, langer und fester Befiederung, hoch getragenem Schwanz, Einfachkamm, weißen Ohrscheiben und blauen Läufen kommt in zahlreichen Farbenschlägen vor, von denen die Geflockten, bei denen der Hahn im Gegensatz zur Henne weitgehend ungezeichnet ist, die ältesten sind. Legeleistung 110 bis 130 weiße Eier. Die in den Niederlanden als Assendelfter Huhn gezüchtete rosenkämmige Variante bildet die Grundlage der gesprenkelten Hamburger. Die Verzwergung unter Beteiligung der Großrasse und verschiedenen Zwerghuhnrassen fand in den Niederlanden statt. Auch hier mehrere Farbenschläge. Legeleistung ca. 100 weiße Eier.

1,0 Ostfriesische Zwerg-Möwen, gold-schwarzgeflockt

Die in den Niederlanden unter dem Namen „Groninger Möwen" geführten **Ostfriesischen Möwen** lassen sich ausgehend von den „Tot- oder Alltagslegern" bis in die erste Hälfte des 19. Jahrhunderts zurückverfolgen. Sie sind größer und kräftiger als die Friesenhühner, gleichen diesen aber ansonsten weitgehend. Farbenschläge Gold- und Silber-Schwarzgeflockt. Legeleistung ca. 130 weiße Eier.

Ostfriesische Zwerg-Möwen entstanden ab 1952 in Deutschland aus der Großrasse und Deutschen Zwerghühnern. Sie sind in verschiedenen Farbenschlägen auf Basis der Flockung anerkannt. Legeleistung ca. 120 weiße Eier.

0,1 Hamburger Sprenkel, silbersprenkel

Aus den rosenkämmigen Assendelftern (siehe Friesenhühner) wurde etwa ab 1820 in England ein eleganterer Typ mit schlanker Walzenform und sehr vollem, langem Gefieder herausgezüchtet, der 1850 mit den „Mond-" bzw. „Fasanenhühnern" rein pragmatisch als Hamburger zusammengefasst wurde. Die **Hamburger Sprenkel** haben wie die Lack- und Einfarbigen einen Rosenkamm mit langem, gerade auslaufendem Dorn, sind jedoch leichter und zierlicher. In Gold- und Silbersprenkel, teils auch hennenfiedrig gezüchtet. Legeleistung 150 bis 170 weiße Eier. In den Niederlanden als „Holländisches Huhn" anerkannt.

Zwerg-Hamburger Goldsprenkel sind eine deutsche Züchtung auf Basis der Großrasse und Ostfriesischen Zwerg-Möwen; ebenfalls aus der Großrasse bei zusätzlicher Beteiligung weißer Bantam folgten die Silbersprenkel. Legeleistung 120 bis 140 weiße Eier.

Brakel sind eine belgische Zuchtrichtung der Sprenkelhühner, bei denen der Hahn im Gegensatz zu den bisher beschriebenen Rassen wie die Henne ein durchgezeichnetes Rumpfgefieder aufweist. Auch zeigt die Rasse keine Flockung, sondern vielmehr eine Bänderung. Es handelt sich um ein Landhuhn mit abgerundeter Rechteckform, langer voller Befiederung, gut mittelgroßem Einfachkamm, bläulich weißen Ohrscheiben und schieferblauen Läufen. In Silber und Gold gezüchtet. Legeleistung ca. 130 weiße Eier.

0,1 Zwerg-Brakel, silber

Die Verzwergung erfolgte unabhängig voneinander in Ost- und Westdeutschland. Während man im Westen in den 1950er-Jahren die Großrasse und Deutsche Zwerghühner verwendete, ging man im Osten den Weg über große Brakel, Zwerg-Hamburger und Zwerg-Rheinländer. Wie die Großrasse in Gold und Silber gezüchtet. Legeleistung ca. 130 weiße Eier.

Den Brakeln im Erscheinungsbild ähnlich, jedoch mit Rosenkamm ausgestattet, hat die westfälische Variante der Sprenkelhühner den alten Überbegriff „Totleger“ auch nach der Standardisierung im Jahr 1904 beibehalten. Wie bei den Brakeln ist auch bei den **Westfälischen Totlegern** der Rumpf des Hahns gezeichnet, die Zeichnung jedoch grober. Der Rosenkamm soll möglichst klein sein mit geradem oder etwas geneigtem Dorn. In Silber und Gold gezüchtet. Legeleistung 100 bis 160 weiße Eier.

1,0 Westfälische Totleger, silber

Haubenhühner und Verwandte

Erste Knochenfunde ebenso wie Darstellungen von Haubenhühnern in Westeuropa stammen bereits aus dem Römischen Reich, speziell aus der Zeit zwischen dem 1. und 4. nachchristlichen Jahrhundert, doch scheint eine dauerhafte Ausbreitung dieser Haushuhnform nach Mitteleuropa wohl erst im ausgehenden Mittelalter stattgefunden zu haben, wie Schädelfunde aus Braunschweig aus der Zeit um 1300 belegen. Nach Fischer (1980) gelangten Haubenhühner durch Handelsbeziehungen im 15. und 16. Jahrhundert aus Russland in die Niederlande und nach Norditalien. Als Ursprungsgebiet wird der Raum zwischen Osteuropa, speziell Südrussland, und Nordpersien vermutet (Oehler 1982). Auch bezeichnet Aldrovandi um 1600 in „Ornithologica" ebenso wie Dürigen (1910) die Haubenhühner als „medische Hühner", was eine Herkunft aus dem Gebiet um Buchara im südlichen Zentralasien vermuten lässt.

1,0 Pavlova, gold

Als Stammform bzw. ursprünglichste Variante gelten die russischen **Pavlova** oder Pawlowskaja, die mittlerweile auch in Mitteleuropa wieder anzutreffen sind. Sie tragen Haube, Bart und Hörnerkamm, haben befiederte Läufe, Geierfersen, kleine bläulich weiße Ohrscheiben und kommen in Gold- und Silbergetupft vor. Damit vereinen sie alle für Rassen dieser Gruppe typischen Attribute. Sicher ist die Befiederung von Kopf, Gesicht und Läufen als Anpassung an besonders kalte Klimabedingungen zu interpretieren, wie sie im vermuteten Ursprungsgebiet im Winter vorherrschen.

Die vor mindestens 500 Jahren aus Russland nach Westeuropa eingeführten Tiere wurden in Norditalien als Polverara oder Paduaner, in den Niederlanden als Polands oder polnische Hühner bezeichnet, wobei es im Zuge der Ausbreitung innerhalb Westeuropas zu Vermischungen mit bodenständigen Landhuhnschlägen kam. Eine endgültige Differenzierung in die heute gezüchteten Rassen fand anlässlich des 1. Deutschen Geflügelzüchtertages 1869 in Dresden statt.

0,1 Paduaner, chamois-weißgesäumt

Die **Paduaner** stehen der Urform habituell noch sehr nahe und verhalfen zahlreichen anderen Haubenhühnern, aber auch Rassen wie Wyandotten oder Sebright zu ihrer Entstehung. Sie zeigen eine leichte Landhuhnform mit aufgerichteter Haltung, voller Rundhaube, dichtem Bart, kaum erkennbarem Hörnerkamm, gut entwickeltem Gefieder und blauen Läufen. Neben den ursprünglichen gesäumten Varianten gibt es verschiedene weitere Farbenschläge. Legeleistung ca. 140 weiße Eier; ruhiges, zutrauliches Wesen.

Zwerg-Paduaner entstanden bereits Ende des 19. Jahrhunderts in England mithilfe von Sebright. Sie werden in mehreren Farbenschlägen sowie in gestruppt gezüchtet. Legeleistung ca. 110 weiße Eier.

0,1 Zwerg-Holländer Haubenhühner, Weißhauben blaugesäumt

Mit großer, voller Rundhaube in Weiß oder, wenngleich auch deutlich seltener, in Schwarz, begegnen uns die **Holländer Haubenhühner** als bartlose, schlanke Landhuhnform mit voller Befiederung, weißen Ohrscheiben, fehlendem Kamm und blauen Läufen. Die ältesten Darstellungen von Hühnern dieses Typs zeigt ein Gemälde des niederländischen Malers J. Monkhorst aus dem Jahr 1657. Die Weißhauben werden in mehreren Farbvarianten gezüchtet, die Schwarzhauben nur in Weiß. Legeleistung ca. 150 weiße Eier.

Die Zwergform wurde ab 1909 in Deutschland aus der Großrasse und Bantam zunächst in Schwarz hervorgebracht. Später folgten weitere Farbenschläge sowie Gestruppte. Legeleistung ca. 140 weiße Eier.

1,0 Sultanhühner, weiß

Sultanhühner lassen sich auf Bestände weißer Haubenhühner zurückführen, die 1854 aus dem heutigen Istanbul unter dem Namen „Saray tavuk" (Palasthühner) nach England importiert wurden. Diese Tiere waren weiß, zeigten aber ansonsten alle Attribute der Pawlowskaja, sodass es sich wohl um deren im Osmanischen Reich bevorzugte weiße Variante handelte. Sultanhühner repräsentieren eine kurze, tief gebaute Landhuhnform auf knapp mittelhoher Stellung, mit Vollhaube, Bart, Hörnerkamm, blauen befiederten, fünfzehigen Läufen und Geierfersen. Einziger in Deutschland anerkannter Farbenschlag ist Weiß. Legeleistung ca. 100 weiße Eier.

0,1 Zwerg-Houdan, schwarz-weißgescheckt

In der gleichnamigen Stadt unweit von Paris aus lokalen Schlägen, Haubenhühnern und Dorking zu Mastzwecken erzüchtet, zeigen die **Houdan** eine massige und kräftige Walzenform mit Rundhaube, vollem Bart, voller Befiederung, Schmetterlingskamm und hornfarbigen fünfzehigen Läufen. Zu den ursprünglichen Schwarz-Weißgescheckten kamen später Weiße, Perlgraue und Gesperberte hinzu. Legeleistung ca. 160 weiße Eier; ruhiges Temperament.

In England Mitte des 19. Jahrhunderts aus der Großrasse, braun-porzellanfarbigen Zwerg-Sussex und Zwerg-Ancona, der angloamerikanischen Variante schwarz-weißgescheckter Zwerg-Italiener konstituiert, verdanken Zwerg-Houdan in Deutschland ihre Entstehung der Kreuzung großer Houdan mit schwarzen Zwerg-Paduanern in den 1950er-Jahren. Zu den ursprünglichen Schwarz-Weißgescheckten kamen später Weiße hinzu. Legeleistung 140 weiße Eier.

Die aus der Normandie stammenden **Crève-Coeur** wurden bereits im 16. Jahrhundert erstmals beschrieben und gehören daher zu den ältesten französischen Rassen. Aus Landschlägen und Haubenhühnern entstanden, kamen später wie bei den Houdan noch Dorking zur Erhöhung des Körpergewichtes hinzu. Daraus resultierte eine massive, rechteckige Landhuhnform mit waagerechter Haltung, Rundhaube, vollem Bart, voller Befiederung, Hörnerkamm und dunklen Läufen. Verschiedene Farbenschläge. Legeleistung ca. 150 weiße Eier; ruhiges Temperament.

1,0 Crève-Coeur, blaugesäumt

Tiere der Großrasse, Zwerg-Paduaner und Zwerg-La-Flèche bildeten die Grundlage für die in den 1980er-Jahren in Deutschland erzüchtete Zwergform. Einziger Farbenschlag Schwarz. Legeleistung ca. 120 weiße Eier.

Die ältesten Darstellungen von **Brabantern** finden sich auf Gemälden niederländischer Maler des 17. Jahrhunderts. Ebenso wie die Paduaner stehen sie der Urform der Haubenhühner relativ nahe, tragen jedoch eine Helm- oder Spitzhaube. Das eher leichte Huhn im Landhuhntyp mit aufgerichteter Haltung, dreigeteiltem Bart, Hörnerkamm und blaugrauen Läufen wird in mehreren Farbvarianten gezüchtet und weist eine Legeleistung von 150 bis 170 weißen Eiern auf.

1,0 Zwerg-Brabanter, silber

Die Zucht der Zwerg-Brabanter begann in den 1950er-Jahren in den Niederlanden. Heute werden sie im selben Farbenschlagspektrum wie die Großrasse gezüchtet. Legeleistung ca. 100 weiße Eier.

0,1 Eulenbarthühner, gold-schwarzgetupft

Mit Letzteren nahe verwandt und wohl aus ihnen und Landhühnern hervorgegangen unterscheiden sich die niederländischen **Eulenbarthühner** von den Brabantern in erster Linie durch den kleinen Schopf im Gegensatz zur Helmhaube und die Form des Bartes, der bei ihnen ungeteilt ist. Die Rasse ist hörnerkämmig, hat kleine weiße Ohrscheiben und blaue Läufe. Sie kommt zusätzlich zu den Farbenschlägen der Brabanter auch in Gesprenkelt und mit schwarzer Kopfzeichnung vor. Legeleistung ca. 160 weiße Eier.

Auch die Zwergform ist eine niederländische Züchtung, die Anfang der 1930er-Jahre in verschiedenen Farbenschlägen vorgenommen wurde. Legeleistung ca. 90 weiße Eier.

0,1 Appenzeller Spitzhauben, silber-schwarzgetupft

Aus alten lokalen Haubenhuhnschlägen als Rasse gefestigt, begegnen uns die **Appenzeller Spitzhauben** als leichtes Landhuhn mit walzenförmigem Körper, Spitzhaube, Hörnerkamm, weißen Ohrscheiben, blauen Läufen und vollem, hoch getragenem Schwanz. Die Schweizer Variante der europäischen Haubenhühner wird in Gold-Schwarzgetupft, Silber-Schwarzgetupft und Chamois-Weißgetupft gezüchtet. Legeleistung ca. 150 weiße Eier.

Die Zwergform entstand Ende des 20. Jahrhunderts in den Niederlanden aus der Großrasse und Holländischen Zwerghühnern. Sie wird in denselben Farbenschlägen gezüchtet wie die Großform. Legeleistung ca. 120 weiße Eier.

Anhand alter Gemälde („De Hoenderhof“ von Jan Steen) bis etwa 1650 belegt, weisen die niederländischen **Breda** mit ihrem Napfkamm, dem kleinen Schopf, den Geierfersen, den befiederten Läufen und den säbelförmig gebogenen Sicheln des Hahns eine ganze Reihe von Besonderheiten auf. Das langschnäblige Huhn (niederländisch Kraaikoppen = Krähenköpfe) mit dem leicht abfallenden, relativ hochgestellten walzenförmigen Körper wird in mehreren Farbvarianten gezüchtet. Legeleistung ca. 120 weiße Eier.

0,1 Zwerg-Breda, schwarz

Nachdem bereits um 1935 erstmals vorhanden, begannen niederländische Züchter in den 1960er-Jahren erneut mit der Verzwergung. Dabei gingen sie den Weg über die Großrasse, Zwerg-Eulenbarthühner und niederländische Federfüßige Zwerghühner (Sabelpootkrielen). Farbenschläge sind Schwarz, Weiß, Gesperbert und Blau-Gesäumt. Legeleistung ca. 90 weiße Eier.

Ebenfalls schon vor Jahrhunderten aus Hauben- und Landhühnern hervorgegangen, haben die französischen **La Flèche** mit den Breda die Reduktion der Haube hin zu einem kleinen, unscheinbaren Schopf gemeinsam. Neben der stolz aufgerichteten, hochgestellten und gestreckten Walzenform und dem langen, reich entwickelten Gefieder ist es besonders der markante Hörnerkamm, der den Charakter der Rasse ausmacht. Die Ohrscheiben sind weiß, die Läufe je nach Farbenschlag schieferblau bis fleischfarbig. Legeleistung bis zu 180 weiße, teils mit rosa Anflug versehene Eier.

1,0 Zwerg-La Flèche, schwarz

Ausgangsrassen der Ende der 1950er-Jahre in Deutschland erzüchteten Zwergform waren die Großrasse, Zwerg-Rheinländer und Deutsche Zwerghühner. Farbenschläge sind Schwarz, Weiß und Blau-Gesäumt. Legeleistung ca. 120 weiße Eier, teils mit rosa Schimmer.

0,1 Annaberger Haubenstrupphühner, weiß

Eine relativ junge Züchtung sind die **Annaberger Haubenstrupphühner** die in den 1950er-Jahren im Erzgebirge ursprünglich aus Appenzeller Spitzhauben, Paduanern, Seidenhühnern und gelockten Chabos kreiert wurden. Unabhängig davon dürften die meisten der heutigen Zuchten auf die spätere Kombination von Appenzeller Spitzhauben und gelockten Holländischen Weißhauben zurückgehen. Die Rasse zeigt einen leichten, mittelhochgestellten Landhuhntyp mit Struppbefiederung, Spitzhaube, weißen Ohrscheiben und blauen Läufen. Farbenschläge sind Schwarz, Weiß und Weiß-Schwarzgescheckt (entsprechend einer groben Tupfung). Legeleistung ca. 120 weiße bis gelbe Eier.

0,1 Brabanter Bauernhühner, silber-wachtelfarbig

Tiere vom Typ der **Brabanter Bauernhühner** sind bereits auf den Gemälden belgischer und holländischer Meister des 17. Jahrhunderts dargestellt. Das einfachkämmige Huhn mit der gestreckten, leicht abfallenden Landhuhnform, den weißen Ohrscheiben, blauen Läufen und dem charakteristischen Schopf ist in Deutschland in den ursprünglichen Varianten Gold- und Silber-Wachtelfarbig anerkannt. Legeleistung ca. 170 elfenbeinweiße Eier.

Die Basis der **Altsteirer** ist der alte Landhuhnschlag der Steiermark, der zur Verbesserung der Fleischqualität mit besonders schweren Varianten der Paduaner kombiniert wurde. Dies führte zu einem kräftigen, rechteckigen, mittelhochgestellten Landhuhn mit voller Befiederung, Einfachkamm, weißen Ohrscheiben, fleischfarbigen Läufen und dem rassetypischen Schopf. Farbenschläge sind Wildbraun und Weiß. Legeleistung 180 bis 210 weiße Eier.

0,1 Zwerg-Altsteirer, braun

Die Großrasse, Zwerg-Welsumer und Deutsche Zwerghühner bildeten die Grundlage der ab 1954 in deutschen Zuchten entstandenen Zwerg-Altsteirer. Farbenschläge entsprechend der Großrasse. Legeleistung ca. 130 elfenbeinweiße Eier.

Die **Sulmtaler** als schwerer Schlag des einstigen steirischen Landhuhns weisen primär die gleiche Entstehungsgeschichte wie die Altsteirer auf, sind jedoch bedingt durch die Hinzunahme von Cochin, Brahma, Langschan, Dorking und Houdan massiver, breiter und tiefer im Körper sowie lockerer im Gefieder. Ansonsten entsprechen sie den zuvor Genannten einschließlich Schopf, Einfachkamm, weißen Ohrscheiben und fleischfarbigen Läufen. Farbenschläge sind Gold-Weizenfarbig und Weiß. Legeleistung ca. 140 rahmfarbige bis hellbraune Eier.

0,1 Sulmtaler, gold-weizenfarbig

Zwerg-Sulmtaler als Werk deutscher Züchter sind in den 1950er-Jahren u. a. aus der Großrasse, Zwerg-Paduanern, Deutschen Zwerghühnern und Zwerg-Orpington konstituiert worden. Farbenschläge sind Gold-, Silber- und Blau-Weizenfarbig. Legeleistung ca. 110 rahmweiße Eier.

1,0 Thüringer Barthühner, gold-schwarzgetupft

Thüringer Barthühner wurden aus dem Umfeld der Ortschaft Ruhla schon 1793 beschrieben, wobei unklar bleiben muss, ob sie aus dem auch als Otterköpfchen bezeichneten lokalen Landschlag und Paduanern hervorgingen oder, anderen Schilderungen folgend, während des 30-jährigen Krieges mit Siedlern aus Böhmen kamen. Das Landhuhn mit dem walzenförmigen, waagerecht getragenen Körper, vollen ungeteilten Bart, Einfachkamm und dunklen Läufen kommt in verschiedenen Farbvarianten vor. Legeleistung 140 bis 180 weiße Eier.

Die Basis der heutigen Thüringer Zwerg-Barthühner bildeten ab etwa 1960 die Großrasse, Antwerpener Bartzwerge, Zwerg-Rheinländer, Deutsche Zwerghühner und Zwerg-Hamburger. Zuerst in Schwarz und Getupft gezüchtet, folgten später weitere Farbenschläge. Legeleistung 130 weiße Eier.

1,0 Appenzeller Barthühner, schwarz

Eine weitere Kombination von Hauben- und Landhühnern repräsentieren die etwa ab 1860 als Rasse gefestigten **Appenzeller Barthühner**. Dem ältesten schwarzen Farbenschlag folgten unter Beteiligung von Italienern die Rebhuhnhalsigen und relativ spät in den 1980er-Jahren schließlich die Blau-Gesäumten. Das kräftige, voll befiederte Landhuhn mit Backen- und Kinnbart ist rosenkämmig, hat dunkle Läufe und legt 150 bis 160 weiße Eier.

Die Zwergform wurde in den 1990er-Jahren aus Thüringer Zwerg-Barthühnern und Zwerg-Rheinländern in den Farbenschlägen Schwarz und Rebhuhnhalsig erzüchtet. Legeleistung ca. 120 cremefarbige Eier.

1,0 Zwerg-Augsburger, schwarz

Augsburger sind das Produkt einer in den 1870er-Jahren vorgenommenen Kreuzung aus La Flèche und Lamotta, einer schwarzen italienischen Rasse mit dunklen Läufen. Resultat war ein Landhuhn mit gestreckter Form, leicht aufgerichteter Haltung, weißen Ohrscheiben, schieferblauen Läufen und dem rassetypischen, seinerzeit noch spalterbigen Kronenkamm. Durch Hinzunahme von diesbezüglich reinerbigen Rassen wie den Sizilianischen Kronenkämmen konnte mittlerweile zunehmend Reinerbigkeit erzielt werden. In den Farbenschlägen Schwarz und Blau gezüchtet. Legeleistung 140 bis 170 weiße Eier.

Zwerg-Augsburger entstanden Ende der 1950er-Jahre in Augsburg aus der Großrasse, Deutschen Zwerghühnern und Zwerg-Italienern. Zur Erzielung reinerbiger Kämme kamen weiterhin Sizilianische Kronenkämme und die ägyptischen Dandarawi hinzu. Einziger Farbenschlag ist Schwarz. Legeleistung ca. 90 weiße Eier.

Europäische und vorderasiatische Langkräherrassen

Ging man nach dem Bekanntwerden der türkischen Denizli-Kräher in Deutschland davon aus, die legendäre Herkunft der Bergischen Kräher geklärt zu haben, stellten Unterschiede in der Silbenzahl des Krährufes und die Tatsache, dass die Nachzucht aus Kreuzungen schlechter krähte als beide Ausgangsrassen, die vermutete nahe Verwandtschaft wieder infrage.

Als Vorfahren der Bergischen Kräher sind heute die im Balkanraum in verschiedenen lokalen Varianten vorkommenden und zum Teil Hauben tragenden Kosovo-, Sandžak- oder Bosnischen Kräher anzusehen, was nicht zuletzt durch das Vorhandensein eines „missing links“ (altes Präparat eines behaubten Bergischen Krähers im Naturkundemuseum Leipzig) und die „Kompatibilität“ im Krähruf nahegelegt wird.

Mittlerweile wissen wir aufgrund molekulargenetischer Untersuchungen (Malomane et al. 2019), dass die Bergischen Kräher klar den europäischen Rassen zuzuordnen sind und dabei einen deutlichen osteuropäischen Anteil zeigen, während sich die Denizli-Kräher auf dem westasiatischen Zweig des Haushuhns einordnen. Eine nähere Verwandtschaft besteht also nicht.

1,0 Bergische Kräher, schwarz-goldbraungedobbelt

Alten Legenden zufolge sollen die **Bergischen Kräher** während der Kreuzzüge aus Südosteuropa bzw. dem Nahen Osten nach Deutschland gekommen sein. Auch wenn ihre Herkunft aus dem Balkanraum heute als weitgehend gesichert gilt (siehe oben), ist doch wahrscheinlicher, dass sie, ebenso wie die Haubenhühner und Sprenkelrassen, mit Seefahrern nach Nordwesteuropa gelangt sind und dann über die ehemals spanischen Niederlande ins Bergische Land verbracht wurden. Dort werden sie spätestens um 1820 sichtbar, mutmaßlich eingeführt durch spanische Mönche. Bergische Kräher sind große und aufgerichtete Hühner mit gestrecktem Rumpf, leicht nach oben gebogenem Rücken, gut mittellangen blauen Läufen, Einfachkamm und weißen Ohrscheiben. Ihr Farbenschlag Schwarz-Goldbraungedobbelt verkörpert eine Abwandlung der Tupfung. Der Krähruf erstreckt sich heute über maximal 12 Sekunden und wird idealerweise im Vorwärtsgehen vorgetragen. Die Tiere sind sehr lebhaft und benötigen große Ausläufe. Legeleistung ca. 130 weiße bis cremefarbige Eier.

Die Zwergform wurde nach dem Ersten Weltkrieg in Sachsen und im Bergischen Land aus der Großrasse und Deutschen Zwergen herausgezüchtet. Die maximale Krähruflänge liegt bei sechs Sekunden. Legeleistung 150 bis 180 weiße bis cremefarbige Eier.

Denizli-Kräher werden seit Jahrhunderten in der Türkei gezüchtet, wobei genaue Angaben zu ihrer Herkunft nicht vorliegen. Mit maximal über 25 Sekunden Krähruflänge werden sie nur noch von bestimmten Linien der Kosovo- oder Sandžak-Kräher übertroffen, deren Maxima bei 40 bis 60 Sekunden liegen. Sie repräsentieren eine ursprüngliche, derbe, aufgerichtete Landhuhnform mit hochgetragenem Schwanz, Einfachkamm, überwiegend roten Ohrlappen und dunklen Läufen. Verschiedene Farbvarianten. Legeleistung ca. 140 weiße bis cremefarbige Eier. In ihrer Heimatstadt Denizli besteht eine staatlich geförderte Zuchtstation.

1,0 Denizli-Kräher, schwarz

Europäische Urzwerge

Landzwerghühner waren bis Anfang des 20. Jahrhunderts europaweit verbreitet. In vielen Ländern wurden lokale Schläge als Rassen gefestigt, was zur Entstehung mehr oder weniger ähnlicher Varianten wie den Holländischen, Belgischen, Französischen (Pictave), Schwedischen und eben auch den **Deutschen Zwerghühnern** führte. Die hiesige Spielart wurde ab 1917 unter Berücksichtigung von Bankiva-Hühnern, Bantam und Zwerg-Phönix aufgebaut. Sie erscheint daher besonders anmutig und elegant mit fließender Linienführung, reicher, langer Befiederung und ausgeprägter Besichelung des Hahns. Einfachkamm, weiße, herzförmige Ohrscheiben und blaue Läufe vervollständigen das Bild. Zahlreiche Farbvarianten. Legeleistung 80 bis 100 weiße bis cremefarbige Eier.

1,0 Deutsche Zwerghühner, orangehalsig

0,1 Holländische Zwerghühner, silberhalsig

Ebenso auf nordwesteuropäische Landzwerghühner zurückgehend, reichen die Spuren der **Holländischen Zwerghühner** bis in die Mitte des 19. Jahrhunderts. Sie präsentieren sich als Huhn von sehr kleinem, gedrungenem Körperbau auf knapp mittelhoher Stellung mit runder Linienführung, abwärts gerichteten Flügeln, Einfachkamm, weißen Ohrscheiben und blauen Läufen. Zahlreiche Farbenschläge. Legeleistung ca. 110 weiße Eier.

0,1 Bassetten, wachtelfarbig

Neben den in Deutschland nicht anerkannten Belgischen Zwerghühnern gibt es mit den **Bassetten** noch eine weitere auf Landzwerghühnern basierende Zwerghuhnrasse belgischen Ursprungs. Bassetten zeigen eine typische Landhuhnform mit voller, langer Befiederung, Einfachkamm, weißen Ohrscheiben und blauen Läufen. Die ursprünglichen Farbenschläge sind die Gold- und Silbervariante der auch bei anderen belgischen Rassen (Brabanter Bauernhühner, Antwerpener Bartzwerge) präsenten Wachtelfarbe. Legeleistung 100 bis 120 weiße Eier.

Die Vorfahren der **Bantam** gehen auf indonesische Urzwerge zurück, die mit Federfüßigen Zwerghühnern und Hamburgern zum heutigen Typ entwickelt wurden, wobei ihr europäischer Anteil überwiegt. Sie gelten als Synonym für das Zwerghuhn an sich. Das kleine Huhn mit dem kurzen, runden Körper, den breiten Federn, den halbkreisförmigen Sicheln des Hahns, den großen weißen Ohrscheiben, dem langen, gerade auslaufenden Rosenkamm und dem kecken, lebhaften Wesen ist weltweit verbreitet und wird in einer Vielzahl von Farbvarianten gezüchtet. Legeleistung ca. 80 weiße bis cremefarbige Eier.

1,0 Bantam, schwarz

Den Bantam im Grundtyp inklusive Rosenkamm nicht unähnlich, jedoch hennenfiedrig, mit roten Ohrlappen ausgestattet und nur in den gesäumten Farbvarianten vorkommend, sind die **Sebright** eine Züchtung des bekannten englischen Tier- und Pflanzenzüchters Sir John Sebright. Er erschuf die Rasse um 1800 aus einer gelben Zwerghenne und einem hennenfiedrigen rötlichen Zwerghahn (beide vermutlich den aus Südostasien eingeführten Nankin-Bantam zuzurechnen), einer goldenen Hamburgerhenne und gold-schwarzgesäumten Paduanern. In Gold, Silber und Chamois anerkannt. In Erregung die Brust vorwölbend und trippelnd. Legeleistung ca. 100 weiße bis cremefarbige Eier.

1,0 Sebright, gold-schwarzgesäumt

1,0 Antwerpener Bartzwerge, wachtelfarbig

Die oft auch als „Belgisches Nationalhuhn" bezeichneten **Antwerpener Bartzwerge** sind schon auf Gemälden von Albert Cuyp aus dem 17. Jahrhundert in der wachtelfarbigen Variante zu erkennen. Die Konstituierung im heutigen Typ erfolgte dann im 19. Jahrhundert von Beginn an in mehreren Farbenschlägen. Antwerpener Bartzwerge sind klein, gedrungen und breit mit nach vorne gedrückter Brust, aufgerichteter Haltung, gesenkten Flügeln, Rosenkamm und säbelförmigen Sicheln des Hahns. Der Kinn- und Backenbart ist ebenso wie der Halsbehang stark entwickelt. Zahlreiche Farbenschläge. Legeleistung ca. 90 weiße bis cremefarbige Eier.

0,1 Grübbe Bartzwerge, perlgrauweißgescheckt

Die **Grübbe Bartzwerge** sind die schwanzlose Variante der Antwerpener Bartzwerge. Obwohl bereits ab 1904 erstmals gezeigt, überlebten sie den Ersten Weltkrieg nicht und wurden dann Ende des 20. Jahrhunderts in Belgien neu erzüchtet. Sie sind in allen Farbvarianten der Antwerpener Bartzwerge anerkannt. Legeleistung ca. 90 weiße bis cremefarbige Eier.

Watermaalsche Bartzwerge, wahrscheinlich aus Antwerpener Bartzwergen und Zwerg-Paduanern zu Beginn des 20. Jahrhunderts in Belgien erzüchtet, gleichen den Antwerpener Bartzwergen im Typ weitgehend, zeigen jedoch einen Schopf und als Besonderheit einen Rosenkamm mit dreigeteiltem Kammdorn. Zahlreiche Farbenschläge. Legeleistung ca. 80 weiße bis cremefarbige Eier.

0,1 Watermaalsche Bartzwerge, gelb mit weißen Tupfen

Die **Bosvoorder Bartzwerge** als schwanzlose Spielart der Watermaalschen Bartzwerge wurden Ende des 20. Jahrhunderts in Belgien hervorgebracht. Sie sind in allen Farbenschlägen der Watermaalschen Bartzwerge anerkannt. Legeleistung ca. 80 weiße bis cremefarbige Eier.

0,1 Bosvoorder Bartwerge, silber-wachtelfarbig

1,0 Ükkeler Barzwerge, schwarz

Ükkeler Bartzwerge verdanken ihre Entstehung der ab 1904 im Belgischen Uccle vorgenommenen Kombination von Federfüßigen Zwerghühnern und Antwerpener Bartzwergen. Daraus resultierte ein kleines gedrungenes, niedriggestelltes Zwerghuhn mit angehobener Brust, Einfachkamm, vollem dreigeteiltem Bart, ausgeprägter Halsbefiederung, stark entwickelten Geierfersen und voller Fußbefiederung. Zahlreiche Farbenschläge. Legeleistung ca. 90 weiße bis cremefarbige Eier.

Everberger Bartzwerge, schwarz-weißgescheckt

Die schwanzlose Zuchtlinie der Ükkeler, die **Everberger Bartzwerge**, sind auf Basis Ersterer und, so wird vermutet, schwanzlosen Landzwerghühnern hervorgegangen. Erstmals gezeigt wurden sie 1906. Sie sind in allen Farbvarianten der Ükkeler Bartzwerge anerkannt. Legeleistung ca. 90 cremefarbige Eier.

Federfüßige Zwerghühner sind in Europa seit Jahrhunderten bekannt. Abbildungen in Aldrovandis „Ornithologica" sowie die Gemälde niederländischer Meister lassen bereits im frühen 17. Jahrhundert federfüßige Tiere mit Porzellanfarbe erkennen. Auch in Russland kamen im 18. Jahrhundert vergleichbare weiße und rotbunte Zwerghühner vor. Charakteristisch für die Rasse sind eine breite, gut gerundete Form auf mittelhoher Stellung, dicht befiederte Läufe, Geierfersen, Einfachkamm, rote Ohrlappen und säbelförmig gebogene Sicheln des Hahns. Zahlreiche Farbenschläge, die alle auch mit Bart gezüchtet werden. Legeleistung ca. 120 weiße bis bräunliche Eier.

1,0 Federfüßige Zwerghühner, goldporzellanfarbig

Den Federfüßigen Zwerghühnern im Typ sehr ähnlich, jedoch schwanzlos, entstanden die **Ruhlaer Zwerg-Kaulhühner** Ende des 19. Jahrhunderts in Thüringen. Nachdem sie zwischenzeitlich verschwanden, wurden sie in den 1960er-Jahren mithilfe von Zwerg-Kaulhühnern, Federfüßigen Zwerghühnern, Antwerpener Bartzwergen und Thüringer Zwerg-Barthühnern erneut erzüchtet. Anerkannt sind alle Farbenschläge der Federfüßigen Zwerghühner mit und ohne Bart sowie zusätzlich die Variante Tollbunt. Legeleistung 120 weiße Eier; sehr zutrauliches Wesen.

0,1 Ruhlaer Zwerg-Kaulhühner, silber-porzellanfarbig

Rassen gemischter Herkunft

Diese Gruppe fasst pragmatisch eine Reihe von Rassen gemischter europäischer und asiatischer Herkunft zusammen, ohne dass der Anteil einer dieser beiden Gruppen deutlich überwiegt. Die Subdifferenzierung erfolgt nach morphologischen Gesichtspunkten.

Rassen mit Merkmalen von Malaien- und Bankivatyp

1,0 Kraienköppe, silberhalsig

Kraienköppe sind das Produkt einer Ende des 19. Jahrhunderts zunächst für den Hahnenkampf im deutsch-niederländischen Grenzgebiet vorgenommenen Kombination aus Landhühnern, Belgischen und Altenglischen Kämpfern sowie Malaien. Nach Verbot des Hahnenkampfes erfolgte unter Einwirkung von silberhalsigen Leghorn (vergleichbar silberfarbigen Italienern) die Umzüchtung auf einen legefreudigen Landhuhntyp mit kämpferartigem Kopf (Wulstkamm) auf gut mittellangen gelben Läufen. Mehrere Farbenschläge auf Basis der Wildzeichnung. Legeleistung ca. 150 weiße bis hellgelbe Eier.

Zwerg-Kraienköppe sind niederländischen Ursprungs, wobei unklar bleibt, welche Rassen neben der Großrasse an ihrer Entstehung beteiligt waren. Um 1940 wurden sie erstmals gezeigt. Wie bei der Großrasse mehrere Farbenschläge. Legeleistung ca. 80 gelbliche Eier.

1,0 Zwerg-Orloff, mahagoni

Nach verschiedenen Überlieferungen sollen die **Orloff** im Russland des 18. Jahrhunderts aus einem großen, bärtigen, ursprünglich persischen Kampfhuhn und bodenständigen Landhühnern hervorgegangen sein. Auf diese Weise entstand ein breites, kräftiges, gut mittelhochgestelltes, bärtiges Huhn mit Wulstkamm, gelben Läufen, aufgerichteter Haltung und reicher Befiederung. Von sehr zahmem und friedlichem Charakter. Verschiedene Farbenschläge. Legeleistung 120 bis 170 weiße bis bräunliche Eier, sehr gute Winterleger.

Die Verzwergung begann in Deutschland in den 1920er-Jahren auf Grundlage der Großrasse. Nach dem Zweiten Weltkrieg wurden die überlebenden Bestände mit „bunten" Chabo verpaart und bildeten so den Grundstock für die heutige Zucht der Rotbunten; später kamen weitere Farbvarianten hinzu. Legeleistung ca. 140 cremefarbige bis bräunliche Eier.

Rassen mit Merkmalen von Cochin- und Bankivatyp

0,1 Sachsenhühner, schwarz

Mit dem Ziel, ein unempfindliches Nutzhuhn für das raue Erzgebirgsklima zu schaffen, wurde ab 1886 aus Croad-Langschan, Minorka, Sumatra und schwarzen Italienern das **Sachsenhuhn** als kräftiges, langgestrecktes Huhn mit waagerechter Körperhaltung, mittelhoher Stellung, kleinem Stehkamm, weißen Ohrscheiben und je nach Farbenschlag schwarzen oder fleischfarbigen Läufen herausgezüchtet. Farbenschläge Schwarz, Weiß, Gelb, Gesperbert. Legeleistung ca. 150 hellgelbe bis hellbraune Eier. Zwerg-Sachsenhühner entstanden erst in den 1980er-Jahren auf Basis der Großrasse, Zwerg-Rheinländern, Deutschen Zwerg-Langschan, Zwerg-Augsburgern und Zwerg-Leghorn. Farbenschläge entsprechend der Großrasse. Legeleistung 100 bis 120 hellbraune bis cremefarbige Eier.

1,0 Zwerg-Dominikaner, gesperbert

Über die Herkunft der **Dominikaner** ist lediglich bekannt, dass sie aus Geflügelbeständen der Neuenglandstaaten hervorgegangen sind. Die älteste amerikanische Rasse zeigt eine kräftige, gestreckte, leicht abfallende Landhuhnform auf mittelhoher Stellung, volle und lange Befiederung, Rosenkamm, rote Ohrlappen und gelbe Läufe. Einziger Farbenschlag ist Gesperbert, wobei die Rasse als Prototyp der klaren und kontrastreichen Sperberung gilt. Legeleistung ca. 200 bräunliche Eier.

Die Erzüchtung der Zwerg-Dominikaner erfolgte ab 1984 aus der Großrasse, Zwerg-Italienern, Zwerg-Rheinländern, Deutschen Zwerg-Sperbern, Zwerg-Plymouth Rocks und Zwerg-Kraienköppen. Legeleistung ca. 160 bräunliche Eier.

0,1 Zwerg-Nackthalshühner, schwarz

Nackthalsige Hühner sind aus zahlreichen Ländern bekannt. Besonders verbreitet sind sie in warmen, tropischen und subtropischen Klimaten, da die Nackthalsigkeit hier die Temperaturregulation über die Haut erleichtert. Die ältesten europäischen Darstellungen aus Österreich stammen aus dem Jahr 1701; erstmals 1875 in Wien gezeigte Schauexemplare sollen türkischen Ursprungs gewesen sein. Die Festigung zur heutigen Rasse erfolgte in Deutschland und Rumänien. **Nackthalshühner** zeigen eine nach hinten geneigte Rechteckform auf mittelhoher Stellung, einen federfreien Hals, Kropf und Brustkiel, knappes, anliegendes Gefieder und rote Ohrlappen. In mehreren Farbvarianten sowie mit Einfach- und Rosenkamm gezüchtet. Legeleistung ca. 190 weiße bis gelbliche Eier; sehr ruhiges Wesen.

Die Zwergform wurde nach 1945 in Deutschland aus der Großrasse und verschiedenen Zwerghuhnrassen etabliert. Mehrere Farbenschläge sowie mit Einfach- und Rosenkamm. Legeleistung ca. 110 weiße bis gelbliche Eier.

Katalanier (Prat) entstammen der Verpaarung eines gelben Cochinhahns mit verschiedenfarbigen Hennen eines lokalen Landhuhnschlags Ende des 19. Jahrhunderts. Daraus resultierte ein schwerer, gut mittelhochgestellter, frohwüchsiger Landhuhntyp mit reicher Befiederung, Einfachkamm, blauen Läufen und weißen Ohrscheiben. Der Farbenschlag Hell-Goldbraun ähnelt dem Goldbraun der New Hampshire und Dresdner, hat jedoch eine hellere Grundfarbe. Legeleistung ca. 180 weiße bis rötlich gelbe Eier.

0,1 Katalaner (Prat), hell-goldbraun

Ebenfalls katalanischen Ursprungs sind die **Empordanesa**, die mit den Penedesenca die seitlichen Auswüchse der Kammfahne (Clavel) und die sehr dunkle rotbraune Eischalenfarbe, die bei den Empordanesa bisweilen einen bläulichen Schimmer aufweisen kann, gemeinsam haben. Das etwas höhere Körpergewicht, der breitere Körper, die überwiegend roten Ohrlappen und die gelben Läufe deuten auf einen Einfluss asiatischer Rassen hin, was vermuten lässt, dass sie aus Penedesenca und einer Rasse des Cochin- oder Halbasiatischen Typs entstanden sind. Farbenschläge sind Gelb mit schwarzem, blauem oder weißem Schwanz. Legeleistung ca. 190 Eier.

0,1 Empordanesa, gelb mit blauem Schwanz

Rassen mit Merkmalen von Bankiva-, Cochin- und Malaientyp

0,1 Araucana, wildfarbig

Wie bereits zuvor beschrieben, ist die Ausbreitung des Haushuhns nach Südamerika nicht abschließend geklärt. DNA-Untersuchungen an den **Araucana**, einer bei den gleichnamigen chilenischen Ureinwohnern 1881 entdeckten Hühnerrasse, sprechen für eine Mischung europäischer und ostasiatischer Rassen (Siwek et al. 2013). Überdies ist ein leichter Kämpfereinschlag erkennbar, der u. a. im Erbsenkamm zum Ausdruck kommt. Araucana zeigen eine ganze Reihe außergewöhnlicher Merkmale: Neben der Schwanzlosigkeit sind dies die Federquasten (Tuffs, Bommeln) an den Kopfseiten, die zusammen mit oder alternativ zu einem Backenbart vorkommen können, und nicht zuletzt die türkisfarbene (grünlich blaue bis bläulich grüne) Eischale, die der Rasse zu großer Popularität verholfen hat. Zahlreiche Farbenschläge. Legeleistung ca. 140 Eier.

Die Zwergform wurde ab 1975 in Deutschland aus der Großrasse, Zwerg-Kaulhühnern, Holländischen Zwerghühnern und Altenglischen Zwergkämpfern entwickelt. Dabei wurde auch die typische Eischalenfarbe berücksichtigt. Ebenfalls zahlreiche Farbvarianten. Legeleistung ca. 120 Eier.

Genetik und Vererbung

Grundlagen

Die Erbinformation

Das Grundprinzip der Vererbung ist die Weitergabe von Erbanlagen auf die Nachkommen. Als Erbanlagen oder Gene bezeichnet man jene physiologischen Einheiten, in welchen die Erbinformation zur Ausbildung ganz bestimmter – sowohl das äußere Erscheinungsbild als auch den Stoffwechsel regulierender – Komponenten gespeichert ist.

Wie allgemein bekannt, ist die **DNA** oder **DNS** (Desoxyribonukleinsäure) Träger der gesamten Erbinformationen eines jeden Organismus. Bei ihr handelt es sich um ein fadenförmiges Molekül, das sich im Zellkern einer jeden Körperzelle befindet. Es ist unterteilt in einzelne Abschnitte, in welchen die Informationen zur Ausbildung der jeweiligen Merkmale enthalten sind. Diese Abschnitte umfassen jeweils eine Erbanlage oder einen Genort.

Die DNA-Stränge liegen im Zellkern in Form unterschiedlich großer Einheiten, den **Chromosomen**, vor, die jeweils einen bestimmten Teil der Erbanlagen enthalten. Bei allen höher entwickelten Lebewesen, also nahezu allen Tieren und den meisten Pflanzen, hat jedes Individuum zwei Ausführungen eines jeden Gens, eines vom Vater und eines von der Mutter. Das bedeutet, dass jedes Chromosom, mit Ausnahme der Geschlechtschromosomen (siehe Seite 98), in zweifacher Ausfertigung vorkommt. Man spricht daher auch von **homologen Chromosomen, Schwesterchromosomen** oder **Chromosomenpaaren**. Sie bilden einen doppelten Chromosomensatz. Die Anzahl der Chromosomen ist innerhalb einer Tierart konstant, variiert jedoch erheblich zwischen den einzelnen Arten. Der Mensch hat insgesamt 46 (2 x 23), Haushühner haben 78, Tauben 62, Puten 82 und Enten 80 Chromosomen.

Zwischen den Phasen der Zellteilung liegen sie im Zellkern in einem Gewirr aus verwundenen Fäden vor, das auch als **Chromatingerüst** bezeichnet wird.

Die Zellteilung (Mitose)

Die Teilung von Körperzellen, die sowohl für das Wachstum als auch die Regeneration abgestorbenen Gewebes zwangsläufig notwendig ist, wird als Mitose bezeichnet. Dabei verdoppeln sich die DNS-Stränge und die Chromosomen werden durch Schraubungsvorgänge in eine kompakte Transportform überführt. In dieser Phase können die Chromosomen sichtbar gemacht werden. Sie bestehen aus zwei Längshälften, den **Cromatiden**, die jeweils einen identischen DNS-Strang enthalten und an einer Stelle, dem **Centromer**, miteinander verbunden sind. Wäh-

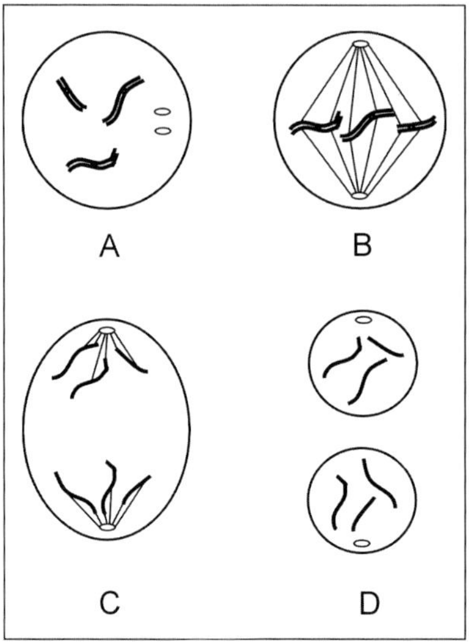

Mitose
A: Die DNA hat sich verdoppelt und die Chromosomen mit ihren beiden Chromatiden sind erkennbar. Das Zentralkörperchen (Centriol) hat sich geteilt. B: Die Chromosomen versammeln sich in der Mitte der Zelle (Äquatorialebene); vom Zentralkörperchen werden die Spindelfasern ausgebildet, die sich an den Chromosomen anheften. C: Die Chromatiden trennen sich und werden von den Spindelfasern zu den entgegengesetzten Polen der Zelle gezogen. D: Die Zellen haben sich geteilt, beide Tochterzellen erhalten die gleiche Erbinformation.

rend der Zellteilung ordnen sich die Chromosomen zunächst in der Mitte der Zelle (Äquatorialebene) an. Dann werden die beiden Hälften getrennt und mithilfe von Spindelfasern an die entgegengesetzten Pole der Zelle gezogen. Die Spindelfasern gehen dabei von einem Zentralkörperchen aus, das sich zuvor geteilt hat. Danach werden die Tochterzellen abgeschnürt, die beide einen vollständigen, identischen Chromosomensatz und damit die gleiche Erbinformation enthalten.

Die Reifeteilung (Meiose)

Als Keimzellen werden die männlichen Spermien und die weiblichen Eizellen bezeichnet. Sie werden in den Gonaden, das heißt den Hoden (Testes) und Eierstöcken (Ovarien) produziert. Bei ihrer Bildung muss gewährleistet sein, dass in ihnen nur jeweils eine Ausführung eines jeden Gens vorhanden ist, da die andere bei der Verschmelzung der Keimzellen durch den Fortpflanzungspartner hinzukommt. Um dies zu erreichen, wird der doppelte Chromosomensatz des Individuums (basierend auf je einem väterlichen und einem mütterlichen Chromosom) zu einem einfachen Satz reduziert. Dies geschieht, indem während der Reifeteilung jeweils nur eines der beiden Schwesterchromosomen in die Keimzelle weitergegeben wird. Hierzu versammeln sich die Chromosomen ebenso wie bei der Mitose in der Mitte der Zelle, wobei sich die homologen Chromosomen zusammenfinden und zeitweise überkreuzen. Doch unterbleibt hier die Trennung der Chromatiden und die Spindelfasern ziehen jeweils das gesamte Chromosom zu den entgegengesetzten Polen.

Jede der beiden Tochterzellen erhält jeweils eines der beiden homologen Chromosomen. Ob es sich dabei um das ursprünglich vom Vater oder von der Mutter stammende Chromosom handelt, ist rein vom Zufall abhängig. Auf diese Weise wird gesichert, das rein statistisch Erbanlagen von beiden Elternteilen in die Keimzellen gelangen, wobei je nach Kombination der Chromosomen der väterliche oder der mütterliche Anteil überwiegen kann.

Im zweiten Schritt der Reifeteilung findet eine Mitose statt, bei der die Chromatiden der Chromosomen getrennt werden und aus den beiden Tochterzellen vier Keimzellen entstehen, von denen jeweils zwei die gleiche Erbinformation enthalten. Beim männlichen Geschlecht entstehen aus einer Spermienmutterzelle vier Spermien, beim weiblichen sterben drei der vier Keimzellen ab, sodass aus einer Eimutterzelle eine Eizelle entsteht.

Bei der Verschmelzung von Spermium und Eizelle wird der Chromosomensatz wieder verdoppelt, da jeweils ein Satz vom Vater (Spermium) und einer von der Mutter (Eizelle) beigesteuert wird. Somit erhält jeder Nachkomme wiederum die eine Hälfte seiner Erbanlagen vom Vater, die andere von der Mutter. Zuweilen immer noch in Züchterkreisen zu hörende Auffassungen, nach denen die Henne 70 % der Erbanlagen und der Hahn nur 30 % beisteuern sollte oder dass die Form von der Henne, die Farbe aber vom Hahn vererbt wird, entbehren damit jeder Grundlage.

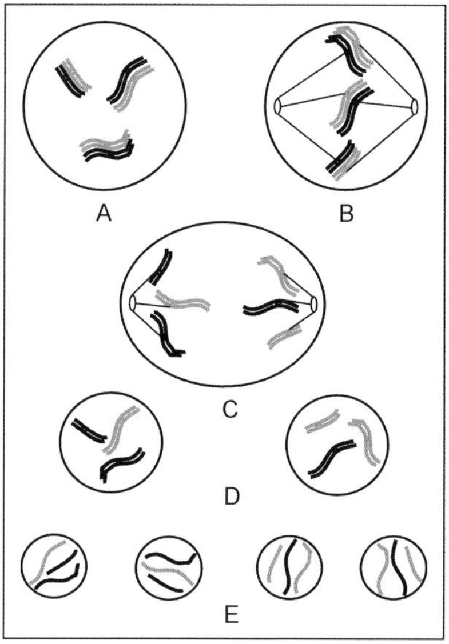

Meiose
(väterliche Chromosomen schwarz, mütterliche grau)

A: Paarung der homologen Chromosomen. B: Die Chromosomenpaare versammeln sich in der Äquatorialebene, die Spindelfasern setzen jeweils an einem der Chromosomen an. C: Die homologen Chromosomen werden getrennt. D: Die Zelle hat sich geteilt. Beide Tochterzellen enthalten je den halben Chromosomensatz. Die linke Zelle enthält mehr väterliches, die rechte mehr mütterliches Erbgut. E: Zweite Reifeteilung (Mitose). Trennung der Schwesterchromatiden und Bildung der Keimzellen.

Die Vererbung des Geschlechts

Wie zuvor beschrieben, haben tierische Organismen jedes Chromosom in zweifacher Ausführung. Diese Chromosomenpaare sind, abgesehen von einer Ausnahme, völlig gleich gestaltet. Man bezeichnet sie auch als Autosomen. Die Ausnahme betrifft die **Geschlechtschromosomen** oder **Gonosomen**. Sie bestehen aus einem **X-Chromosom** und einem zumeist kleineren **Y-Chromosom** und bestimmen die Ausprägung des Geschlechts eines Tieres. Bei den meisten Tiergruppen, so auch den Säugetieren, ist das Weibchen durch das Vorhandensein von zwei X-Chromosomen, das Männchen hingegen durch die Kombination von einem X- und einem Y-Chromosom gekennzeichnet. Umgekehrt ist es bei Vögeln. Hier trägt das Männchen XX, das Weibchen XY*. Bei der Keimzellenbildung produziert das Männchen damit ausschließlich ein X-Chromosom tragende Spermien, während das Weibchen sowohl Eizellen mit einem X-Chromosom als auch solche mit einem Y-Chromosom liefert. Bei der Verschmelzung von Spermien und Eizellen entstehen daher statistisch zur einen Hälfte Männchen mit der Kombination XX und zur anderen Hälfte Weibchen mit der Kombination XY. Dabei erhalten die Söhne jeweils ein X-Chromosom von Vater und eines von der Mutter, die Töchter erhalten ihr X-Chromosom vom Vater und das Y-Chromosom von der Mutter.

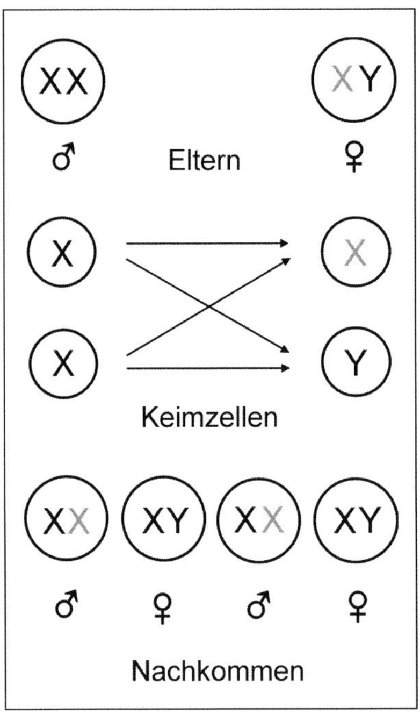

Vererbung des Geschlechts bei Vögeln
Männliche Tiere haben die Geschlechtschromosomen XX, weibliche XY. Die vom Männchen stammenden X-Chromosomen sind schwarz, das vom Weibchen stammende ist grau dargestellt. Bei der Keimzellenbildung produziert der Vater ausschließlich Spermien, die ein X-Chromosom enthalten, während die Mutter sowohl Eizellen mit einem X-Chromosom als auch solche mit einem Y-Chromosom liefert. Bei der Verschmelzung von Spermien und Eizellen entstehen statistisch zu 50 % männliche und zu 50 % weibliche Nachkommen.

* Bei Vögeln wird das X-Chromosom auch als Z-Chromosom und das Y-Chromosom als W-Chromosom bezeichnet.

Dieser Mechanismus ist für die Ausprägung bestimmter Merkmale dann von Bedeutung, wenn die entsprechenden Erbanlagen auf dem X-Chromosom liegen. Männliche Tiere geben diese Gene sowohl an ihre Söhne als auch ihre Töchter weiter, weibliche Tiere hingegen nur an ihre Söhne. Man spricht dann von einem geschlechtsgebundenen Erbgang. Beispiel hierfür sind der Sperberfaktor oder der Silberfaktor beim Haushuhn, auf deren spezifische Erbgänge an entsprechender Stelle eingegangen wird.

Gene, Mutationen und Allele

Bei den Genorten handelt es sich um bestimmte Abschnitte auf der DNA. Diese Abschnitte bestehen aus einer Vielzahl von Untereinheiten, die als **Nukleotide** bezeichnet werden. Diese Nukleotide sind prinzipiell gleichartig aufgebaut. Sie bestehen aus einem Zuckermolekül (Pentose), einem Phosphorsäurerest und einer organischen Base. Entscheidend für den genetischen Code sind die Basen. Es kommen vier verschiedene Basen vor: **Adenin (A), Thymin (T), Guanin (G)** und **Cytosin (C)**. Die Abfolge dieser Basen innerhalb eines Genortes bildet die Grundlage für Ausprägung eines bestimmten Merkmals.

Kommt es zu Veränderungen dieser Abfolge, was durch „Ablesefehler" bei der Bildung der Keimzellen, radioaktive Strahlung, Gifteinwirkung oder Ähnliches auftreten kann, verändert sich die Ausprägung des Merkmals. Man spricht dann von einer **Mutation**. Die meisten dieser Mutationen wirken sich für das betreffende Individuum negativ aus, besonders dann, wenn sie lebenswichtige physiologische Vorgänge beeinflussen. Betreffen sie lediglich Merkmale des äußeren Erscheinungsbildes, wie z.B. Fell- oder Gefiederfarbe, führen sie bei den meisten Wildarten ebenfalls zu Nachteilen, da das betreffende Tier dann weniger gut getarnt und für Feinde besser erkennbar ist bzw. von potenziellen Beutetieren schneller bemerkt wird. Daher erscheinen Wildarten im Allgemeinen sehr einheitlich.

Anders ist es in der Haustierzucht. Hier fällt die Selektion durch den natürlichen Lebensraum weg und zahlreiche das äußere Erscheinungsbild betreffende Mutationen haben die gleichen Überlebenschancen wie der Wildtyp. Häufig werden sie sogar vom Menschen als besonders schön oder originell empfunden und bewusst weitergezüchtet.

Die verschiedenen Ausprägungen eines Gens werden als **Allele** bezeichnet. Sie betreffen beim Hausgeflügel die Attribute der Körperform, die Gefiederfarbe, die Lauffarbe, die Ausbildung des Kammes und vieles mehr. Das Vorhandensein bestimmter Allele oder Allelkombinationen in einer Tierpopulation ist die Grundlage für die Beschreibung und Definition von Rassen und Farbenschlägen.

Trägt ein Individuum an einem Genort zweimal (sowohl von väterlicher als auch von mütterlicher Seite) das gleiche Allel, so wird es als reinerbig oder homozygot bezeichnet. Trägt es an einem Genort zwei unterschiedliche Allele, nennt man es mischerbig oder heterozygot.

Welche Erscheinungsform bei einem mischerbigen Tier äußerlich in Erscheinung tritt, hängt von den Dominanzverhältnissen ab. Als **dominant** wird ein Allel bezeichnet, wenn es das andere vollständig oder nahezu vollständig „überdeckt". Das „überlagerte" Allel ist dann **rezessiv**. Als **intermediär** bezeichnet man eine Allelkombination, bei der beide Allele „gleich stark" sind. Die Nachkommen nehmen dann eine Mittelstellung zwischen den Eltern ein. Ein bekanntes Beispiel hierfür ist das Blau der Andalusier, das sich aus Schwarz und intermediärem Weiß (Andalusierweiß oder Splash) zusammensetzt.

Dominante Allele werden mit einem großen Buchstaben symbolisiert, rezessive mit einem kleinen.

Nicht selten bilden unterschiedliche Gene auf verschiedenen Chromosomen gleiche Merkmale am Erscheinungsbild eines Tieres aus. Demnach gibt es Rassen, die sich äußerlich gleichen, genetisch jedoch verschieden sein können.

Die Vererbungsgesetze

Die grundlegenden Erkenntnisse zur Gesetzmäßigkeit von Vererbung entstanden durch die Kreuzungsversuche, die Gregor Mendel ab 1865 an Einzelmerkmalen von Erbsen (Blüten- und Samenfarbe, Samenstruktur, Wuchs) durchführte. So stellte er fest, dass bei der Kreuzung von Individuen einer Art, die sich in einem Merkmal unterscheiden, alle Nachkommen (1. Filial- oder F_1-Generation) in Bezug auf das betrachtete Merkmal gleich sind, vorausgesetzt, die Eltern (Parental- oder P-Generation) tragen das betreffende Merkmal reinerbig. Als Beispiel hierfür seien die Kreuzungen von Erbsen mit gelben und grünen Samen genannt. Die Nachkommen dieser Kreuzung bilden allesamt gelbe Samen aus. Ebenso erhält man aus der Kreuzung von rebhuhnhalsigen und schwarzen Hühnern ausschließlich schwarze Nachkommen, wobei leichte Goldeinlagerungen in den Behangfedern der Hähne möglich sind.

Das hieraus abgeleitete 1. Vererbungsgesetz wird auch als **Uniformitätsgesetz** bezeichnet und lautet in seiner kürzesten Form: Die Nachkommen homozygoter Eltern sind gleich. Diese Nachkommen sind dann mischerbig, wobei ihr Erscheinungsbild von den Dominanzverhältnissen der Allele untereinander abhängt. So ist die gelbe Samenfarbe der Erbsen dominant über die grüne und das Schwarz der Hühner nahezu dominant über Rebhuhnhalsig. Bei der Kreuzung von andalusierweißen und schwarzen Hühnern erhält man ausschließlich blaue Tiere.

Weiterhin stellte Gregor Mendel fest, dass bei Kreuzung der F_1-Generation untereinander die Nachkommen der Enkelgeneration (F_2) in ganz bestimmten Zahlenverhältnissen aufspalten. So erhielt er aus der Weiterzucht jener Erbsen mit gelben Samen, die aus der Kreuzung von gelb- und grünsamigen Individuen hervorgingen, insgesamt 6022 Exemplare mit gelben und 2001 Exemplare mit grünen Samen, was einem Verhältnis von 3,01:1 entspricht. Diese Versuche wurden später mehrfach wiederholt, wobei immer ein Verhältnis von fast exakt 3:1 festgestellt wurde. Bei intermediärer Vererbung wie bei den blauen Andalusiern erhält man in der F_2 schwarze, blaue und weiße Tiere im Verhältnis von 1:2:1. Dies zeigt, dass die rezessiven Allele, die sich in der F_1 äußerlich nicht zeigten, trotzdem anwesend waren und in den F_1-Individuen getrennte Einheiten bilden, die in der F_2 durch Aufspaltung wieder in Erscheinung treten. Dementsprechend wird das 2. Vererbungsgesetz als **Spaltungsgesetz** bezeichnet. Es kann folgendermaßen formuliert werden: Kreuzt man die Mischlinge der F_1-Generation unter sich, so spalten in der Enkelgeneration (F_2) die Merkmale im Zahlenverhältnis 3:1 (dominant-rezessiver Erbgang) oder 1:2:1 (intermediärer Erbgang) wieder auf.

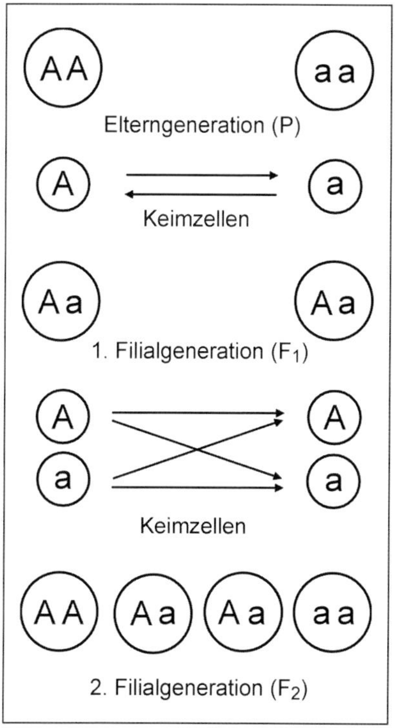

Dominant-rezessiver monohybrider Erbgang
A symbolisiert das dominante Allel, a das rezessive. Die Tiere der Elterngeneration sind reinerbig, eines trägt das dominante, das andere das rezessive Allel. Die Nachkommen in der F_1 zeigen phänotypisch alle das dominante Merkmal, sind jedoch mischerbig. In der F_2 spalten die Nachkommen auf; genotypisch im Verhältnis 1:2:1, phänotypisch im Verhältnis 3:1. Beim intermediären Erbgang zeigt die F_1 komplett die intermediäre Merkmalsausbildung, in der F_2 spalten die Individuen sowohl genotypisch als auch phänotypisch im Verhältnis 1:2:1 auf.

Monohybrid dominant-rezessiver Erbgang bedeutet, dass der Erbgang auf einem Genort beruht (Ein-Faktor-Kreuzung). Sind zwei Genorte für die Ausbildung eines Merkmals zuständig, spricht man von einem dihybriden Erbgang oder einer Zwei-Faktor-Kreuzung (siehe unten).

Wie in der Grafik zu sehen ist, ergibt sich, dass man aus dem äußeren Erscheinungsbild nicht automatisch Rückschlüsse auf die genetische Grundlage ziehen kann. F_1-Tiere und dominante Elterntiere sind äußerlich gleich, unterscheiden sich jedoch genetisch. Die einen Tragen AA, die anderen Aa. Daher wird die genetische Zusammensetzung als **Genotyp** bezeichnet, das daraus resultierende äußere Erscheinungsbild als **Phänotyp**. Kreuzt man die F_1 an den das rezessive Allel reinerbig tragenden Elternteil zurück, so spaltet die Nachzucht im Verhältnis 1:1 in mischerbige dominante und reinerbige rezessive Individuen auf.

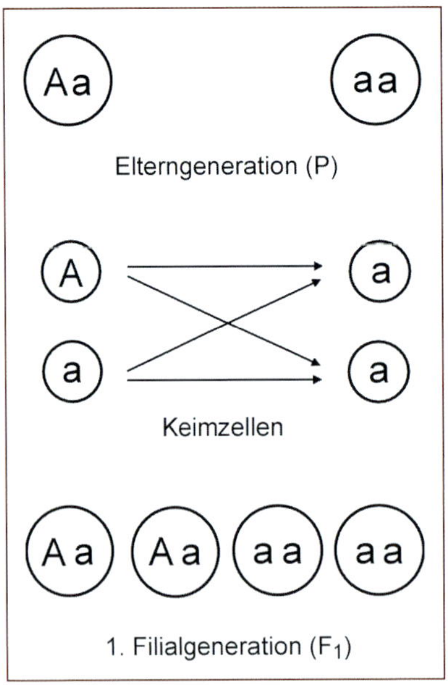

Dominant-rezessiver monohybrider Erbgang mit Rückpaarung an den rezessiven Elternteil
Hier entstehen in der Nachkommen-Generation die beiden Phänotypen A und a im Verhältnis 1:1. Alle Tiere mit dominanter Merkmalsausprägung sind mischerbig, der reinerbige Typ AA verschwindet völlig. Damit beträgt auch das Verhältnis der Genotypen 1:1.

Bisher wurden nur Erbgänge betrachtet, die lediglich auf einem Genort beruhen. Nun stellt sich die Frage, welche Spaltungsverhältnisse auftreten, wenn man zwei unterschiedliche Merkmale der Elterntiere betrachtet. Ein bekanntes Beispiel für einen dihybriden Erbgang (Zwei-Faktor-Kreuzung) ist die Vererbung der Fellfärbung und -zeichnung bei Hausrindern. Diese beruht auf zwei Genorten. Der eine ist zuständig für die Ausbildung der Grundfarbe, wobei Schwarz über Rotbraun dominiert, der andere codiert die Verteilung der Farbe und bedingt, ob ein Tier einfarbig oder gescheckt ist. Hier dominiert Einfarbigkeit über Scheckung. Würden in so einem Fall die gleichen Spaltungsverhältnisse wie bei einem monohybriden Erbgang auftreten, so müssten bei der Kreuzung von einfarbig schwarzen und rotbraunen gescheckten Rindern in der F_2 einfarbig Schwarze und gescheckte Rotbraune im Verhältnis 3:1 auftreten. Das ist jedoch nicht der Fall. Nach der einfarbig schwarzen F_1 erhält man im Ergebnis in der F_2 neben den Ausgangsvarianten auch zwei Neukombinationen: schwarz gescheckte und einfarbig rotbraune. Die einzelnen Phänotypen spalten dabei im Verhältnis 9 (einfarbig schwarz) : 3 (schwarz gescheckt) : 3 (einfarbig rotbraun) : 1 (rotbraun gescheckt) auf.

Elterngeneration (P)	AABB		aabb
Keimzellen	AB		ab
F_1-Generation		AaBb	
F_2-Generation			

Keimzellen	AB	Ab	aB	ab
AB	AABB	AABb	AaBB	AaBb
Ab	AABb	AAbb	AaBb	Aabb
aB	AaBB	AaBb	aaBB	aaBb
ab	AaBb	Aabb	aaBb	aabb

Kombinationsquadrat für den dominant-rezessiven dihybriden Erbgang
Die Tiere der Elterngeneration sind jeweils reinerbig für beide Genorte. Das eine trägt die dominanten (AB), das andere die rezessiven Merkmale (ab). In der F_1 entstehen ausschließlich mischerbige Individuen, die phänotypisch die dominante Merkmalsausprägung AB zeigen. Bei Spaltung in der F_2 entstehen neben den Ausgangsvarianten auch die zwei Neukombinationen, die sich phänotypisch als Ab bzw. aB ausprägen. Sie belegen, dass die Merkmale unabhängig voneinander vererbt werden. Das Spaltungsverhältnis für AB, Ab, aB und ab beträgt 9:3:3:1. Bezüglich der Genotypen ist die Variation noch deutlich größer: Hier liegt ein Spaltungsverhältnis von 4:2:2:2:2:1:1:1:1 vor.

Das Auftreten neuer Kombinationen lässt nur den Schluss zu, dass die Gene keine zusammenhängende Einheit bilden, sondern unabhängig voneinander vererbt werden. Daraus folgt das 3. Vererbungsgesetz der **freien Kombination der Gene**: Die einzelnen Erbanlagen werden unabhängig voneinander vererbt und können bei der Keimzellenbildung und Befruchtung neu zusammentreten.

Bei einer Rückpaarung der F_1 (AaBb) an den rezessiven Elternteil (aabb) spalten die Nachkommen in die Phänotypen AB, Ab, aB und ab im Verhältnis von 1:1:1:1 auf.

Genkopplung

Ausgehend von der Chromosomentheorie der Vererbung (siehe oben) hat das Gesetz der freien Kombination der Gene nur bis zu einem gewissen Grade Gültigkeit. Wie bereits beschrieben, ist die DNA als Träger der Erbinformation verteilt auf verschiedene Chromosomen, wobei ein Chromosom zahlreiche Gene beinhaltet. Liegen nun die für die Ausbildung zweier verschiedener Merkmale verantwortlichen Genorte auf dem gleichen Chromosom, ist eine freie Kombination der Gene nicht

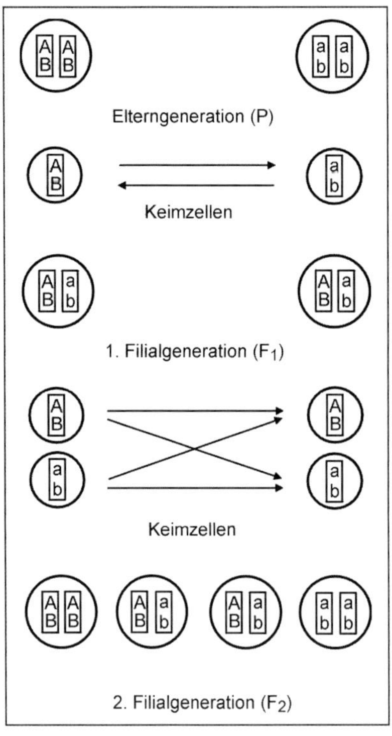

Genkopplung
Die Genorte für die Allele A bzw. a und B bzw. b liegen auf dem gleichen Chromosom und werden gemeinsam weitergegeben. Daher entspricht der Vererbungsmodus einem monohybriden Erbgang. In der F_2 spalten die Phänotypen AB und ab im Verhältnis 3:1 auf. Die bei nicht gekoppelten Genorten zu erwartenden Neukombinationen Ab und aB treten nicht auf.

möglich. Man spricht in diesem Fall von einer Genkopplung. Die betreffenden Genorte werden dann gemeinsam vererbt und spalten in der F_2 nicht, wie nach dem 3. Vererbungsgesetz zu erwarten wäre, im Verhältnis 9:3:3:1 auf, sondern verhalten sich wie ein einziger Genort mit einem Spaltungsverhältnis von 3:1.

Doch kann diese Kopplung auch durchbrochen werden. Während der Reduktionsteilung finden sich die homologen Chromosomen zusammen, wobei sie sich zeitweise überkreuzen (**crossing over**). Dabei kann es vorkommen, dass Brüche an den gleichen Stellen in beiden Chromosomen eintreten, die dann über kreuz wieder repariert werden. Dieser Kopplungsbruch führt zur Rekombination der Allele in den Keimzellen und damit zur Entstehung neuer Varianten. In solch einem Fall beträgt bei der Rückpaarung einer mischerbigen F_1 (AaBb) an den rezessiven Elternteil (aabb) der Anteil der beiden Varianten AaBb und aabb nicht, wie zu erwarten wäre, je 50 %, sondern ist herabgesetzt und wird ergänzt durch einen jeweils gleich großen Anteil der beiden Neukombinationen Aabb und aaBb.

Elterngeneration (P)	AB AB		ab ab
Keimzellen	AB		ab
F_1-Generation		AB ab	
F_2-Generation			

Keimzellen	AB	ab	Ab	aB
ab	AB ab (42,5%)	ab ab (42,5%)	Ab ab (7,5%)	aB ab (7,5%)

Kopplungsbruch und Rekombination
Die beiden Genorte mit den Allelen A und B bzw. a und b sind gekoppelt. In der F_1 entstehen mischerbige Tiere mit der Allelkombination AB ab. Sie bilden dementsprechend Keimzellen mit den Kombinationen AB und ab (hellgraue Felder). Kommt es zum Kopplungsbruch, entstehen zusätzlich die Keimzellen Ab und aB (dunkelgraue Felder). Bei Rückpaarung an den rezessiven Elternteil (ab ab) entstehen daher nicht nur die Phänotypen AB und ab im gleichen Verhältnis, sondern ebenso ein jeweils gleich großer Anteil der Typen Ab und aB.

Anhand des Anteils dieser Rekombinanten lassen sich Rückschlüsse auf die Lage der Genorte innerhalb des Chromosoms ziehen: Je weiter die Genorte auseinander liegen, desto größer ist die Wahrscheinlichkeit für einen Kopplungsbruch, was zu einem steigenden Anteil an Neukombinationen führt. Die so gewonnenen Daten dienen als Grundlage zur Erstellung von Genkarten.

Epistasie

Von Epistasie spricht man, wenn ein Allel eines Genortes die Ausprägung eines anderen Genortes hemmt. Epistatische Allele können sowohl dominant als auch rezessiv sein. Ein bekanntes Beispiel für ein dominantes epistatisches Allel beim Haushuhn ist das dominante Weiß der Leghorn. Seine Wirkung beruht darauf, dass es die Pigmentbildung im Gefieder unterdrückt. Es wird symbolisiert mit I (Inhibitions- oder Verhinderungsfaktor).

Die für die Pigmentbildung verantwortlichen Allele (Faktor C) können dann zwar vorhanden sein, finden jedoch im Phänotyp des Tieres keine Umsetzung. Bei der Kreuzung von solchen Tieren (Genotyp IICC) mit einem farbigen (Genotyp iiCC) erhält man in der F_1 weiße Tiere des Genotypes IiCC. In der F_2 treten dann rein statistisch wieder 25 % farbige Tiere mit dem Genotyp iiCC auf. Dementsprechend können in der Nachkommenschaft weißer Tiere die verschiedensten Farben und Zeichnungen auftreten, vorausgesetzt, der Faktor I liegt nicht reinerbig vor.

Ist das epistatische Allel rezessiv, tritt es bei Kreuzung in der F_1 phänotypisch nicht in Erscheinung. Erst in der F_2 sind wieder Merkmalsträger mit einem Anteil von 25 % zu erwarten.

Polygene Vererbung und summierende Genwirkung

Die bisher dargestellten Erbgänge bezogen sich alle auf Merkmale, deren Ausbildung von einem Genort gesteuert wird. Oft liegen jedoch der Ausprägung von Merkmalen mehrere Genorte zugrunde. In diesem Fall spricht man von Polygenie. Ein bekanntes Beispiel hierfür ist die Vererbung der **Kammformen** beim Haushuhn. Dabei sind zwei Genorte beteiligt. Der eine bewirkt die Ausbildung des Erbsenkammes, der andere die des Rosenkammes. Beide sind über den Einfachkamm dominant. Je nach Zusammensetzung der Allele an diesen Genorten wird entweder ein Erbsen-, Rosen-, Einfach- oder Wulstkamm (Kreuzungsneuheit aus Erbsen- und Rosenkamm) ausgebildet.

Einen Spezialfall der polygenen Vererbung stellt die additive oder summierende Genwirkung dar. In diesem Fall rufen die beteiligten Allele keine qualitativen Unterschiede hervor wie z. B. bei der Vererbung der Kammformen, sondern bestimmen den Grad der Ausprägung des Merkmals. Je größer die Anzahl dieser Allele an den betreffenden Genorten ist, desto stärker wird das Merkmal ausgeprägt. Es liegt also ein rein quantitativer Unterschied mit verschiedenen Übergangsformen vor, der auf der Summierung der das Merkmal hervorrufenden Allele beruht. Bei intermediärer Vererbung wirkt schon innerhalb eines Genortes

Elterngeneration (P) AABB aabb
Keimzellen AB ab
F_1-Generation AaBb
F_2-Generation

Keimzellen	AB	Ab	aB	ab
AB	AABB	AABb	AaBB	AaBb
Ab	AABb	AAbb	AaBb	Aabb
aB	AaBB	AaBb	aaBB	aaBb
ab	AaBb	Aabb	aaBb	aabb

Additive oder summierende Genwirkung bei intermediärer Vererbung
Die Allele A und B wirken auf die Ausbildung des gleichen Merkmals und steigern den Grad seiner Ausprägung. Innerhalb eines Genortes wirkt der homozygote Zustand (AA oder BB) doppelt so stark wie der heterozygote (Aa bzw. Bb). Bei den 16 möglichen Kombinationen in der F_2 kann die Anzahl der die Wirkung steigernden Allele („Plusgene“) 0 bis 4 betragen. Addiert man die Felder mit gleicher Zahl an Plusgenen, ergibt sich ein Spaltungsverhältnis von 1:4:6:4:1.

Elterngeneration (P) AABB aabb
Keimzellen AB ab
F_1-Generation AaBb
F_2-Generation

Keimzellen	AB	Ab	aB	ab
AB	AABB	AABb	AaBB	AaBb
Ab	AABb	AAbb	AaBb	Aabb
aB	AaBB	AaBb	aaBB	aaBb
ab	AaBb	Aabb	aaBb	aabb

Additive oder summierende Genwirkung bei dominanter Vererbung
Die Allele A und B wirken auf die Ausbildung des gleichen Merkmals und steigern den Grad seiner Ausprägung über die Summe der Genorte hinweg. In der F_2 entstehen basierend auf der Anzahl der Genorte, an dem ein dominantes Allel vorliegt, drei Phänotypen: AB, Ab bzw. aB und ab im Verhältnis 9:6:1.

der homozygote Zustand (AA) doppelt so stark wie der heterozygote (Aa). Dementsprechend bewirkt die Kombination AABB eine zweimal so starke Ausprägung wie AaBb, AAbb oder aaBB und eine viermal so starke Ausprägung wie Aabb oder aaBb.

Bei dominant-rezessiven Erbgängen haben die dominanten Allele über die Summe der Genorte hinweg eine stärkere Wirkung als jedes dieser Allele für einen Genort. Die Kombination AABB bewirkt somit die gleiche Ausprägung wie AaBb. Ebenso sind AAbb, Aabb, aaBB und aaBb in ihrer Wirkung identisch. Die Zahl der möglichen Abstufungen ist damit geringer.

Von **abhängigen Merkmalen** spricht man, wenn die Wirkung bestimmter Gene vom Vorhandensein anderer Gene abhängt. Kreuzt man z.B. White Rocks-Hähne (weiße Plymouth Rocks) mit schwarzen Rheinländerhennen, so erhält man in der F_1 gesperberte Tiere. Dieses zunächst unerwartete Resultat erklärt sich aus dem Zusammenwirken dreier Genorte: Der Faktor C ist für die Pigmentbildung im Gefieder zuständig und bewirkt damit, dass ein Tier farbig ist. In seiner rezessiven Form c ist die Pigmentbildung nicht möglich, das Tier ist weiß. Der Faktor E steuert die Ausbreitung schwarzen Pigments und der geschlechtsgebundene Sperberfaktor B führt zu einer alternierenden Unterbrechung der schwarzen Pigmenteinlagerung.

Bei den White Rocks-Hähnen liegt die Allelkombination BBEEcc vor. Sie könnten zwar theoretisch schwarzes Pigment mit Sperberfaktor ausbreiten, haben aber nicht die Möglichkeit, Pigment zu bilden. Daher sind sie weiß. Schwarze Rheinländer besitzen die Allelkombination bbEECC. Sie bilden also gleichmäßig schwarzes Pigment aus, ohne den Sperberfaktor zu zeigen. Kreuzt man beide Varianten, erhält man die Allelkombination BbEECc. Diese Tiere können grundsätzlich Pigment bilden und zudem schwarze Farbe mit Sperberfaktor ausbreiten. Daher sind sie gesperbert. Kreuzt man umgekehrt schwarze Rheinländerhähne (bbEECC) mit White Rocks-Hennen (ByEEcc) erhält man aufgrund der Geschlechtsbindung des Sperberfaktors gesperberte Hähne (BbEECc) und schwarze Hennen (byEECc). Die Ergebnisse der Kreuzungen zeigen, dass die Ausprägung der Allele B und E davon abhängig ist, ob das Allel C vorhanden ist, um überhaupt eine Pigmentbildung zu ermöglichen.

Auch **Modifikatorgene** zeigen ihre Wirkung im Rahmen polygener Vererbung. Sie stehen immer in Zusammenhang mit einem Hauptgen, dessen phänotypische Ausbildung sie verstärken, abschwächen oder verändern. Sie bestimmen damit die **Expressivität** des Hauptgens. Modifikatoren legen fest, wie groß ein Einfachkamm ist bzw. wie viele Zacken er hat. Sie regulieren, wie scharf eine Säumung oder Tupfung ausgeprägt ist oder ob ein Tier mit Goldfaktor rebhuhnhalsig oder goldfarbig erscheint. Da die meisten Rassen in ihren Hauptgenen wie Kammform, Lauffarbe, Ohrscheibenfarbe oder Zeichnungsbild gefestigt sind, setzt die praktische Tätigkeit des Rassegeflügelzüchters hauptsächlich an solchen Modifikatorgenen an, wenn es z.B. darum geht, Farbe und Zeichnung zu verbessern oder gleichmäßigere Kämme zu erzielen.

Neben der Expressivität können Modifikatorgene auch die **Penetranz** eines Merkmals beeinflussen. Denn nicht immer treten die Merkmale bei allen Anlageträgern in Erscheinung. Sie sind dann überhaupt nicht oder nur sehr schwach ausgebildet. Die Penetranz beschreibt den prozentualen Anteil der Träger, bei denen das Merkmal phänotypisch ausgebildet ist.

Letalfaktoren

Als Letalfaktoren bezeichnet man Allele, die in homozygoter Form zum Tod des Lebewesens in einem sehr frühen Entwicklungsstadium führen. Zumeist stirbt es schon als Embryo ab. Letalfaktoren können sowohl dominant als auch rezessiv sein. Sind sie dominant (A), so sterben die Tiere mit der Allelkombination AA. Individuen mit Aa und aa sind lebensfähig, unterscheiden sich jedoch phänotypisch, da die Aa-Tiere das Merkmal ausbilden. Verpaart man diese untereinander, spalten die Nachkommen nicht im Verhältnis 3:1, wie für den dominanten Erbgang prinzipiell zu erwarten wäre, sondern im Verhältnis 2:1, da die reinerbigen Tiere (AA) ausfallen. Diese sind oftmals noch als Embryonen nachweisbar. Ein bekanntes Beispiel hierfür ist die Kurzbeinigkeit bestimmter Hühnerrassen.

Rezessive Letalfaktoren (a) sind schlechter erkennbar, da sich die mischerbigen Individuen (Aa) phänotypisch nicht von jenen unterscheiden, die das Allel nicht tragen (AA). Somit erfolgt in der F_2 auch keine äußerlich erkennbare Spaltung, die abweichenden Tiere (aa) fallen aus. Ein Hinweis auf einen Letalfaktor ergibt sich, wenn sie noch als Embryonen oder früh sterbende Jugendstadien erkennbar sind. Ein weiterer Hinweis kann eine verminderte Fortpflanzungsrate sein, da die Kreuzung von mischerbigen Tieren (Aa) untereinander nur 75 % der Nachkommenschaft im Vergleich zur Verpaarung von Normaltieren (AA) ergibt (die 25 % rezessiv reinerbigen Tiere sterben ab). Dieser Effekt ist besonders leicht erkennbar bei geschlechtsgebundenen Letalfaktoren. Hier stirbt (bei Vögeln) von den weiblichen Nachkommen eines mischerbigen Vatertieres (Aa) die Hälfte aller Töchter, und zwar jene, die neben dem Y-Chromosom der Mutter das Allel a vom Vater bekommen haben. Die Söhne bleiben mit den Kombinationen AA oder Aa alle am Leben. Zur Verpaarung kommen nur Ay-Weibchen in Betracht, da ay-Weibchen aufgrund der Letalwirkung von a nicht existieren.

Umwelteinflüsse

Es ist allgemein bekannt und leicht nachvollziehbar, dass die Erscheinung eines Tieres nicht nur durch die genetische Ausstattung, sondern ebenso durch die Vielzahl an Umwelteinflüssen, denen es während seiner Entwicklung ausgesetzt ist, beeinflusst wird. Vorrangig zu nennen sind hier Parameter wie Stallverhältnisse, Auslauf, Fütterung, Licht, Temperatur oder Gruppenstärke. Der Anteil, den die genetisch bedingte Variabilität an der gesamten phänotypischen Variabilität einer Population ausmacht, wird als **Heritabilität (H)** bezeichnet. Ist der Wert für H hoch, so wird das Erscheinungsbild der Tiere hauptsächlich durch die genetische Zusammensetzung bestimmt; ist er niedrig, überwiegt der Anteil der Umwelteinflüsse.

Populationsgenetik

Tierzucht ist definiert als vom Menschen betriebene, auf bestimme Zuchtziele ausgerichtete genetische Veränderung oder Erhaltung von Tierpopulationen. Eine Veränderung kann zum Zwecke der Leistungssteigerung oder zur Festigung bzw. zum Hervorbringen bestimmter phänotypischer Merkmale erfolgen. Eine Erhaltung ist zumeist dann das Zuchtziel, wenn alte, in ihren Merkmalen weitgehend gefestigte Rassen in ihrem Bestand bedroht sind und einem weiteren Verlust an genetischer Variabilität entgegengewirkt werden soll.

Erstmals erscheint hier der Begriff der Population als Ansatzpunkt züchterischer Bemühungen. Eine **Population** ist eine Gruppe von Individuen einer Art, die genetisch miteinander in Austausch stehen und eine Fortpflanzungsgemeinschaft bilden. Die Summe aller in der Population vorhandenen Erbanlagen wird als **Genpool** bezeichnet. Aufgabe der Populationsgenetik ist es, sich mit Fragen nach der Häufigkeit und Verteilung der Erbanlagen in einer Population zu beschäftigen.

Wie hieraus hervorgeht, stehen nun nicht mehr nur die Resultate einer einzelnen Verpaarung im Mittelpunkt des Interesses, sondern vielmehr Fragen nach der genetischen Zusammensetzung und Variabilität einer Gruppe von Individuen bzw. dem Anteil von Allelträgern für ein bestimmtes Merkmal.

Allelfrequenzen

Ausgehend davon, dass jedes Tier einer Population an jedem Genort zwei Allele (zwei gleiche oder unterschiedliche) besitzt, nimmt die Anzahl der Allele bezüglich eines Genortes in einer Population den doppelten Wert der Individuenzahl ein. Sind alle Tiere in diesem Genort reinerbig, beträgt die Frequenz des betreffenden

Allels 100%. Ist ein Teil der Tiere mischerbig oder trägt das Allel überhaupt nicht, so verringert sich dieser Wert. Die **Allelfrequenz** ist damit definiert als der Anteil, den ein Allel an der Gesamtzahl der Allele in einem Genort umfasst.

Zur Veranschaulichung sei nochmals auf die Abbildung auf Seite 101 (dominant-rezessiver Erbgang) hingewiesen. Die reinerbigen Tiere der Elterngeneration besitzen die Kombinationen AA und aa. Beide Allele haben somit eine Frequenz von $^2/_4$, also 0,5 oder 50%. In der F_1 treten ausschließlich mischerbige Tiere (Aa) auf. Die Allelfrequenz verändert sich jedoch nicht. In der F_2 erscheinen die Kombinationen AA, Aa, Aa und aa. Neben den mischerbigen kommen nun auch wieder reinerbige Individuen zum Vorschein, ohne dass die Allelfrequenz verändert wird. Sie beträgt für beide Allele $^4/_8$, also 0,5. Anders verhält es sich bei der Rückpaarung der F1 an den rezessiven Elternteil (Abbildung Seite 102). Hier treten die Kombinationen Aa und aa in jeweils gleicher Häufigkeit auf. Die Frequenz für A liegt dann bei 0,25, jene für a bei 0,75.

Dieser Sachverhalt zeigt, dass Tierzucht immer, sofern sie die Verbesserung von phänotypischen oder leistungsbezogenen Merkmalen zum Ziel hat, eine Veränderung von Allelfrequenzen zugrunde liegt.

Genetische Drift, Flaschenhälse und Gründereffekte

Doch auch wenn eine gezielte Zucht nicht betrieben, die Population also sich selbst überlassen wird, verändern sich im Laufe der Generationen die Allelfrequenzen. Hier spielt der Zufall eine entscheidende Rolle: Durch den Tod einzelner Individuen oder die Situation, dass bestimmte Tiere nicht oder nur kaum zur Fortpflanzung kommen (in einer Gruppe Haushühner kommt im männlichen Geschlecht oft nur der dominante Hahn zur Fortpflanzung), haben manche Tiere einen höheren Anteil am Genpool der nächsten Generation als andere. Dies führt unweigerlich zur Veränderung von Allelfrequenzen, besonders dann, wenn diese Tiere eine seltene Allelkombination aufweisen und die Population sehr klein ist. Diesen Effekt bezeichnet man als **genetische Drift.**

Ist eine Population über einen langen Zeitraum sehr klein und isoliert, führt dies nicht nur zu einer Veränderung der Allelfrequenzen, sondern kann auch zur Folge haben, das Allele vollständig aus der Population driften und diese zunehmend genetisch verarmt, also an Variabilität verliert. Die Population ist dann durch „einen **genetischen Flaschenhals** gegangen" und enthält nur noch einen Teil ihres ursprünglichen Allelbestandes. Solche Populationen haben zwangsläufig einen hohen Inzuchtgrad und es bedarf eines gezielten Zuchttiermanagements, um sie ohne Fremdeinkreuzung zu erhalten.

Entsteht eine Population oder Rasse durch Abspaltung von einer anderen, bereits existierenden, so kommt es selten zu einer gleichmäßigen Aufteilung der Allele. Besonders dann, wenn die neue Gruppe nur wenige Individuen umfasst, können sich ihre Allelfrequenzen rein driftbedingt sehr stark von denen der Ursprungspopulation unterscheiden. Auch ist eine solche Population im Allgemeinen genetisch weniger variabel als ihre Basis. Dieses Phänomen wird unter dem Begriff **Gründereffekt** beschrieben.

Genetische Drift und Gründereffekt spielen eine bedeutende Rolle bei der Entstehung und weiteren Differenzierung von Rassen, worauf an anderer Stelle noch genauer eingegangen wird.

Das Hardy-Weinberg-Gesetz

Gesetzmäßigkeiten zur Häufigkeit und Verteilung von Allelen in Populationen wurden 1908 unabhängig voneinander von dem Engländer Hardy und dem Stuttgarter Arzt Weinberg anhand theoretischer Überlegungen erkannt. Die hieraus abgeleiteten Aussagen werden daher auch als Hardy-Weinberg-Gesetz bezeichnet.

Die beiden Wissenschaftler gingen in ihren Überlegungen vom Modell einer idealen Population aus. Diese muss folgende Bedingungen erfüllen:

- Die Population ist unendlich groß.
- Es herrscht Panmixie, das heißt, die Individuen können sich frei miteinander paaren, sodass sich die verschiedenen Varianten gleichmäßig kombinieren können.
- Die Population ist isoliert, es findet also keine Einwanderung (Genfluss) von Tieren aus anderen Populationen statt.
- Es treten keine neuen Mutationen auf, die den Allelbestand verändern.
- Alle Individuen haben die gleichen Überlebenschancen und vermehren sich im gleichen Umfang.
- Das Geschlechterverhältnis ist ausgeglichen

Betrachtet man nun einen Genort mit den beiden Allelen A und a, so ergibt die Summe der Allefrequenzen p für A und q für a den Wert 1.
Im folgenden Beispiel werden Allelfrequenzen für $p(A) = 0{,}6$ und $q(a) = 0{,}4$ angenommen.

In einer idealen Population ist dann die Wahrscheinlichkeit, dass bei der Fortpflanzung ein Allel A mit einem weiteren A kombiniert wird

$$0{,}6 \times 0{,}6 = 0{,}36, \text{ also } p \times p = p^2$$

Gleiches gilt für die Kombination aa:

$$0{,}4 \times 0{,}4 = 0{,}16 \text{ bzw. } q \times q = q^2$$

Die Wahrscheinlichkeit, dass es zur Kombination Aa kommt, ist

$$0{,}6 \times 0{,}4 + 0{,}4 \times 0{,}6 \text{ oder } 2 \times 0{,}6 \times 04 = 0{,}48 \text{ bzw. } 2 \times p \times q = 2pq$$

Die Summe aller Varianten muss 1 ergeben:

$$0{,}36 + 0{,}16 + 0{,}48 = 1$$

Damit gilt die folgende, als Hardy-Weinberg-Formel bezeichnete Gesetzmäßigkeit: $p^2 + 2pq + q^2 = 1$

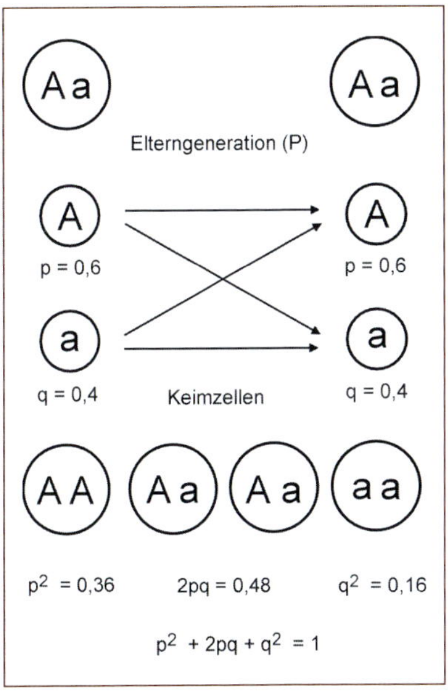

Aus ihr geht hervor, dass sich in einer idealen Population die Allelfrequenzen über die Generationen hinweg nicht verändern, also konstant bleiben. Da in natürlichen Populationen kaum eine der oben genannten Bedingungen erfüllt ist, gilt das Hardy-Weinberg-Gesetz hier nur bis zu einem gewissen Grad.

In der Praxis kann die Hardy-Weinberg-Formel genutzt werden, um den Anteil der Heterozygoten bei einem rezessiven Merkmal zu ermitteln. So gibt es beim Haushuhn neben der geschlechtsgebundenen dominanten asiatischen Gefiederbremse (Faktor K) auch eine rezessive, autosomale Form, bei der die Jungtiere zunächst nur die Schwingen ausbilden. Die übrigen Körperteile befiedern verzögert und mit einigen Wochen Verspätung. Diese Form der Gefiederbremse ist z. B. von den Bergischen oder Bosnischen Krähern bekannt. Da betroffene Tiere einer erhöhten Gefahr unterliegen, Opfer von Federpicken zu werden, wenn die Federkiele nach und nach durchstoßen, empfiehlt es sich, Merkmalsträger nicht zur Weiterzucht zu verwenden.

Neben den betroffenen Tieren befinden sich in der Population noch zahlreiche verdeckte Allelträger. Ihr Anteil kann mithilfe des Hardy-Weinberg-Gesetzes abgeschätzt werden. Sind in einer Nachzuchtgruppe von 100 Tieren neun Merkmalsträger, liegt der Wert für q^2 (aa) bei 0,09. Daraus kann für a die Allelfrequenz $q = \sqrt{q^2} = \sqrt{0,09} = 0,3$
berechnet werden. Dementsprechend muss für A die Frequenz

$$p = 1 - q = 1 - 0,3 = 0,7$$

betragen. Der Anteil der verdeckten Merkmalsträger ergibt sich nun folgendermaßen: $2pq = 2 \times 0,3 \times 0,7 = 0,42$
Neben den neun betroffenen Tieren tragen also statistisch noch weitere 42 das Allel verdeckt.

Selektion

Selektion bedeutet Auswahl und stellt ein wichtiges Werkzeug züchterischer Tätigkeit dar. Im Gegensatz zur Mutation führt sie nicht zur Entstehung von neuen Erbanlagen oder Merkmalen, sondern setzt an einem bereits vorhandenen Genpool an. Durch Zuchtauswahl bestimmter Individuen mit den gewünschten Allelkombinationen verschiebt sich die Häufigkeit von Eigenschaften und phänotypischen Merkmalen sukzessive im Laufe der Generationenfolge. Mit der Zeit können manche Allele stark dominieren, andere völlig verschwinden.

Grundsätzlich kann Selektion als eine Veränderung von Allelfrequenzen definiert werden. Diese muss zwangsläufig zu einer Verkleinerung des Genpools führen, da unerwünschte Allele eliminiert werden und neue nicht hinzukommen. Wird verstärkt Inzucht betrieben, kann es zusätzlich zu einem Allelverlust durch genetische Drift kommen, besonders dann, wenn die Population sehr klein ist. Dies alles sollte bei der praktischen Zuchtarbeit bedacht werden. Besonders bei seltenen Rassen mit geringer Zuchtbasis empfiehlt es sich daher, behutsam zu selektieren.

Grundvoraussetzung für eine erfolgreiche Selektion ist eine ausreichende genetische Variation, denn nur dort, wo Variabilität vorhanden ist, kann auch ausgewählt werden. Ist diese erst verloren gegangen, bringt jegliche Selektion nur noch wenig, da Auswahlmöglichkeiten zwischen den Allelen kaum noch gegeben sind. Die Wirkungsweise der Selektion lässt sich gut anhand eines Beispiels darstellen: Bereits im vorigen Kapitel wurde auf die rezessive, autosomale Gefiederbremse hingewiesen. Ist der Züchter bestrebt, dieses unerwünschte Merkmal aus seinem Bestand zu selektieren, wird er Merkmalsträger nicht mehr zur Zucht einsetzen.

Beträgt der Anteil der Merkmalsträger (aa bzw. q^2) zu Beginn 0,5 (50 %), so ist

$$q = \sqrt{0{,}5} = 0{,}707$$

Daraus ergibt sich die Frequenz für Allel A (p):

$$p = 1 - q = 1 - 0{,}707 = 0{,}293$$

Werden im darauffolgenden Zuchtjahr die Merkmalsträger nicht mehr eingesetzt, liegt folgende Allelverteilung vor:

$$p^2 + 2pq = 1 - q^2$$

Setzt man die Zahlen ein, ergibt sich:

$$0{,}293^2 + 2 \times 0{,}293 \times 0{,}707 = 1 - 0{,}707^2$$

$$= 0{,}086 + 0{,}414 = 0{,}5$$

$$\text{oder } 0{,}172 + 0{,}828 = 1$$

Aus $p^2 = 0{,}172$ kann nun p abgeleitet werden:

$$p = \sqrt{0{,}172} = 0{,}415$$

Der Wert für q beläuft sich demnach auf:

$$q = 1 - p = 1 - 0{,}415 = 0{,}585$$

Es zeigt sich, dass die Allelfrequenz von a infolge betriebener Selektion nach einer Generation von 0,707 auf 0,585 abgesunken ist. Der Anteil an Merkmalsträgern sinkt dabei von 50% auf 34,2% ($0{,}585^2$). Nach zwei Genrationen fällt die Frequenz auf 0,489; der Anteil an Merkmalsträgern auf 23,9%. Nach drei Generationen schließlich beträgt die Frequenz 0,414; die Merkmalsträger machen nur noch 17,1% aus.

In gleicher Weise werden in natürlichen Populationen Letalfaktoren zurückgedrängt, bis sie schließlich nahezu oder völlig verschwinden.

Heterozygotie und Polymorphie

Die Heterozygotie und die Polymorphie sind Parameter, mit denen die genetische Variabilität einer Population beschrieben werden kann. Die **beobachtete Heterozygotie** eines Genortes bezeichnet den Anteil, den die heterozygoten Individuen an der Gesamtpopulation ausmachen. Sie sagt damit etwas über den Inzuchtgrad der Population aus: Eine geringe Heterozygotie belegt einen hohen Anteil reinerbiger Tiere, was auf verstärkte Inzucht hindeutet.

$$H_{beob} = \frac{N_{het}}{(N_{het} + N_{hom})}$$

N_{het}: Anzahl heterozygoter Tiere; N_{hom}: Anzahl homozygoter Tiere

Bei Betrachtung mehrerer Genorte wird der Mittelwert angegeben. Die **erwartete Heterozygotie** gibt den Wert an, der aufgrund der Allelfrequenzen nach dem Hardy-Weinberg-Gesetz im Zustand der Panmixie, also der freien Verpaarung allen Individuen untereinander, zu erwarten gewesen wäre. Die Berechnung basiert darauf, dass für jeden Genort die Summe (Σ) aus den Homozygoten (p^2) für jedes Allel (i) gebildet und von 1, also 100 %, subtrahiert wird.

$$H_{erw} = 1 - \Sigma p_i^2$$

Die beobachtete Heterozygotie einer Population kann zum Teil erheblich geringer sein als die erwartete. Dies ist dann der Fall, wenn die Tiere auf eine Vielzahl kleiner Teil- oder Subpopulationen verteilt sind, zwischen denen nur ein geringer Tieraustausch vorliegt. Diese Teilpopulationen sind dann weniger variabel und weisen jede für sich einen höheren Inzuchtgrad auf, als er für die Gesamtpopulation aufgrund der Allelfrequenzen zu erwarten gewesen wäre.

Die **Polymorphie** (P) beschreibt den Anteil untersuchter Genorte, an denen in der Population mindestens zwei Allele vorkommen, der Genort also polymorph (vielgestaltig) ist.

Häufig weisen Populationen, die eine hohe Polymorphie zeigen, auch eine hohe beobachtete Heterozygotie auf. Die Ausnahme bilden auch hier jene Populationen, die in mehrere, relativ isolierte Teilpopulationen differenziert sind. Innerhalb dieser sind die Heterozygotie und die Zahl der Allele gering, sodass nicht selten nur ein Allel pro Genort vorliegt. Da jedoch in jeder Teilpopulation andere Allele vorherrschen, kann ihre Zahl über die Gesamtpopulation hinweg sehr groß sein, was dann zu einer vergleichsweise hohen Polymorphie führt.

Die folgende Tabelle zeigt die Ergebnisse einer Untersuchung zur genetischen Variabilität in 31 Haushuhn-Populationen, die in den Jahren 2000 bis 2002 am Institut für Tierzucht in Neustadt-Mariensee von Dr. Steffen Weigend und dem Verfasser durchgeführt wurde. Dargestellt sind die Werte für die Heterozygotie und die Polymorphie auf Basis von 25 Genorten (Mikrosatelliten-Marker).

Genetische Variation in 31 Haushuhn-Populationen untersucht an 25 Genorten

Name	$H_{erw.}$	$H_{beob.}$	$H_{erw.} - H_{beob.}$	P
Asil rotbunt	0,5061	0,4166	0,0895	1,00
Bergische Kräher schwarz-goldbraungedobbelt	0,3729	0,2827	0,0902	0,88
Bergische Schlotterkämme schwarz	0,4048	0,3566	0,0482	0,92
Brabanter schwarz, gold, chamois	0,4752	0,4223	0,0529	1,00
Brahma hell	0,4624	0,4101	0,0523	1,00
Brakel silber	0,2175	0,1681	0,0494	0,76
Broiler Hennenlinie	0,5799	0,5718	0,0081	1,00
Broiler Hahnenlinie	0,5359	0,5296	-0,0037	1,00
Cochin schwarz	0,5295	0,4715	0,0580	1,00
Deutsche Sperber gesperbert	0,3945	0,3148	0,0797	0,96
Friesenhühner gelb-weißgeflockt	0,4391	0,3987	0,0404	0,92
Hamburger Gold- und Silbersprenkel	0,3429	0,2339	0,1090	0,84
Hamburger Silberlack	0,2299	0,1640	0,0659	0,84
Italiener rebhuhnhalsig	0,4224	0,3448	0,0776	0,88
Italiener rebhuhnhalsig Triesdorf	0,4479	0,4246	0,0233	0,88
Italiener schwarz	0,3818	0,3253	0,0565	0,80
Kastilianer schwarz	0,4328	0,3617	0,0711	0,88
Kommerzielle Braunleger	0,4194	0,3883	0,0311	0,88
Kommerzielle Weißleger	0,3708	0,3517	0,0191	0,88
Krüper schwarz	0,4223	0,4171	0,0052	0,96
Lakenfelder	0,4743	0,3423	0,1320	0,96
Malaien weizenfarbig	0,4751	0,4337	0,0414	0,96
New Hampshire goldbraun	0,5041	0,4471	0,0570	1,00
Ostfriesische Möwen silber-schwarzgeflockt	0,4202	0,3579	0,0623	0,96
Paduaner chamois, schwarz, silber, gold, weiß	0,4785	0,3354	0,1431	1,00
Ramelsloher weiß	0,4518	0,3389	0,1129	1,00
Rheinländer schwarz	0,3690	0,3037	0,0653	0,88
Rhodeländer rot	0,4448	0,4077	0,0371	0,92
Sundheimer hell	0,4484	0,4309	0,0175	0,92
Thüringer Barthühner schwarz, gold, chamois, silber	0,5451	0,4360	0,1091	1,00
Westfälische Totleger, silber	0,3849	0,3137	0,0712	1,00
Mittelwert	0,4317	0,3713	0,0604	0,93

$H_{erw.}$: Erwartete Heterozygotie, $H_{beob.}$: Beobachtete Heterozygotie, P: Polymorphie.

Die effektive Populationsgröße

Bei landwirtschaftlichen Nutztieren weichen die Verpaarungsverhältnisse zum Teil sehr erheblich von denen der idealen Population ab. Die Zahl der männlichen Tiere ist zumeist deutlich geringer als diejenige der weiblichen und eine freie Verpaarung der Individuen (Panmixie) ist nicht gegeben. In einer idealen Population trägt jedes Individuum den gleichen Teil zum Genpool der nächsten Generation bei. Sein Anteil ist dementsprechend $^1/_N$, wobei N die Populationsgröße (Anzahl der Tiere) symbolisiert. In einer realen Population ist das nicht der Fall; hier ist der Anteil zahlreicher Individuen an der nächsten Generation geringer, also kleiner $^1/_N$. Nur wenige Tiere, zumeist die männlichen, leisten einen höheren Beitrag.

In einem Stamm Hühner (1,5) macht der Hahn 50% der Erbmasse der F_1 aus, jede Henne jedoch nur 10 %. Bei einem aus 3 Hähnen und 3 Hennen bestehenden panmiktischen Stamm würde der Anteil eines jeden Tieres $^1/_6$, also 16,7% betragen. Daraus folgt, dass der züchterisch wirksame Umfang einer realen Population geringer ist, als es aufgrund der Gesamtindividuenzahl zu erwarten wäre. Es ist also notwendig, die tatsächliche Populationsgröße in eine hypothetische Größe zu überführen, die den gleichen züchterisch wirksamen Umfang wie die reale Population hätte.

Hierfür hat der amerikanische Populationsgenetiker Sewall Wright 1931 den Begriff der effektiven Populationsgröße (N_e) eingeführt und mathematisch definiert:

$$N_e = \frac{4 \cdot N_m \cdot N_w}{N_m + N_w}$$

N_m = Anzahl der männlichen Tiere; N_w = Anzahl der weiblichen Tiere

Verwandtschaft und Inzucht

Inzucht ist genetisch betrachtet ein Zuwachs von Homozygotie, also Reinerbigkeit. Die Wahrscheinlichkeit des Zusammentreffens herkunftsidentischer Allele, also gleicher Allele eines gemeinsamen Vorfahren, steigt naturgemäß bei der Verpaarung verwandter Tiere, da diese je nach Verwandtschaftsgrad einen mehr oder weniger identischen Allelbestand aufweisen. Wie schon beschrieben findet bei der Keimzellenbildung eine Aufteilung des Chromosomensatzes statt. Jede Keimzelle erhält jeweils eines der beiden homologen Chromosomen, je nach Zufall das väterliche oder mütterliche. Dementsprechend ist es theoretisch möglich, dass zwei Keimzellen eines Individuums einen vollständig identischen oder aber völlig unterschiedlichen Allelbestand aufweisen. Doch sind dies unwahrscheinliche Extremfälle. Im Mittel tragen die von einem Tier produzierten Keimzellen zu 50% identische Allele.

Betrachtet man nun zwei Vollgeschwister, weisen sie statistisch $^{50}/_{2}$ + $^{50}/_{2}$ = 50 % identische Allele auf. Ihr Verwandtschaftskoeffizient R beträgt also 50 % bzw. 0,5. Daraus abgeleitet ergeben sich für die verschiedenen Verwandtschaftsverhältnisse folgende Werte:

Eltern – Kinder	*R = 0,5*
Halbgeschwister:	*R = 0,25*
Großeltern – Enkel	*R = 0,25*
Onkel / Tante – Neffen / Nichten	*R = 0,25*
Urgroßeltern – Urenkel	*R = 0,125*
Cousins – Cousinen	*R = 0,125*

Verpaart man nun zwei Vollgeschwister (R = 0,5) miteinander, beträgt die Wahrscheinlichkeit, dass gleiche Allele aufeinandertreffen, 0,5 x 0,5 = 0,25. Es liegt also ein Zuwachs an Homozygotie und damit eine Inzuchtrate (F) von 25 % vor. Der Inzuchtzuwachs entspricht also im Regelfall der Hälfte der Verwandtschaft der Eltern.

Doch muss unterschieden werden zwischen der Inzucht einzelner Tiere und der Inzucht in einer Population. Einzelne hoch ingezüchtete Tiere können für die Inzuchtentwicklung einer Population eine geringe Rolle spielen, da sich ihre Inzucht bei Verpaarung mit unverwandten Tieren wieder relativiert.

Geht man von einer Population mit Zufallspaarung vom Umfang N aus, deren Individuen an einem Genort keine herkunftsidentischen Allele aufweisen, also unverwandt sind, so tritt naturgemäß in der F_1 kein Inzuchtzuwachs auf. Die Anzahl der bei der Meiose entstehenden Keimzellen entspricht der doppelten Anzahl der Tiere, also 2 x N. Verpaart man nun die Tiere der F_1 miteinander, beträgt die Wahrscheinlichkeit, dass bei einer Zufallspaarung zwei herkunftsidentische Allele aufeinandertreffen $^{1}/_{2N}$ x $^{1}/_{2N}$. Bezogen auf alle in der Population gebildeten Keimzellen liegt die Wahrscheinlichkeit dementsprechend bei 2N x $^{1}/_{2N}$ x $^{1}/_{2N}$ = $^{1}/_{2N}$. Das entspricht dem durchschnittlichen Inzuchtzuwachs (Inzuchtrate) zwischen zwei Generationen in idealen Populationen:

$$\Delta F = \frac{1}{2N}$$

Wie bereits auf Seite 113 beschrieben, liegt in natürlichen Populationen im Regelfall weder Panmixie noch ein ausgeglichenes Geschlechterverhältnis vor. Es ist daher notwendig, N durch die effektive Populationsgröße N_e zu ersetzen:

$$\Delta F = \frac{1}{2N_e}$$

Setzt man:

$$N_e = \frac{4 \cdot N_m \cdot N_w}{N_m + N_w}$$

ein, so erhält man:

$$\Delta F = \frac{1}{8N_m} + \frac{1}{8N_w}$$

Populationsgröße und Inzuchtrate

N_m	N_w	N_e	△ F (in %)
1	1	2	25,00
1	5	3,3	15,00
1	10	3,6	13,75
1	50	3,9	12,75
1	100	4	12,63
1	1000	4	12,51
5	5	10	5,00
5	10	13,3	3,75
5	50	18,2	2,75
5	100	19	2,63
5	1000	19,9	2,51
10	10	20	2,50
10	50	33,3	1,50
10	100	36,4	1,38
10	1000	39,6	1,26
25	25	50	1,00
25	50	66,7	0,75
25	100	80	0,63
25	1000	97,6	0,51
50	50	100	0,50
50	100	133,3	0,38
50	1000	190,5	0,26
100	100	200	0,25
100	1000	363,6	0,14

Die Tabelle zeigt, mit welchen Inzuchtsteigerungen je nach Anzahl der männlichen und weiblichen Tiere gerechnet werden muss.

Bei geringer Anzahl der männlichen Zuchttiere bewirkt auch eine deutliche Erhöhung der Anzahl der weiblichen Tiere keine nennenswerte Verringerung der Inzuchtrate. Auf der anderen Seite können auch vergleichsweise kleine Bestände ohne bedenkliche Inzuchtsteigerung erhalten werden, sofern eine ausreichende Zahl an Vatertieren in der Zucht eingesetzt wird.

Im Allgemeinen geht man davon aus, dass zur Erhaltung einer Population eine Inzuchtrate bis maximal 1% pro Generation als unbedenklich einzustufen ist. Dieser Grenzwert wird bei einer effektiven Populationsgröße $N_e = 50$ (25 männliche und 25 weibliche Zuchttiere) erreicht. Sinkt die Zahl der männlichen Tiere auf 13, so sind bereits 325 weibliche Tiere notwendig, um diesen Wert einzuhalten. Bei zwölf männlichen Tieren schließlich ist ein Inzuchtzuwachs von maximal 1% pro Generation nicht mehr erreichbar, selbst wenn die Zahl der weiblichen Individuen unendlich groß wäre.

Daher sollte bei der Zucht seltener bzw. von Aussterben bedrohter Rassen in höchstem Maße dafür Sorge getragen werden, möglichst viele Vatertiere zu verwenden, auch wenn diese nicht immer dem gewünschten Zuchtziel entsprechen sollten. Hierunter leidet der Zuchtstand im Allgemeinen weniger als unter einer Fremdeinkreuzung, die notwendig werden könnte, wenn massive Inzuchtdepressionen aufgetreten sind.

Als Folge von Inzucht können sowohl **Erbschäden** als auch **Inzuchtdepressionen** auftreten. Unter dem Begriff Erbschäden versteht man genetisch verursachte anatomische und morphologische Anomalien ebenso wie nicht unmittelbar sichtbare physiologische Defekte, die bis zur Lebensunfähigkeit des Organismus reichen können (z. B. Letalfaktoren). Sie beruhen zumeist auf einfachen, rezessiven Allelen, die infolge betriebener Inzucht reinerbig werden und damit am Organismus in Erscheinung treten.

Inzuchtdepressionen beschreiben kontinuierlich fortschreitende Degenerationserscheinungen, die im Laufe des Inzuchtprozesses häufig, jedoch nicht zwangsläufig auftreten. Sie äußern sich zumeist in einer Herabsetzung von Vitalität, Körpergröße, Leistungseigenschaften und Fortpflanzungsfähigkeit (Schlupf- und Befruchtungsraten). Hier betrifft die zunehmende Homozygotie nicht nur einzelne, monogen vererbte Merkmale, sondern polygen codierte Merkmalskomplexe bzw. Wirkungsketten, in denen die verstärkte Homozygotie sich negativ auswirkender Allele an verschiedenen beteiligten Genorten die Ausprägung des Gesamtkomplexes sukzessive herabsetzt.

Der Heterosiseffekt

Bei der Verpaarung unverwandter Tiere wird häufig beobachtet, dass die Elterntiere von ihren Nachkommen bezüglich Vitalität, Krankheitsresistenz, Frohwüchsigkeit und Leistungsniveau weit übertroffen werden. Dieses als Heterosiseffekt bezeichnete Phänomen steht in Zusammenhang mit der aus solch einer Verpaarung angestiegenen Heterozygotie.

Das Grundprinzip beruht darauf, dass an Genorten, an denen homozygot vorliegende, sich negativ auswirkende Allele als Bestandteile von Merkmalskomplexen und Wirkungsketten eine allgemeine Vitalitätsminderung verursachen, nun wieder Heterozygotie eintritt. Da die hemmende Wirkung dieser Allele kompensiert ist, können Lücken in Enzymketten geschlossen und der Merkmalskomplex in seinem vollen Volumen wieder ausgeprägt werden.

Züchtungsmethodik

Grundsätzlich ist es das Ziel des Rassegeflügelzüchters, möglichst viele der gewünschten Erbanlagen in seinen Stämmen oder Zuchtpaaren zu vereinen. Eine allgemeingültige und prinzipiell anzuwendende Zuchtstrategie hierfür gibt es jedoch nicht. Vielmehr muss in Abhängigkeit von den individuellen Möglichkeiten des Züchters (Platzverhältnisse, Tierkapazität, Anzahl der Zuchtstämme) überlegt werden, welche der möglichen Zuchtstrategien am geeignetsten erscheint.

Aufbau von Inzuchtlinien

Eine gängige Zuchtmethode in der Rassegeflügelzucht ist seit Langem der Aufbau von Inzuchtlinien. Grundidee dieser Strategie ist, über eine Steigerung der Reinerbigkeit möglichst viele einheitliche, dem Standard entsprechende Nachzuchttiere hervorzubringen. Diese Überlegung ist grundsätzlich nicht falsch, beschreibt die bei der Inzucht ablaufenden Prozesse jedoch nur unzureichend und lässt die negativen Auswirkungen von Inzucht weitgehend außer Acht.

*Je nach Verwandtschaftsgrad der Tiere wird zwischen **Inzucht** und **Inzestzucht** unterschieden. Von Inzestpaarungen spricht man, wenn ein Verwandtschaftsgrad von 25 % oder mehr (Eltern – Kinder, Großeltern – Enkelkinder, Voll- bzw. Halbgeschwister untereinander, Onkel – Nichte, Tante - Neffe) vorliegt. Bei einem geringeren Verwandtschaftsgrad (z. B. Cousin – Cousine) findet der Begriff Inzucht Verwendung.*

Inzucht mit Verwandtschaftsgraden bis zu 25 %, zum Teil auch mehr, findet in den meisten Rassegeflügelzuchten ohne Abstammungskontrolle vielfach und zumeist unbewusst statt. Wird z. B. jährlich mit nur einem Stamm gezüchtet, beträgt der Verwandtschaftsgrad der Zuchttiere ab der F_1 immer 25 oder 50 %, da es sich mindestens um Halbgeschwister, zum Teil sogar um Vollgeschwister handelt. In dem Fall sind bereits nach wenigen Generationen erste Inzuchtdepressionen zu erwarten und ein Zuchttieraustausch wird notwendig.

Auf der anderen Seite hat Inzucht bis zu einem gewissen Grad an der Herausbildung und Entwicklung nahezu aller Rassen mitgewirkt. Nur so konnte sich das homogene Erscheinungsbild der Rassen nach und nach konsolidieren.

Inzucht ist dementsprechend weder vollständig abzulehnen noch als die „Methode der Wahl" zu betrachten. Es gilt also zu hinterfragen, wann und unter welchen Bedingungen die Anwendung von Inzucht geeignet erscheint.

Inzuchtlinien können auf verschiedene Weise aufgebaut werden. Die extremen Formen sind Rückpaarungen an ein Ursprungstier oder Vollgeschwisterpaarungen über mehrere Generationen. Etwas abgeschwächte Varianten sind kontinuierliche Verpaarungen von Halbgeschwistern und die Anpaarung von Nachkommen an ihre jeweiligen Onkel oder Tanten.

Obwohl so relativ schnell eine weitgehende Vereinheitlichung des Bestandes herbeigeführt werden kann, stehen die Vorteile dieser Methode in keinem Verhältnis zu den Nachteilen. Zunächst treten hier natürlich die Inzuchtdepressionen auf. Eindrucksvoll dargestellt wurden diese durch die Untersuchungen an Japanischen Wachteln. So steigerte sich die Sterblichkeitsrate nach drei Generationen Inzucht um das Dreifache, während das Kükengewicht (gemessen nach 5, 9 und 15 Tagen) auf im Schnitt 75 % des Ursprungswertes absank.

Doch zeigten die Untersuchungen noch etwas anderes: Die Toleranz gegenüber einer Erhöhung der Bruttemperatur um 2 °C war bei ingezüchteten Embryonen deutlich geringer als bei jenen aus unverwandten Verpaarungen. So sank die Schlupfrate von zuvor 59,66 % nach zwei Generationen Inzucht auf 12,69 %, was die deutlich geringere Anpassungsfähigkeit ingezüchteter Embryonen belegt. Diese verminderte Anpassungsfähigkeit betrifft alle Lebensfunktionen, was einer Selektion auf Widerstandskraft gegenüber Krankheiten innerhalb von Inzuchtlinien recht enge Grenzen auferlegt.

Untersuchungen an Mäusen zeigten zudem, dass mindestens zwei von drei angesetzten Inzuchtlinien die ersten zehn Generationen Vollgeschwisterpaarung nicht überleben. Sie gehen an mangelnder Fruchtbarkeit und hoher Jungtiersterblichkeit zugrunde. Im weiteren Verlauf kann sich die Anzahl der Linien noch weiter verringern, bis schließlich einige wenige übrig bleiben, die dann als „inzuchtresistent“ gelten. In ihnen waren entweder von Beginn an keine negativ wirkenden Allele vorhanden oder dieselben verschwanden im Laufe der Generationen durch genetische Drift nach dem Zufallsprinzip aus der Population. In diesen Linien kann dann problemlos weiter Inzucht betreiben werden, da alle Tiere genetisch fast identisch sind und Erbkrankheiten nicht mehr ausmendeln. Doch würden die aus diesen langjährigen Inzuchtlinien anfallenden Nachkommen kaum noch unserem Bild der jeweiligen Rasse entsprechen, weder vom äußeren Erscheinungsbild noch von den Leistungen, da in solchen Populationen die Wirkung genetischer Drift eine fortschreitende Abweichung vom Grundtyp hervorruft.

Immer wieder hört man, Inzuchtdepressionen können vermieden werden, indem man bei der Auswahl der Zuchttiere nicht nur auf das äußere Erscheinungsbild, sondern auch auf Lebenskraft und Widerstandsfähigkeit gegen Krankheiten achtet. Dem muss entgegengehalten werden, das mit zunehmender Inzucht die genetische Variation fortlaufend abnimmt und sich in diesem nach und nach kleiner werdenden Genpool immer weniger Ansatzpunkte für eine Selektion finden. Letztlich ist es in weitaus größerem Maße genetische Drift als bewusst durchgeführte Selektion, die nach dem Zufallsprinzip festlegt, welche der angesetzten Inzuchtlinien überleben.

Doch spricht noch ein weiterer Aspekt gegen den Aufbau einzelner Inzuchtlinien: Jedes Tier, so vollkommen es auch wirken mag, trägt immer nur einen (wenn auch vielleicht großen) Teil der genetischen Ausstattung, die zur Erreichung des angestrebten Zuchtzieles notwendig ist. Betreibt man nun Inzucht auf ein solches Tier, bewegt man sich immer nur innerhalb des von diesem Tier vorgegebenen genetischen Rahmens und wird daher auch immer nur einen Teil der gewünschten genetischen Ausstattung festigen können. Der übrige Teil ist nicht in der Zuchtpopulation enthalten und kann ohne Zufuhr fremder Tiere auch nicht hinzugefügt werden. Der Züchter beschränkt also seine Möglichkeiten bis hin zur völligen züchterischen Unbeweglichkeit, die dann erreicht wird, wenn nahezu jegliche genetische Variation verlorengegangen und Selektion nur noch marginal möglich ist.

Dies alles zeigt, dass der Aufbau einzelner Inzuchtlinien für den Rassegeflügelzüchter die denkbar ungünstige Zuchtmethode darstellt. Soll also Inzucht zum Erfolg führen, ist es notwendig, sie als einen Bestandteil in den Rahmen einer übergeordneten Zuchtstrategie zu integrieren.

Ein Beispiel hierfür ist die in der Wirtschaftsgeflügelzucht angewendete **Hybridzucht**. Ihr Grundprinzip ist der Aufbau mehrerer Inzuchtlinien, die auf hochwertigen Leistungstieren basieren. Durch die mit der Inzucht zunehmende

Reinerbigkeit werden negativ wirkende Allele sichtbar, die dann aus der Population selektiert werden.

Zur Kompensation der dabei auftretenden Ausfälle erfordert diese Methode eine entsprechend große Basispopulation, die eine ausreichende Anzahl Tiere für die jeweilige Weiterzucht gewährleistet. Nach mehreren Inzuchtgenerationen werden die verschiedenen Linien kombiniert und hinsichtlich ihrer Wechselwirkungen überprüft. Allgemein üblich ist der Aufbau von Hybriden aus vier Basislinien. Dabei werden im ersten Schritt die Linien A und B sowie C und D kombiniert. Im zweiten Schritt erfolgt dann die Verpaarung der Kreuzungsprodukte AB und CD. Die so entstehenden Hybridtiere weisen eine hohe Heterozygotie und größere Leistungsfähigkeit als die Basislinien auf. Doch sind sie Endprodukte. Für eine Weiterzucht sind sie ungeeignet, da bei einer Verpaarung untereinander wieder eine Aufspaltung in verschiedene, im Allgemeinen weniger leistungsfähige Typen erfolgen würde.

Die Grundidee solch eines Prinzips kann auch vom Rassegeflügelzüchter angewendet werden:

Ausgehend von zwei (oder mehr) Verpaarungen mit je einem männlichen und einem bis mehreren weiblichen Tieren können im zweiten Schritt jeweils die Geschwister untereinander verpaart werden, was einem Inzuchtzuwachs von je 12,5 % (Halbgeschwister) oder 25 % (Vollgeschwister) gleich kommt. In der dritten Generation schließlich werden die Nachkommen der Geschwisterpaarungen kombiniert, wodurch sich die entstandene Inzucht wieder vollkommen abbaut, da die Tiere dieser Verpaarung unverwandt sind.

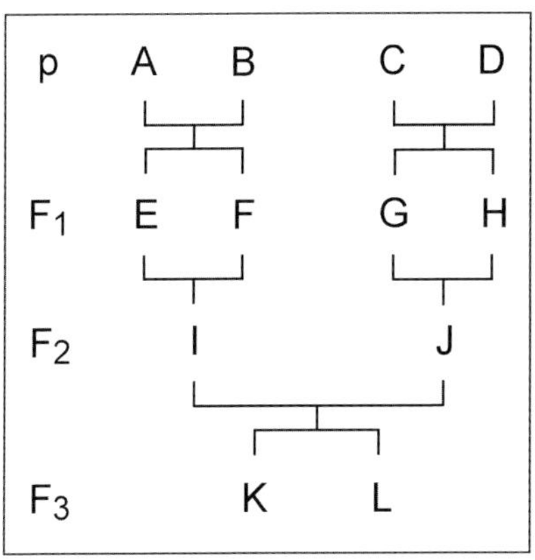

Inzuchtverpaarung
Die Tiere A und B bzw. C und D werden miteinander verpaart. In der F_1 finden jeweils Vollgeschwisterpaarungen (E x F und G x H) statt. In der F_2 werden die ingezüchteten Nachkommen I und J miteinander verpaart, wobei die aufgebaute Inzucht von 25 % wieder relativiert wird. Die infolge der Geschwisterpaarung gesteigerte Reinerbigkeit der Tiere I und J führt zu einer erhöhten Vererbungssicherheit und erhöht die Homogenität der Tiere K und L.

Ein weiterer Vorteil ist, dass für die Tiere der dritten Generation ein hohes Maß an Einheitlichkeit zu erwarten ist, da die ingezüchteten Elternteile der F_2 eine erhöhte Reinerbigkeit und damit Vererbungssicherheit aufweisen, was in Anlehnung an das 1. Vererbungsgesetz zu relativ homogenen Nachkommen führt.

Die Geschwisterpaarungen können natürlich auch über mehrere Generationen vorgenommen werden, bevor es zur Kombination kommt. Diese sollte jedoch spätestens dann erfolgen, wenn erste Inzuchtdepressionen auftreten. Wann diese in Erscheinung treten, hängt vom Inzuchtgrad der gesamten Rasse bzw. Population und dem Verwandtschaftsgrad der Ausgangstiere ab.

Rotationszucht

Eine geeignete Methode zur Vermeidung von Inzucht stellt die Rotationszucht dar. Ihre Anwendung empfiehlt sich besonders bei extrem seltenen, vom Aussterben bedrohten Rassen, deren effektive Populationsgröße einen kritischen Wert erreicht hat. Das Grundprinzip ist der regelmäßige und koordinierte Austausch von Zuchthähnen zwischen einzelnen Stämmen (Zuchteinheiten) innerhalb eines Zuchtringes.

Jede Zuchteinheit besteht aus einem Hahn und mehreren Hennen. Aus der jährlich anfallenden Nachzucht solch eines Stammes wird der geeignetste Hahn für die Weiterzucht ausgewählt. Dieser verbleibt jedoch nicht im betreffenden Stamm, sondern wird in der benachbarten Zuchteinheit des Ringes eingesetzt. Ebenso wird ein Hahn aus dieser Zuchteinheit an den nächsten benachbarten Stamm weitergegeben, sodass es zu einem ringförmigen Austausch von Zuchthähnen innerhalb der Zuchtgemeinschaft kommt.

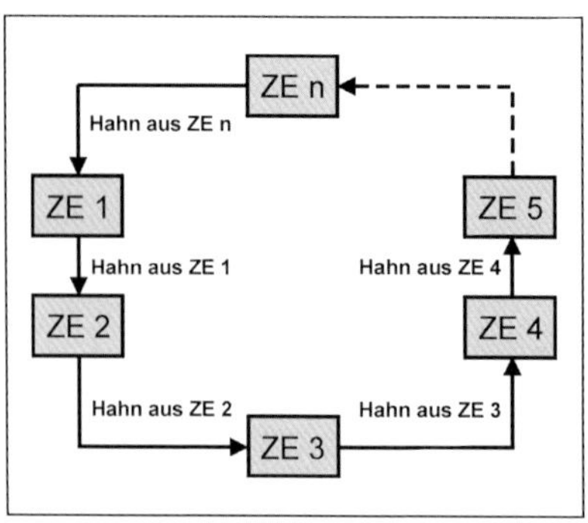

Zuchtring
Jede Zuchteinheit besteht aus einem Hahn und mehreren Hennen. Aus der Nachzucht eines jeden Stammes wird ein Hahn für die Weiterzucht ausgewählt und jeweils in der benachbarten Zuchteinheit des Ringes eingesetzt. Auf diese Weise kommt es zu einem ringförmigen Austausch von Zuchthähnen innerhalb der Zuchtgemeinschaft.

Auf diese Weise wird die Verpaarung eng verwandter Tiere vermieden und dementsprechend Inzucht minimiert. Besteht der Ring z. B. aus zehn Zuchteinheiten, so treffen erst nach zehn Jahren die Nachkommen eines Stammes wieder auf die betreffende Zuchteinheit. Die Zuchteinheiten können sich dabei in einem Zuchtbetrieb befinden oder auf verschiedene Züchter verteilt sein. Auch kann der Austauschmodus auf verschiedene Weise erfolgen. So ist sowohl der Austausch ausgewachsener Hähne zum Ende eines Zuchtjahres als auch die Weitergabe von Bruteiern zu Beginn des betreffenden Zuchtjahres möglich. Aus den daraus schlüpfenden Küken kann dann der Zuchthahn ausgewählt werden, der bereits in jenem Betrieb aufwächst, wo er später zum Einsatz kommt. Der Vorteil dieser Methode ist ein verbesserter Schutz vor infektiösen Krankheiten, da über lebende Tiere weitaus mehr Krankheitserreger übertragen werden können als durch Bruteier.

Wird die Rotationszucht zum Erhalt seltener und gefährdeter Rassen eingesetzt, empfiehlt es sich, die Zuchteinheiten auf möglichst viele Züchter zu verteilen, um so zu verhindern, dass im Falle eines eventuellen Seuchenausbruchs große Teile des Bestandes vernichtet werden.

Wie viele Zuchteinheiten notwendig sind und wie groß diese sein müssen, um eine gefährdete Rasse langfristig zu erhalten, hängt entscheidend von der Methodik ab, mit der die Zuchttiere ausgewählt werden. Bedingt durch die Weitergabe von Zuchthähnen zwischen den Stämmen ist gewährleistet, dass von jedem männlichen Zuchttier ein Sohn in die nächste Generation einfließt. Wird nun weiterhin von jeder Zuchthenne eine Tochter für die Weiterzucht verwendet, ist der Inzuchtzuwachs geringer als bei zufälliger Auswahl der Zuchthennen. In einem solchen Fall gilt:

$$\Delta F = \frac{3}{32N_m} + \frac{1}{32N_w}$$

N_m = Anzahl der männlichen Tiere; N_w = Anzahl der weiblichen Tiere

Bestehen die Zuchteinheiten beispielsweise aus einem Hahn und vier Hennen, sind elf Stämme notwendig, um einen Inzuchtzuwachs von maximal 1 % pro Generation zu gewährleisten. Bei einer Stammgröße von 1,5 reichen zehn Stämme aus. Diese Berechnungen treffen jedoch nur zu bei einer vollständigen Remontierung aller Elterntiere aus allen Stämmen.

Grundlage für eine solche Methodik ist selbstverständlich eine vollständige Abstammungskontrolle für alle Nachkommen, was die Einrichtung von **Fallnestern** unumgänglich macht. Findet die Auswahl der Zuchthennen nicht gemäß ihrer

Abstammung, sondern rein zufällig oder ausschließlich nach dem Exterieur statt, muss dementsprechend von einer größeren Anzahl an Stämmen ausgegangen werden. Ist eine Fallnestkontrolle nicht möglich, kann die Stammgröße auch auf 1,1 verringert werden, um so eine genaue Kenntnis der Abstammung zu gewährleisten. Die zur Inzuchtminimierung erforderliche Anzahl an Stämmen ist dann nicht wesentlich höher als bei einer Stammgröße von 1,4. So sind lediglich 13 Stämme der Größe 1,1 notwendig, um den Inzuchtzuwachs bei maximal 1% pro Generation konstant zu halten. Zur Schonung der jeweils einzelnen Henne können die Stämme mit Hennen anderer Rassen aufgefüllt werden, deren Eier eine andere Schalenfarbe aufweisen.

Sofern von jeder Zuchthenne ausreichend Nachkommen vorhanden sind, lässt auch die Rotationszucht eine Selektion hinsichtlich äußerer Merkmale zu. Die Selektion erstreckt sich dann jedoch nicht auf die Nachzucht als Ganzes, sondern es wird jeweils nur zwischen den weiblichen Nachkommen einer Henne ausgewählt. Bei der Auswahl des Hahns ist belanglos, von welcher Mutter er abstammt, da hier nur die väterliche Seite betrachtet wird und alle Nachkommen den gleichen Vater haben.

Ebenso ist eine Selektion bezüglich der Legeleistung möglich. In diesem Fall werden die Hennen während der ersten Legeperiode getestet und darauf basierend die Zuchthennen ausgewählt. Dadurch erstreckt sich das Generationsintervall zwischen dem Hahnentausch auf zwei Jahre, was als positiven Nebeneffekt den jährlichen Inzuchtzuwachs halbiert.

Durch den jährlichen Genfluss zwischen den Stämmen ist langfristig eine immer stärkere Homogenität innerhalb der Tiere eines Zuchtringes zu erwarten, da die verschiedenen Allele, die zunächst mehr oder weniger auf die einzelnen Stämme konzentriert waren, sich zunehmend im gesamten Bestand verteilen.

Ist ein Zuchtring aufgebaut, kann er jederzeit um weitere Zuchten der gleichen Rasse erweitert werden, um einen möglichst hohen Grad der Variabilität zu repräsentieren, die innerhalb der Rasse vorhanden ist.

Doch ist die Rotationszucht nicht nur zum Erhalt gefährdeter Rassen geeignet, sondern kann von jedem Rassegeflügelzüchter zur Minimierung der Inzucht in seinem Bestand genutzt werden. Prinzipiell kann schon mit zwei Stämmen eine Rotationszucht betrieben werden, indem einmal ein Hahn aus Stamm A mit den Hennen aus Stamm B sowie ein Hahn aus Stamm B mit den Hennen aus Stamm A verpaart wird. Eine Methode, die von vielen Züchtern bereits seit Langem erfolgreich angewendet wird. Je größer die Anzahl der Stämme, desto geringer der Inzuchtzuwachs und umso größer die Zeitabstände, zwischen denen Tiere aus anderen Zuchten hinzugenommen werden müssen.

Besonders für Taubenzüchter, die ja zumeist mit mehreren Zuchtpaaren agieren, empfiehlt sich das Rotationsprinzip. Ohne zusätzlichen Aufwand kann hier bei minimierter Inzucht eine sukzessive Vereinheitlichung des Zuchtbestandes herbeigeführt werden.

Einstammzucht

Manche Züchter haben nicht die Möglichkeit, parallel mehrere Zuchtstämme zu halten und sind daher auf die Einstammzucht angewiesen. Selbstverständlich lässt sich auf diese Weise ein verstärkter Inzuchtzuwachs nicht vermeiden und man wird zwangsläufig darauf angewiesen sein, von Zeit zu Zeit neue Tiere in die Zucht zu nehmen. Doch gibt es auch bei der Einstammzucht Möglichkeiten, den Inzuchtzuwachs vergleichsweise gering zu halten und ein möglichst großes Spektrum an Variation in die jeweils nächste Generation einzubringen.

Die einfachste Methode stellt der Hahnentausch dar. Die meisten Züchter, auch jene, die mit nur einem Stamm züchten, haben einen Ersatzzuchthahn, der zumeist mit der Legeherde gehalten wird. Das Prinzip des Hahnentausches beruht darauf, dass zunächst ein Hahn mit den Hennen verpaart wird, bis genügend Bruteier gesammelt und eingelegt wurden. Dann werden die Hähne getauscht. Wenn nach einer gewissen Wartezeit davon auszugehen ist, dass die nun gelegten Eier durch den zweiten Hahn befruchtet wurden, beginnt die zweite Sammelperiode.

Untersuchungen zeigten, dass die Befruchtungsrate zwar sieben Tage nach Entnahme des Hahns sukzessive abnimmt, eine Wartezeit von zehn Tagen, wie häufig praktiziert, jedoch nicht ausreicht, um die Bruteier sicher zuordnen zu können. Denn auch nach 22 Tagen war noch eine Befruchtungsrate von 1,3 % zu verzeichnen, in Ausnahmefällen konnten sogar bis zu 32 Tage später befruchtete Eier erzielt werden. Als Richtwert gilt, dass mindestens 16 bis 17 Tage erforderlich sind, um eine relativ sichere Zuordnung zu gewährleisten.

Im folgenden Jahr kann nun die Nachzucht beider Hähne untereinander verpaart werden, wobei maximal Halbgeschwisterverpaarungen vorgenommen werden. Kann nur ein Zuchthahn gehalten werden, muss versucht werden, über die Hennen ein maximales Maß an Variation zu erhalten. Die geschieht, indem man von jeder Zuchthenne (mindestens) einen weiblichen Nachkommen in die Weiterzucht integriert. Die Stammgröße bleibt damit konstant und alle Hennen leisten einen Beitrag zur nächsten Generation. Der Beitrag der einzelnen Hennen am Genpool ist prinzipiell gleich, mit Ausnahme jener Henne, die zusätzlich den Zuchthahn stellt. Auf diese Weise erhält man Abstammungslinien, die sich auf alle Tiere des Ausgangsbestandes zurückführen lassen und deren jeweilige Erhaltung gewährleistet ist.

Ist die Nachzucht ausreichend groß, kann zudem eine Selektion innerhalb der einzelnen Hennenlinien vorgenommen werden. Auch für den Fall, dass in der Nachzucht einer Henne kein Tier weitgehend der Musterbeschreibung entspricht, sollte die Linie weitergeführt werden, um dem Verlust von (gegebenenfalls wertvollen) nicht unmittelbar sichtbaren Allelen entgegenzuwirken. Voraussetzung für die Anwendung solch eines Zuchtprinzips ist selbstverständlich eine vollständige Abstammungskontrolle.

Auch empfiehlt es sich, die Zucht während der Aufbauphase möglichst breit, das heißt mit mehreren unverwandten Tieren anzusetzen, um so von Beginn an eine große Varianz, also einen vergleichsweise „vollständigen" Genpool zu gewährleisten. Im weiteren Verlauf der Zucht kann dann versucht werden, durch Kombination von geeigneten Tieren die gewünschten Merkmale zu „bündeln".

Stammgröße und Abstammungskontrolle

Wie aus den zuvor geschilderten populationsgenetischen Überlegungen hervorgeht, ist der Einsatz möglichst vieler Vatertiere grundsätzlich sinnvoll, um einerseits einer genetischen Verarmung des Bestandes und damit Inzuchtdepressionen entgegenzuwirken und zum anderen ein möglichst breites Spektrum an züchterischen Kombinationsmöglichkeiten auszunutzen. Doch bieten mehrere kleine Stämme noch einen weiteren Vorteil: Züchtet man z. B. mit Stämmen à 1,2, erübrigt sich zumeist auch das Fallnest, um eine sichere Abstammungskontrolle zu gewährleisten. Bei lediglich zwei Hennen ist es im Allgemeinen möglich, die Eier anhand von Form, Größe, Schalenfarbe und Legerhythmus zu differenzieren.

Zuchttieraustausch

Auch bei Anwendung vielfältiger Methoden zur Inzuchtvermeidung wird man als einzelner Züchter, der nicht in ein umfassendes Erhaltungszuchtkonzept (z. B. Rotationszucht) eingebunden ist, nicht umhin kommen, im Abstand mehrerer Jahre fremde Tiere in die Zucht einzustellen.

Wann ein Zuchttieraustausch notwendig wird, kann pauschal nicht beantwortet werden. Hier spielen der Inzuchtgrad der gesamten Rasse bzw. Population sowie die Größe des Zuchtbestandes und der Verwandtschaftsgrad der einzelnen Tiere untereinander eine Rolle. Spätestens jedoch, wenn Inzuchtdepressionen in Form geringer Befruchtungs- und Schlupfraten, hoher Küken- und Jungtiersterblichkeit, schlechter Wachstumsraten oder nachlassender Leistungen auftreten, ist es an der Zeit, Tiere aus anderen Zuchten einzusetzen.

Ob man dabei besser auf Hähne oder Hennen zurückgreift, hängt von den Möglichkeiten des Züchters ab. Oft wird vom Einsatz neuer Hähne abgeraten, da man nicht weiß, was ihre Nachzucht bringt. Züchtet man mit mehreren Stämmen, kann der Einsatz eines neuen Hahns problemlos empfohlen werden, da man neben dem neuen Hahn auch noch mindestens einen eigenen zur Zucht verwendet. So ist man für den Fall abgesichert, dass der neue Hahn nicht den erhofften Erfolg bei der Nachzucht erbringt. Züchtet man mit nur einem Stamm, empfiehlt es sich, eine neue Henne einzustellen. Entspricht die Nachzucht dieser Henne den Erwartungen, kann dann einer ihrer Söhne für die Weiterzucht verwendet werden.

Doch auch wenn die Nachzucht eines neuen Hahns nicht vollständig den gesetzten Erwartungen entspricht, heißt dies nicht zwangsläufig, dass sie vollständig verworfen werden muss. Paart man solch einen Nachzuchthahn an die Althennen des eigenen Bestandes, geht also „in die alte Linie zurück", ist zu erwarten, dass ein Großteil der Nachzucht sich als durchaus geeignet erweist.

Fremdeinkreuzung

Besonders bei seltenen Rassen oder Farbenschlägen, die nur über eine schmale Zuchtbasis verfügen, stellt sich immer wieder die Frage, ob Einkreuzungen vorgenommen werden sollen, und wenn ja, mit welcher Rasse. Grundsätzlich ist hier große Sorgfalt geboten, denn das Ziel unserer Bemühungen kann nicht sein, dass sich die einzelnen Rassen, zumindest in genetischer Hinsicht, immer weniger unterscheiden und in diesem Zuge typische, charakteristische Eigenschaften der Rassen verschwinden bzw. in einem nicht mehr differenzierbaren großen „Genpool" aufgehen. So sind schon heute manche Rassen genetisch gar nicht mehr als solche anzusprechen. Primär sollte angestrebt werden, das vorhandene Potenzial der Rasse vollständig auszuschöpfen, was heißt, durch regelmäßigen Austausch zwischen den vorhandenen Zuchtlinien innerhalb der Rasse oder Farbe möglichst viel Variation zu erhalten, um so den Grundstock für eine langfristige Zucht ohne Fremdeinkreuzungen zu legen.

Dennoch wird man in manchen Fällen um Einkreuzungen nicht umhin kommen. Hier sollte man zunächst einen anderen Farbenschlag der gleichen Rasse heranziehen, sofern die einzelnen Farbenschläge untereinander verwandt sind (was gerade bei Farbenschlägen jüngeren Datums nicht zwangsläufig der Fall ist). Ist ein geeigneter Farbenschlag nicht vorhanden, kann auf eine verwandte Population zurückgegriffen werden, die den Grundcharakter der betreffenden Rasse (und hiermit sind nicht nur äußere, sondern auch Wesens- und Leistungseigenschaften gemeint) nicht zu stark verändert.

So haben beispielsweise schwarze Bergische Schlotterkämme und schwarze Krüper nicht nur zum Teil den gleichen Ursprung, sondern standen zudem (über die bei Krüpern anfallenden langbeinigen Tiere) regelmäßig im Zuchttieraustausch. Beide Rassen sind damit prädestiniert für eine wechselseitige Einkreuzung. Einen gleichen Ursprung haben u. a. auch die Sprenkelrassen Brakel, Westfälische Totleger, Ostfriesische Möwen und Hamburger Sprenkel bzw. die spanischen Rassen Spanier, Minorka und Andalusier. Innerhalb der asiatischen Rassen sind z. B. Croad Langschan und Deutsche Langschan als nächste Verwandte zu betrachten.

Leider werden bei Fremdeinkreuzungen oft nur einzelne Aspekte des äußeren Erscheinungsbildes zugrunde gelegt und nicht die Verwandtschaft der betreffenden Rassen. Daher sollte vor einer Einkreuzung genau geprüft werden, welche Rassen nicht nur äußerlich geeignet erscheinen, sondern auch als nächste Verwandte zu betrachten sind.

Doch wie ist mit der Nachzucht einer Fremdeinkreuzung zu verfahren? Wenig sinnvoll erscheint die häufig angewandte Praxis einer Geschwisterpaarung zwischen den Tieren der F_1-Genration. Dabei bleibt nicht nur der Fremdgenanteil konstant hoch bei im Mittel 50 %, sondern es ist in der F_2 auch eine große Bandbreite an Varianten, von denen nur wenige für die Weiterzucht geeignet sind, zu erwarten. Erfolgversprechender ist eine Rückpaarung der F_1 an die Ausgangsrasse, bei der die Einkreuzung vorgenommen wurde. Dabei wird der Fremdgenanteil auf 25 % reduziert und das Erscheinungsbild der Tiere wieder zur Ausgangsrasse hin verschoben und genetisch gefestigt. Im günstigsten Fall führt man die Rückpaarung (F_2) reziprok mit zwei Stämmen (F_1-Hahn x Reinzuchthennen; Reinzuchthahn x F_1-Hennen) durch. In der F_3 kann dann die Nachzucht aus beiden Stämmen miteinander verpaart werden. Der Fremdgenanteil bleibt konstant bei im Mittel 25 %, während gleichzeitig bei weitgehender Inzuchtvermeidung auf die Hauptrassemerkmale selektiert werden kann.

Unnötig aufwendig und kompliziert erscheint die gelegentlich angewendete Verfahrensweise, bei der zunächst eine Geschwisterpaarung der F_1 stattfindet und im zweiten Schritt geeignete Tiere der F_2 an die Ausgangsrasse rückgepaart werden. Auf diese Weise verliert man nicht nur ein Zuchtjahr, sondern hat in der F_2 zusätzlich mit einer sehr geringen Erfolgsquote zu rechnen, was eine hohe Zahl an Nachkommen erfordert.

Die Vererbung von Körpermerkmalen

Protuberanz

Als Abwandlung vom Grundtyp zeigen einige Hühnerrassen aufgeworfene Nasenlöcher verbunden mit einer Ausbuchtung der Schädeldecke, die von einer Vorwölbung des Gehirns ausgefüllt wird. Diese als Protuberanz bezeichnete Erscheinung ist hauptsächlich auf Haubenhuhnrassen beschränkt, wenngleich ebenso Schädelaufwölbungen ohne Haube und Haubenhühner ohne Protuberanz vorkommen. So gibt es bei Seidenhühnern Linien mit und ohne Protuberanz, während die niederländischen Eulenbarthühner zwar Protuberanz, aber nahezu keine Haubenbildung aufweisen.

Auch wenn die Zusammenhänge zwischen Protuberanz und Haubenbildung noch nicht völlig klar sind, spricht doch vieles dafür, dass es sich um zwei verschiedene Genorte handelt, also keine Pleiotropie vorliegt.

Die Ergebnisse einer Kreuzung zwischen Holländischen Weißhauben und Chabo erbrachten in der F_1-Generation einheitlich Tiere mit geringerer Schädelwölbung, was einen intermediären Erbgang vermuten lässt. Die F_2-Generation spaltete in alle denkbaren Kombinationsmöglichkeiten aus voller, geringer und fehlender Protuberanz sowie voller, geringer und fehlender Haubenbildung auf, wobei das beim dihybriden Erbgang zu erwartende Spaltungsverhältnis nicht festgestellt werden konnte. Daraus folgernd kann angenommen werden, dass für die Vererbung von Haubenbildung und Protuberanz zwei verschiedene Genorte verantwortlich sind, die jedoch auf dem gleichen Chromosom gekoppelt sind und bei Kopplungsbruch zu neuen Kombinationen führen.

Schwanzlosigkeit

Das normale Schwanzskelett des Haushuhns besteht aus fünf freien Wirbeln und einem als Pygostyl bezeichneten Endstück. Die als Rassemerkmal bei verschiedenen Hühnerrassen (Kaul- und Zwerg-Kaulhühner, Araucana und Zwerg-Araucana, Ruhlaer Zwergkaulhühner, schwanzlose Varianten der Bartzwerge) vorkommende Schwanzlosigkeit wird durch das Auftreten des dominanten Faktors Rp (Rumpless) bedingt. Diese als Kaulschwänzigkeit (Kaul = Kugel) bezeichnete Mutation führt zum Fehlen der letzten beiden Beckenwirbel, aller fünf Schwanzwirbel, des Pygostyls, der Bürzeldrüse sowie aller Schwanzfedern. Am Ende der Wirbelsäule finden sich häufig Auswüchse in wechselnder Zahl und Ausbildung.

Schon früh konnte beobachtet werden, dass sich die Dominanz des Faktors Rp nicht in allen Fällen vollständig niederschlägt. Dunn und Landauer zeigten, dass in manchen Stämmen kaulschwänziger Hühner die Bürzeldrüse bei ca. 75 %

der Tiere fehlt, bei ca. 25 % nur rudimentär (unvollständig) vorhanden ist und nur bei 2 % der Individuen normal funktioniert. Auch variiert die Anzahl der ausgebildeten Schwanzfedern. Die fünf Schwanzwirbel sind im Allgemeinen vorhanden, zum Teil aber zusammengeschmolzen. Diese unterschiedliche Expressivität des Merkmals macht das Wirken von Modifikatorgenen wahrscheinlich, die eine verschiedenartige Ausprägung des Hauptmerkmals bedingen. Nachkommenprüfungen, die normal mendelnde Aufspaltungsverhältnisse erbrachten, zeigten, dass die „intermediären“ Tiere in Bezug auf den Faktor Rp heterozygot waren. Ganz offensichtlich ist das Wirken der Modifikatorgene also davon abhängig, ob das dominante Hauptgen im homozygoten oder heterozygoten Zustand vorliegt, was im weitesten Sinne an eine summierende Genwirkung erinnert.

Im Gegensatz zur erblichen Schwanzlosigkeit gibt es weiterhin eine **nicht erbliche oder akzidentelle Form**, die bei fast allen Rassen in einer Häufigkeit von 0,1 bis 0,2 % auftritt. Die Nachkommen solcher Tiere haben ausschließlich einen normal ausgebildeten Schwanz. Anatomisch unterscheidet sich die akzidentelle Schwanzlosigkeit von der erblichen durch die Anzahl der Wirbel, was jedoch am lebenden Tier nicht festzustellen ist und zur genauen Klärung eine Nachkommenprüfung erfordern würde. Ausgelöst wird diese Kaulschwänzigkeit vermutlich durch Umwelteinflüsse. Wie aus verschiedenen Versuchen hervorgeht, lässt sich Schwanzlosigkeit bis zu einem gewissen Grad durch plötzliche Veränderung der Bruttemperatur, Schütteln der Eier vor der Einlage oder Injektion von Insulin in den Eidotter künstlich auslösen.

Als dritte Form ist eine **rezessive Schwanzlosigkeit** (rp2) bekannt, deren Erscheinungsform an die der dominanten erinnert. Doch ist auch hier die Expressivität sehr unterschiedlich. So kommen vom vollkommen schwanzlosen bis zum nahezu vollschwänzigen Typ alle Übergänge vor. Die Bürzeldrüse fehlt oder ist rudimentär ausgebildet. Die Schwanzwirbel und das Pygostyl fehlen oder sind zu einer knopfförmigen Knochenmasse zusammengeschmolzen, was mit Veränderungen des Rückgrats, der Beckenknochen und Rippen verbunden sein kann. Unter den Nachkommen der verpaarten rezessiv schwanzlosen Tiere befanden sich nur 33 bis 38 % Merkmalsträger. Für diese geringe Penetranz wird eine Reihe von Modifikatorgenen verantwortlich gemacht.

Kurzbeinigkeit

Eine Reihe von Hühnerrassen unterschiedlicher Herkunft ist durch das Vorkommen verkürzter Extremitäten gekennzeichnet. In Deutschland betrifft dies die Krüper, in Schottland die Scots Dumpies, in Dänemark die Luttehühner, in Japan die Chabo, Ohiki, Jitokko, Gandori und Miyajidori und in China die Chahua, um nur einige zu nennen. Ausgestorben sind die französischen Courtes pattes; heute in Frankreich gezeigte Tiere entstammen in erster Linie der Zucht deutscher Krüper.

Die Kurzbeinigkeit beruht auf einer Deletion (Verlustmutation) in Chromsom 7, die als Krüperfaktor (Cp) bezeichnet wird. Dieser ist im homozygoten Zustand CpCp letal und führt zum Absterben der Embryonen vor dem Schlupf. Dabei lassen sich zwei Phasen des Absterbens ausmachen: Die eine am Ende des 3. Bebrütungstages, die andere während des 17. und 18. Tages. Merkmalsträger sind daher immer heterozygot und tragen die Allelkombination $Cpcp^+$. Diese Tiere sind abgesehen von der Beinlänge körperlich völlig normal ausgebildet und zeigen keinerlei Schäden. Verpaart man sie untereinander, erhält man zu je 25 % die Genotypen CpCp und cp^+cp^+ sowie zu 50 % den Genotyp $Cpcp^+$. Phänotypisch treten jedoch nur die Typen $Cpcp^+$ und cp^+cp^+ in Erscheinung, da die reinerbigen Merkmalsträger CpCp absterben.

In der Nachzucht stellt sich danach nicht das für den dominant-rezessiven Erbgang typische Verhältnis 3:1, sondern ein Verhältnis von 2:1 ein. Es entstehen dementsprechend zu $^2/_3$ kurzbeinige und zu $^1/_3$ langbeinige Tiere.

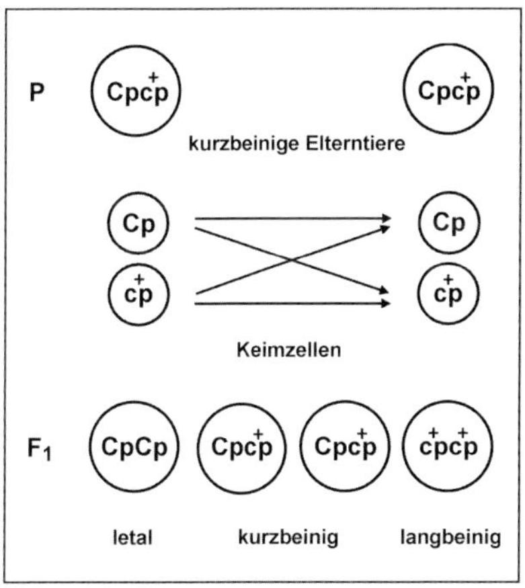

Bei der Verpaarung von Merkmalsträgern ($Cpcp^+$) mit langbeinigen Tieren (cp^+cp^+) fallen in der Nachzucht zu je 50 % kurzbeinige und langbeinige Tiere an. Da es bei dieser Kombination nicht zum reinerbigen Vorliegen des Krüperfaktors kommt, kann er seine letale Wirkung nicht entfalten, weshalb die Absterberate nicht erhöht ist.

Neuere Untersuchungen (Six et al. 2025) deuten darauf hin, dass es möglicherweise verschiedene Ausprägungen (Allele) des Krüperfaktors gibt, die sich zwar ähnlich auf die Verkürzung der Läufe auswirken, jedoch zu unterschiedlichen Absterbezeitpunkten der homozygoten Embryonen führen..

Der Krüperfaktor Cp ist mit einem der Genorte gekoppelt, die für die Vererbung der Kammform verantwortlich sind. Dieser Genort trägt in seiner dominanten Ausprägung das Allel für den Rosenkamm (R), in seiner rezessiven Ausprägung eines der beiden Allele für den Einfachkamm (r^+). Bei der Kreuzung von

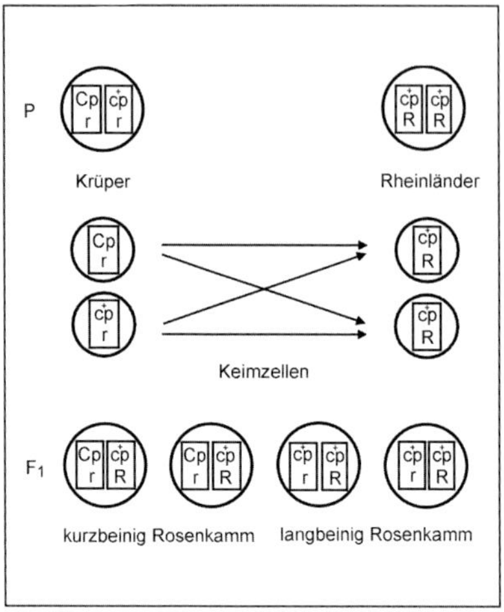

Krüpern (Cp-r^+ cp^+-r^+) und Rheinländern (cp^+-R cp^+-R) ist die Nachzucht (F_1) erwartungsgemäß komplett rosenkämmig, wobei zu 50% kurzbeinige (Cp-r^+ cp^+-R) und zu 50% langbeinige Individuen (cp-r^+ cp^+-R) auftreten.

Verpaart man die kurzbeinigen Tiere untereinander, wäre im Falle einer nicht gekoppelten Vererbung zu erwarten, dass $^1/_3$ der F_2 einfachkämmig ist. Es zeigt sich jedoch, dass, vorausgesetzt, es findet kein Kopplungsbruch statt, keine einfachkämmigen Tiere auftreten. Die Ursache ist, dass durch die Kopplung der beiden Genorte alle F_2-Tiere mit Einfachkamm (r^+r^+) auch die Kurzbeinigkeit homozygot aufweisen (CpCp) und dementsprechend als Embryo absterben.

Paart man die kurzbeinigen F_1-Tiere an Krüper zurück, so erhält man zu $^1/_3$ kurzbeinige, einfachkämmige Tiere, zu $^1/_3$ kurzbeinige rosenkämmige Tiere und zu $^1/_3$ langbeinige rosenkämmige Individuen.

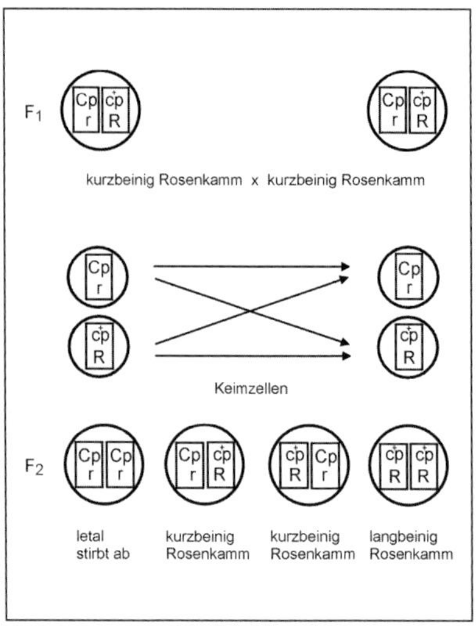

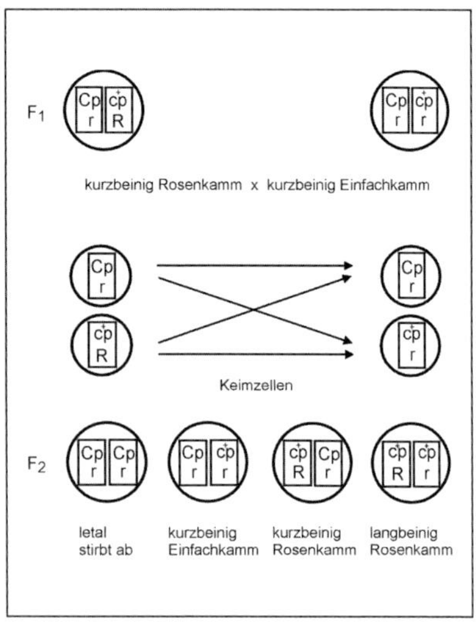

Den höchsten Anteil an kurzbeinigen, einfachkämmigen Tieren erhält man bei Paarung der kurzbeinigen F_1 an langbeinige Krüper. Er beträgt dann 50 %, wobei die übrigen 50 % von langbeinigen, rosenkämmigen Tieren gebildet werden.

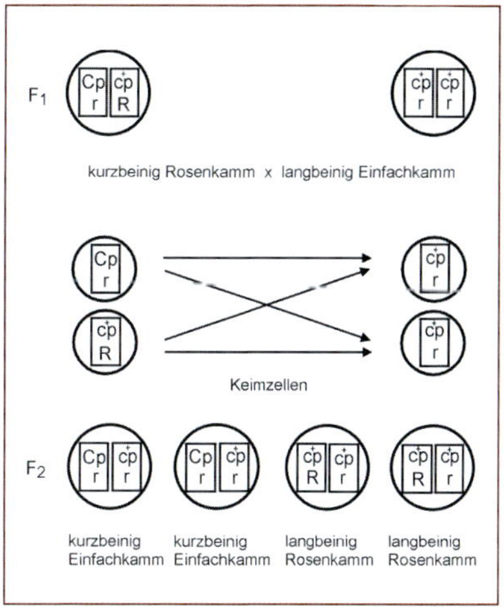

Der Grund für diesen vergleichsweise hohen Anteil liegt an der Tatsache, dass der Faktor Cp in diesem Fall nicht reinerbig vorliegt, also keine gekoppelten Allele für den Einfachlamm (r^+) im Zuge der Letalität von CpCp aus der Population wegfallen.

Zehenveränderungen

Bei einigen Hühnerrassen ist die Anzahl der Zehen von ursprünglich vier auf fünf oder mehr erhöht (Polydaktylie). Erstmals erwähnt wurde die Fünfzehigkeit durch den römischen Schriftsteller Columella, der 55 v. Chr. derartige Hühner aus England beschrieb, bei denen es sich vermutlich um die Vorfahren der heutigen Dorking handelte. Außer bei den Dorking kommt die Fünfzehigkeit u. a. bei deren Nachfahren wie den Lachshühnern und Houdan sowie den Seidenhühnern, Javanesischen Zwerghühnern und den ägyptischen Dandarawi vor.

Polydaktylie

Anatomisch beruht diese **Polydaktylie** auf der Verdoppelung der Hinterzehe, wobei besonders bei Seidenhühnern auch die fünfte Zehe wiederum verdoppelt sein kann, sodass sechs, im Extremfall sogar mehr Zehen entstehen können. Fünfzehigkeit ist bei Haushühnern zweimal aufgetreten. Während sie bei den chinesischen Rassen wie den Seidenhühnern durch das Allel Po hervorgrufen wird, führt bei den europäischen Rassen (Dorking,

Houdan u. a.) der Faktor Po^D zu deren Ausbildung. Fünfzehigkeit kann sowohl an beiden Füßen als auch einfüßig auftreten, wobei der linke Fuß bevorzugt wird.

Die Ausbildung des Merkmals wird durch verschiedene Medifikatoren beeinflusst. Denn auch bei Verpaarung homozygot fünfzehiger Eltern treten immer wieder Tiere mit nur vier Zehen auf (verminderte Penetranz). Auch konnte gezeigt werden, dass der Anteil fünfzehiger Tiere bei der Kombination solcher mit Leghorn höher ist als bei Verpaarung mit rebhuhnhalsigen Italienern. Daraus kann geschlossen werden, dass die rebhuhnhalsigen Italiener in höherem Maße als die Leghorn Modifikatoren besitzen, die einer Ausprägung des Faktors Po entgegenwirken. Solche Modifikatoren bedingen sicher auch, dass Fünfzehigkeit besonders im heterozygoten Zustand oft nur einseitig ausgebildet wird.

Eine extreme Form der **Vielzehigkeit** verkörpert die doppelte Vielzehigkeit. Bei ihr ist die innere Zehe in zwei oder drei Zehen gespalten. Ähnliche Veränderungen können auch an den Flügeln betroffener Tiere auftreten. Für diese Mutation wurde der Faktor Po^d engeführt. Er ist ein Allel zu Po, liegt also am gleichen Genort (multiple Allelie).

Bei der **Kurzzehigkeit** ist die vierte, manchmal auch die dritte Zehe verkürzt. Auch kann es vorkommen, dass alle Zehen rückgebildet sind und die Krallen fehlen. Hierfür ist ein unvollkommen dominanter Faktor (By) verantwortlich.

Zehenverkrümmungen sind in den meisten Fällen auf Umwelteinflüsse wie Brutfehler, falsche Ernährung oder zu schnelles Wachstum zurückzuführen. Daneben gibt es jedoch auch erblich bedingte Zehendeformationen, die allerdings äußerlich kaum von den vorgenannten zu unterscheiden sind.

Auch Infrarotstrahlen können Zehenverkrümmungen auslösen, sofern dafür eine genetische Disposition besteht. An der Universität Reading in England konnte eine Linie herausgezüchtet werden, in der alle Nachkommen solche Missbildungen zeigten, allerdings nur bei Bestrahlung mit Rotlicht (Gleichauf 1972).

Der Kamm

Der Kamm des Haushuhns ist eines seiner auffälligsten Merkmale, das im Laufe der Domestikation eine ganze Reihe höchst unterschiedlicher mutativer Veränderungen erfahren hat.

Da bei der Wildform ausschließlich der **Einfach- oder Stehkamm** vorkommt, kann dieser als die ursprüngliche Kammform unserer Haushühner angesehen werden. Er repräsentiert auch heute noch die häufigste Kammvariante und ist durch eine Vielzahl von Ausprägungsformen gekennzeichnet. Besonders große Kämme zeigen die Mittelmeerrassen wie z.B. Italiener oder Minorka, was als Anpassung an warme Klimate zu werten ist, da eine große Kammoberfläche die Abgabe der Körperwärme erleichtert. Bei den Hennen dieser Rassen fallen die Kämme aufgrund ihrer Größe oft zur Seite. Im Gegensatz zu den Mittelmeerrassen, bei denen die Kammfahne im Allgemeinen der Nackenlinie folgt, zeigen mitteleuropäische Hühnerrassen zumeist kleine bis mittelgroße Kämme mit abstehender Kammfahne. Noch kleiner sind im Durchschnitt die Kämme der asiatischen Rassen, besonders bei den Hennen.

Doch ist die Größe des Kammes nicht nur von erblichen Faktoren abhängig. So bewirken Wärmestrahlung und Lichtmangel eine Vergrößerung des Kammblattes, die dazu führt, dass sich auch die Kämme der Hähne zur Seite neigen. Eine besondere Variante des Einfachkammes stellt jener der spanischen Rassen Penedesenca und Empordanesa dar. Bei ihnen befinden sich an der Kammfahne büschel- bzw. kronenartig angeordnete seitliche Auswüchse, die als „Clavel" (Nelke) bezeichnet werden.

Genetisch beruht die Ausbildung des Einfachkammes auf zwei Genorten. Er entsteht, wenn an beiden Genorten die jeweils rezessiven Allele r^+ und p^+ vorliegen, also die Allelkombination $r^+r^+p^+p^+$ gegeben ist.

Einfach- oder Stehkamm (Zwerg-New Hampshire)

Eine Variante des Einfachkamms wird als „Clavel" (Nelke) bezeichnet (Empordanesa).

Mutationen an diesen Genorten führten zur Entstehung neuer Kammformen. So resultiert der Rosenkamm aus dem Faktor R (Rosecomb), der als Mutation von r^+ zu betrachten ist*. In gleicher Weise ist der Erbsenkamm als Mutation von p^+ zu interpretieren, bei der als neue Variante der Faktor P (Peacomb) entstand. Beide Kammformen sind dominant über den Einfachkamm. Dem Rosenkamm können dementsprechend die Erbformeln RRp^+p^+ und Rrp^+p^+ zugrunde liegen, dem Erbsenkamm r^+r^+PP bzw. r^+r^+Pp. Kombiniert man beide Kammformen entsteht als Kreuzungsneuheit der Wulstkamm. Er kann die Erbformeln RRPP, $RRPp^+$, Rr^+PP oder Rr^+Pp^+ aufweisen.

Beide Genorte sind nicht gekoppelt, was sich leicht durch Kreuzungsexperimente nachweisen lässt. Bei Kreuzung von wulstkämmigen mit einfachkämmigen Tieren ist die F_1 erwartungsgemäß vollständig wulstkämmig. In der folgenden Geschwisterpaarung spaltet die F_2 in das für den autosomalen, dihybriden Erbgang (siehe Seite 103) charakteristische Verhältnis von 9 (Wulstkamm) : 3 (Erbsenkamm) : 3 (Rosenkamm) : 1 (Einfachkamm) auf.

Elterngeneration (P)	RR PP (Wulstkamm)		r^+r^+ p^+p^+ (Einfachkamm)
Keimzellen	RP		r^+p^+
F_1-Generation		Rr^+ Pp^+ (Wulstkamm)	
F_2-Generation			

Keimzellen	RP	Rp^+	r^+P	r^+p^+
RP	RR PP (Wulstkamm)	RR Pp^+ (Wulstkamm)	Rr^+ PP (Wulstkamm)	Rr^+ Pp^+ (Wulstkamm)
Rp^+	RR Pp^+ (Wulstkamm)	RR p^+p^+ (Rosenkamm)	Rr^+ Pp^+ (Wulstkamm)	Rr^+ p^+p^+ (Rosenkamm)
r^+P	Rr^+ PP (Wulstkamm)	Rr^+ Pp^+ (Wulstkamm)	r^+r^+ PP (Erbsenkamm)	r^+r^+ Pp^+ (Erbsenkamm)
r^+p^+	Rr^+ Pp^+ (Wulstkamm)	Rr^+ p^+p^+ (Rosenkamm)	r^+r^+ Pp^+ (Erbsenkamm)	r^+r^+ p^+p^+ (Einfachkamm)

Vererbung von Wulst-, Rosen- Erbsen- und Einfachkamm beim Haushuhn
Die Tiere der Elterngeneration sind jeweils reinerbig für Wulstkamm und Einfachkamm. In der F_1 entstehen ausschließlich wulstkämmige Individuen. Bei Spaltung in der F_2 erscheinen durch Kombination der Faktoren zusätzlich noch der Rosenkamm und der Erbsenkamm.

* Heute weiß man, dass es zwei Allele dieses Genortes (R1 und R2) gibt, die beide gleichermaßen zur Ausbildung des Rosenkamms führen.

Rosenkamm (Bantam)

Beim **Rosenkamm** handelt es sich um einen fleischigen, mit Perlen besetzten Kamm, der breit ansetzt und nach hinten spitz in einem Dorn ausläuft. Unterschiedlich ist bei den einzelnen Rassen die Länge und Ausrichtung des Dornes. Einen langen, abstehenden Dorn haben z.B. die Hamburger und Bantam, einen kurzen, der Nackenlinie folgenden Dorn die Wyandotten, Deutschen Reichshühner oder Rheinländer. Zwischenstellungen nehmen Rassen wie die Elsässer oder Westfälischen Totleger ein. Spezielle Ausprägungen des Rosenkammes stellen u.a. der Maulbeerkamm der Seidenhühner, bei dem der Vorderkamm verdickt und der Dorn reduziert ist, sowie der Kamm der Watermaalschen Bartzwerge dar, bei dem der Dorn dreigeteilt ist.

Erbsenkamm (Asil)

Der **Erbsenkamm** besteht aus drei Reihen perlenartiger Verdickungen, von denen oft die mittlere größer erscheint. Er ist ursprünglich auf die Rassen asiatischer Herkunft, und hier besonders die Kämpfer, beschränkt und kommt z.B. bei den Asil, Shamo, Sumatra und Brahma vor. Die Ausbildung des Erbsenkammes ist stets verbunden mit einer Verkleinerung der Kehllappen, was einer pleiotropen Wirkung des Faktors P zugeschrieben werden kann. Bei heterozygoten Tiere, die aus Kreuzungen mit Einfachkämmigen hervorgegangen sind, ist die mittlere Perlenreihe oft vergrößert, während die beiden seitlichen reduziert wirken, was auf eine unvollständige Dominanz des Faktors P schließen lässt. Erbsenkämme ursprünglicher, weitgehend unselektierter Schläge weisen die klassische dreireihige Perlung oft nur ansatzweise auf. Diese Kämme sind gröber und zeigen teils eine dornartige Verlängerung, sodass die Einstufung als Erbsen- oder Rosenkamm nicht immer eindeutig ist.

Wulst- oder Walnusskamm (Malaien)

Der **Wulst- oder Walnusskamm** hat die Form eines auf dem Vorderschädel sitzenden Fleischknotens, der nach hinten nicht über das Auge hinausreicht. Die Oberfläche kann glatt oder geperlt sein (Erdbeerkamm der Malaien). Wulstkämme kommen hauptsächlich bei Rassen des Malaientyps bzw. deren Nachfahren vor. Da sie den Faktor P tragen, weisen wulstkämmige Tiere ebenso wie die erbsenkämmigen eine Verkleinerung der Kehllappen auf.

Neben diesen, auf den Allelen R/r^+ und P/p^+ beruhenden Kammformen zeigen besonders die Haubenhuhnverwandten eine Gruppe von Kammvarianten, die auf einer **Verdoppelung des Kammes** beruhen. Es handelt sich dabei um den Kronenkamm, den Blätter- oder Schmetterlingskamm, den Geweihkamm und den Hörnerkamm. Für diese Kammformen wird ein Faktor D beschrieben (Gleichauf 1972), der die Verdoppelung des Kammes bewirkt und als Allel eines weiteren, unabhängigen Genortes gedeutet werden kann. Für den Napfkamm der Breda wird ein rezessiver Faktor bd auf der Grundlage von D angenommen.

Der **Kronenkamm** ist als eine Verdoppelung des Kammblattes einfachkämmiger Rassen anzusehen, die bei der dritten Zacke einsetzt und zu einer becher- bzw. kronenförmigen Ausbildung des Kammes führt. Er kommt reinerbig bei den verschiedenen Zuchtrichtungen der Sizilianischen Buttercups und den ägyptischen Dandarawi vor.

Kronenkamm (Sizilianischer Buttercup)

Äußerlich vergleichbar, doch mit anderem genetischen Hintergrund ist der Kronenkamm der Augsburger aufzufassen. Bei ihm handelt es sich um ein Kreuzungsprodukt aus dem Hörnerkamm der La Flèche und dem Einfachkamm der italienischen Lamotta. Da er spalterbig ist, treten in der Nachzucht stets zu 50 % kronenkämmige und zu je 25 % hörner- bzw. einfachkämmige Individuen auf.

Dem Kronenkamm ähnlich ist der **Blätter- oder Schmetterlingskamm** der Houdan. Bei ihm ist die Spaltung des Kammblattes noch weiter fortgeschritten. Beide Hälften liegen seitlich auf dem Kopf wie die ausgebreiteten Flügel eines Falters. Zwischen beiden Seitenfahnen befindet sich ein Fleischwulst.

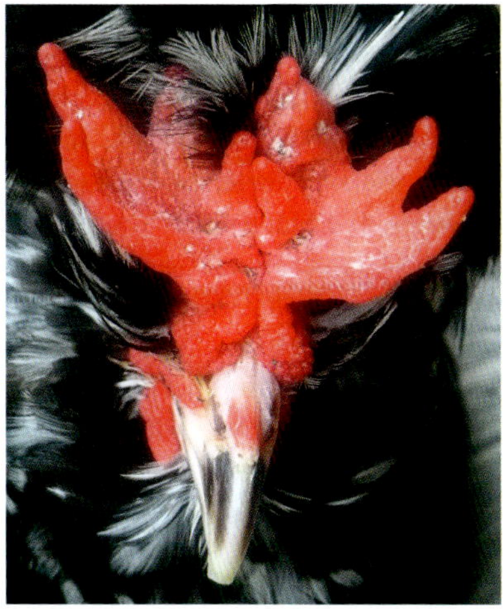

Blätter- oder Schmetterlingskamm (Zwerg-Houdan)

Ebenfalls gegabelt ist der **Hörnerkamm**, wie er z.B. bei den La Flèche, den Brabantern, Appenzeller Spitzhauben oder Eulenbarthühnern vorkommt Doch bestehen bei ihm beide Hälften nicht aus Kammblättern des Einfachkammes, sondern aus zwei gleich langen, deutlich hervortretenden Hörnern, zwischen denen eine fein behaarte Rinne verläuft. Davor befinden sich ein hufeisenförmiges Schild und eine Warze.

Als besondere Ausprägung des Hörnerkammes ist der **Geweihkamm** der Crève-Coeur zu interpretieren. Bei ihm driften die Hörner V-förmig auseinander und tragen zum Teil Verästelungen. In der Mitte befinden sich verdickte Fleischwülste.

Hörnerkamm (Zwerg-La Fléche)

Geweihkamm (Crève-Coeur)

Die Körpergröße

Für die Vererbung der Körpergröße beim Haushuhn sind eine ganze Reihe von Faktoren verantwortlich, was sich nicht zuletzt aus der großen Variationsbreite zwischen den einzelnen Rassen ablesen lässt. So wiegen die größten bekannten Rassen wie z. B. die Jersey Giants etwa neun- bis zehnmal mehr als die kleinsten Urzwerge. Die Stammform des Haushuhns, das Rote Kamm- oder Bankivahuhn, entspricht in seiner Größe mehr unseren heutigen Zwerghuhnrassen und ist in etwa mit den Deutschen Zwergen vergleichbar.

Die im Laufe der Domestikation erfolgte Größenzunahme beruht dabei auf einem sukzessiven Hinzukommen und anschließender selektiver Festigung neuer Mutationen. Als Folge davon sind die meisten unserer heutigen Großrassen zwischen zwei- und sechsmal so schwer wie die Wildform. Daneben gibt es Zwergformen, die in ihrer Größe die Wildform sogar noch unterschreiten können. Sie werden als Urzwerge bezeichnet, was aussagen soll, dass sie ursprünglich und nicht durch die Verzwergung einer Großrasse entstanden sind.

Unter den zahlreichen das Körpergewicht additiv beeinflussenden Genen konnten auch zwei geschlechtsgebundene, Zwergenwuchs verursachende Faktoren nachgewiesen werden, von denen einer dominant, der andere rezessiv ist.

Der dominante Faktor Z wurde erstmals 1935 bei der Kreuzung von hellen Brahmahennen und einem goldenen Sebrighthahn nachgewiesen. Dabei war das Körpergewicht der F1 in beiden Geschlechtern unter den Erwartungswert herabgesetzt. Die silbernen Hähne wogen im Durchschnitt 1,813 kg (Erwartungswert 2,407 kg), die goldenen Hennen 1,410 kg (Erwartungswert 1,851 kg). Dabei muss zusätzlich berücksichtigt werden, dass der aus den Gewichten der Ausgangsrassen errechnete Erwartungswert bei Kreuzungen von Großrassen und Zwergen im Allgemeinen überschritten wird, da ein Heterosiseffekt das Gewicht in Richtung der größeren Ausgangsrasse verschiebt.

Bei Geschwisterpaarung trugen in der F_2 alle Hähne den Faktor Z (die goldenen zweimal, die silbernen einmal) und waren daher kleinwüchsig, während bei den Hennen nur die goldenen Allel- und Merkmalsträger waren, da die Genorte für Zwergwuchs bzw. normale Größe (Z/z) und Silber- bzw. Goldfaktor (S/s^+) auf dem X-Chromosom gekoppelt sind. Dementsprechend waren die Goldenen in ihren Körpermaßen signifikant gegenüber den normalgewichtigen, silbernen Hennen herabgesetzt.

P	*1,0 Sebright gold*			*0,1 Brahma hell*
	Zs⁺ Zs⁺			*zS --*
F1	*Zs⁺ zS*			*Zs⁺–*
	1,0 Zwerg silber			*0,1 Zwerg gold*
F2	*Zs⁺ Zs⁺*	*zS Zs⁺*	*Zs⁺ --*	*zS –*
	1,0 Zwerg gold	*1,0 Zwerg silber*	*0,1 Zwerg gold*	*0,1 Groß silber*

Es ist davon auszugehen, dass neben den Sebright noch weitere besonders kleinwüchsige Rassen wie Bantam oder Holländische Zwerghühner diesen Faktor tragen.

Ein weiterer geschlechtsgebundener, in diesem Fall rezessiver Verzwergungsfaktor konnte erstmals bei New Hampshire und weißen Leghorn festgestellt werden. Er hat das Symbol dw (dwarfism = Zwergenwuchs).

Die Anpaarung von New Hampshire-Hennen aus dieser Zuchtlinie an einen gestreiften Plymouth Rocks-Hahn ergab ausschließlich Nachkommen von normaler Größe, wodurch die Rezessivität des Faktors erwiesen war.

Bei Geschwisterpaarung waren in der F_2 alle Hähne normalwüchsig, während die Hennen zur Hälfte normal- und zur Hälfte kleinwüchsig waren, was die Geschlechtsgebundenheit des Faktors belegt.

P	*1,0 Plymouth Rocks Groß*		*0,1 New Hampshire Zwerg*	
	Dw Dw		*dw --*	
F1	*Dw dw*		*Dw --*	
	1,0 Groß		*0,1 Groß*	
F2	*Dw Dw*	*Dw dw*	*Dw --*	*dw –*
	1,0 Groß	*1,0 Groß*	*0,1 Groß*	*0,1 Zwerg*

Kleinwüchsige Hähne (dw dw) lagen im Körpergewicht um etwa 43 % niedriger als Normalgewichtige, kleinwüchsige Hennen (dw --) um 29,5 %. Die Anzahl der gelegten Eier war um 7,9 bis 13,3 %, das Eigewicht um etwa 10 % erniedrigt. Keine Unterschiede bestanden in Lebensfähigkeit, Fruchtbarkeit und Schlupfrate. Prinzipiell ähnliche Werte erhielt man später im Rahmen der Untersuchungen kleinwüchsiger weißer Leghorn.

Zwischen den heterozygoten (Dw dw) und reinerbig normalwüchsigen (Dw Dw) Hähnen konnte in Bezug auf die Größe und das Körperwachstum kein Unterschied festgestellt werden.

Es ist davon auszugehen, dass der Faktor dw bei verschiedenen Rassen vorkommt und von dort auf eine Reihe verzwergter Rassen übertragen wurde.

Mehrsporigkeit

Neben dem nachgewiesenen hormonellen Einfluss unterliegt die Ausbildung der Sporen bei beiden Geschlechtern auch dem Einfluss genetischer Komponenten. Dieser zeigt sich besonders in der Variation der Sporenzahl beim Hahn. Am bekanntesten ist die Mehrsporigkeit (multiple Sporenbildung) der Sumatra und z. T. auch Cubalaya, bei der mindestens drei, zum Teil auch vier, fünf oder mehr Sporen gebildet werden können. Sie ist dominant (Faktor M) über die einfache Sporenzahl (Faktor m).

Missbildungen

Missbildungen wie Kreuzschnäbel, Brustbeinverkrümmungen oder krumme Zehen treten gelegentlich beim Rassegeflügel auf und können sowohl genetische als auch umweltbedingte Ursachen haben. Daher ist die Analyse im Einzelfall kaum möglich. Nicht selten sind es Faktoren wie falsche Bruttemperatur, unausgewogenen Ernährung oder Aspekte der Aufzucht und Haltung, die zu derartigen Erscheinungen führen. Zum Beispiel wird für krumme Zehen oft eine zu hohe Bruttemperatur verantwortlich gemacht und ein krummes Brustbein auf schmale, runde Sitzstangen zurückgeführt.

Treten Missbildungen in einer Zuchtlinie regelmäßig, selbst bei variierenden Brut- und Haltungsbedingungen auf, ist eine Erblichkeit anzunehmen. In diesem Fall sollten, nicht zuletzt auch, um eine eventuelle Erblichkeit zu prüfen, Tiere aus anderen Zuchtlinien zugeführt werden.

Bei den folgenden Kapiteln über die Vererbung der Gefiedermerkmale und der verschiedenen Farben sei auf die Fotos im Kapitel der Hühnerrassen hingewiesen, sodass man sich ein genaueres Bild über die Merkmale machen kann. Ein Register mit allen Hühnerrassen und deren dazugehörige Seitenzahl finden Sie im Anhang.

Die Vererbung von Gefiedermerkmalen

Aufbau und Struktur der Feder

Die Vogelfeder ist vorwiegend epidermalen Ursprungs, also eine Ausbildung der Haut, die sich entwicklungsgeschichtlich auf die Schuppen der Reptilien zurückführen lässt. Bereits am 8. Bebrütungstag lassen sich am Embryo kleine rundliche Wölbungen als epidermale Ausstülpungen erkennen, die als erste Federanlagen zur Entwicklung der Daunen führen.

Zwischen dem 12. und 13. Bebrütungstag sind drei Zellschichten sichtbar. Eine äußere, das schützende Keratin (Horn) liefernde Schicht, eine mittlere, aus der die eigentliche Feder mit ihren Ästen (Rami) und Strahlen (Radii) hervorgeht, und eine innere, die zur physiologischen Regulation des lebenden Federkeimes dient.

Am 16. Tag sind die Äste und Strahlen vollständig entwickelt, der Keratinierungsprozess wird weiter verstärkt und schließlich abgeschlossen, sodass zum Zeitpunkt des Schlupfes die voll entwickelten Daunen vorliegen.

Schon bald beginnt der Ersatz des Daunenkleides durch das Erstlingsgefieder. Bei einigen leichten Rassen beginnt das Schwungfederwachstum schon im Ei. Der aus der Hautpapille wachsende Federkeim schiebt die Daune heraus und die junge Feder kann sich voll entfalten. Nach einiger Zeit wird das Erstlingsgefieder durch das Jugendgefieder ersetzt, auf das schließlich im Alter von etwa vier Monaten das Altersgefieder folgt. Dieses wird beim Haushuhn im Normalfall einmal jährlich gewechselt, während die Stammform der Haushühner, das Rote Kammhuhn, zusätzlich eine Sommermauser durchführt, bei dem es das Schmuckgefieder durch ein unscheinbares Ruhekleid ersetzt. Als Erbe der Stammform kann eine solche Sommermauser in Einzelfällen auch beim Haushuhn beobachtet werden.

Nach abgeschlossenem Wachstum lassen sich an der Feder des adulten Tieres folgende fünf Bestandteile unterscheiden:

1. Kiel (Scapus)
   a) hohe Spule (Calamus)
   b) Schaft (Rhachis)
2. Fahne (Vexillum)
   a) Äste (Rami)
   b) Strahlen (Radii)
   c) Häkchen (Radioli) zur Verbindung der Strahlen untereinander
3. Längsrinne an der Unterseite des Schaftes
4. Nebenschaft (Hyporhachis), kleiner als Hauptschaft,
   fehlt bei den Schwung- und Steuerfedern.
5. Federpapille, gefäßreiches Bindegewebe innerhalb der Spule, der Ernährung dienend, bei ausgewachsener Feder vertrocknet.

Variationen der Befiederung

Die meisten Hühnerrassen haben ein normal ausgebildetes, glattes und eng anliegendes Gefieder. Doch sind im Laufe des Domestikationsprozesses eine Reihe mutativer Veränderungen des Gefiederkleides aufgetreten, die bei verschiedenen Rassen zum Hauptrassemerkmal avancierten. Seidenfedrigkeit, Struppfedrigkeit, Haubenbildung, Nackthalsigkeit oder stark verlängerte Schwanzfedern sind einige solcher Abänderungen, die für bestimmte Rassen charakteristisch sind.

a) Seidenfedrigkeit

Die Seidenfedrigkeit ist Hauptrassemerkmal der Seidenhühner, Zwerg-Seidenhühner und Siamesischen Seidenhühner kommt jedoch auch bei anderen Rassen, wie z.B. den Chabo, vor.

Sie erinnert in ihrem Erscheinungsbild an das Daunenkleid der Küken. Die Federn bestehen aus einem auffallend dünnen Schaft mit langen Ästen, wobei die Äste oft gegabelt sind und nicht in einer Ebene stehen. Sie sind mit langen und regellos angeordneten Strahlen besetzt, an denen die Häkchen fehlen oder nur angedeutet sind. Am wenigsten verändert sind die Schwung- und Steuerfedern, deren unterer Teil wie bei einer normalen Feder aufgebaut ist. Die Ähnlichkeit mit dem Haarkleid langhaariger Säuger führte in der Vergangenheit dazu, Seidenhühner als Kreuzungen von Hühnern und Kaninchen zu präsentieren.

Seidenfedrigkeit tritt von Zeit zu Zeit bei den verschiedensten Rassehühnern auf. So wurde sie z.B. bei rebhuhnhalsigen Italienern, Zwerg-Cochin, Rhodeländern, weißen Wyandotten und sogar Wildhühnern beobachtet.

Anhand zahlreicher Experimente konnte nachgewiesen werden, dass die Seidenfedrigkeit durch ein rezessives autosomales Allel verursacht wird, das mit dem Symbol h beschrieben wurde. Das Merkmal tritt daher nur im homozygoten Individuen in Erscheinung. Treten also bei normal befiederten Rassen seidenfedrige Tiere auf, kann im Einzelfall nicht sicher beantwortet werden, ob es sich um Neumutationen handelt oder das Allel in geringer Frequenz in der Population vorhanden war und durch das zufällige Aufeinandertreffen von Allelträgern sichtbar wurde.

b) Locken- oder Struppfedrigkeit

Dieses auf einer dominanten Mutation basierende Merkmal ist Hauptrassemerkmal der Strupphühner (Frizzles), Zwerg-Strupphühner und Annaberger Haubenstrupphühner, kann jedoch auch bei anderen Rassen (Zwerg-Cochin, Chabo, Paduaner, Holländische Haubenhühner u.a.) angetroffen werden.

Die Federn struppfedriger Rassen sind einmal oder mehrfach gedreht und die Fahne mit der Spitze nach oben umgebogen oder aufgerollt, sodass ein lockiges oder struppiges Erscheinungsbild entsteht. Dieses Merkmal ist bereits seit Jahrhunderten bekannt und hat seinen Ursprung wohl in Südostasien, von wo aus die ersten struppfedrigen Hühner nach Europa gelangten. Der Faktor für Struppfedrigkeit F gilt als dominant über Normalfedrigkeit f^+. Früher nahm man an, dass er letal wirkt oder mit einem Letalfaktor gekoppelt sei, also nicht reinerbig auftreten kann. Umfangreiche Untersuchungen zeigten jedoch, dass dieses Merkmal in drei verschiedenen phänotypischen Ausprägungen, zwei heterozygoten und einer homozygoten, vorkommen kann.

Beim homozygoten Typ ist die Federdegeneration so weit fortgeschritten, dass die Tiere über weite Bereiche des Körpers nackt sind und besonders im ersten Lebensjahr nur vereinzelt verdrehte Federn an den Schwingen, zum Teil auch an anderen Stellen, aufweisen.

Bei den heterozygoten Formen kann man den bei den Schaurassen ausgebildeten Typ von einer abgeschwächten Variante unterscheiden, bei der nur eine geringfügige Verdrehung der Federn feststellbar ist. Letztere entsteht vornehmlich bei der Verpaarung von heterozygoten oder homozygoten Tieren mit nicht struppfedrigen Rassen. Es muss also noch ein weiterer, in diesem Fall rezessiver Faktor beteiligt sein, der die Ausprägung der Lockenfedrigkeit beeinflusst. Werden Tiere lockenfedriger Rassen untereinander verpaart, bleibt der Faktor homozygot erhalten und der Ausstellungstyp entsteht. Bei Anpaarung an nicht lockenfedrige Rassen, die diesen Faktor im Allgemeinen nicht haben, geht er in den heterozygoten Zustand über und kann dementsprechend nicht wirksam werden. Die Lockenfedrigkeit ist reduziert. Übereinstimmend mit diesen Befunden konnte ein solcher Modifikator nachgewiesen werden.

Der Genort für Strupp- bzw. Normalfedrigkeit ist autosomal gekoppelt mit jenem für Haube (Cr) bzw. Haubenlosigkeit (cr^+).

c) Nackthalsigkeit

Die Nackthalsigkeit, in Europa insbesondere bekannt von den Nackthals- und Zwerg-Nackthalshühnern, beruht auf dem dominanten, autosomal vererbten Faktor Na. Bei Kreuzungen von nackthalsigen mit nicht nackthalsigen Rassen ist die F_1 stets nackthalsig. Schon beim Embryo lässt sich erkennen, dass die Anlagen für die Halsfedern fehlen. In den übrigen Körperbereichen ist die Befiederung knapp und teilweise reduziert. Unterschiede in der Ausprägung der Nackthalsigkeit ergeben sich aus dem Vorhandensein oder Fehlen der sogenannten „Krawatte", dem Federbüschel am Unterhals, das in Deutschland nicht erwünscht, in den USA, England und Frankreich jedoch erlaubt ist. Ihre Ausbildung hängt höchstwahrscheinlich von der Präsenz eines modifizierenden Allels ab.

Nackthalsige Hühner kommen besonders in Ländern mit warmen und trockenwarmen Klimabedingungen vor. So sind sie in der Türkei weit verbreitet und in Afrika sogar überaus häufig. Auch aus Mexiko und Südostasien sind nackthalsige Hühner bekannt. Aus der deutschsprachigen Literatur kennt man z.B. die Madagaskar-Nackthalskämpfer, die Vietnamesischen Kämpfer und die Spanischen Zwerg-Nackthalskrüper (Wandelt & Wolters 1996, 1998).

d) Haubenbildung

Früher nahm man an, der Faktor für Haubenbildung Cr (crested) sei identisch mit dem zur Ausbildung der Schädelaufwölbung (Protuberanz). Das dem nicht so ist, konnte anhand von Kombinationskreuzungen gezeigt werden, bei denen, wenn auch selten, in der F_2 Tiere mit Haube, jedoch ohne Schädelaufwölbungen anfielen. Auch weisen manche Rassen, wie z.B. die Creve-Coeur, bei starker Haubenbildung nur eine sehr geringe Schädelaufwölbung auf.

Es ist also plausibel, für Haube und Schädelaufwölbung zwei verschiedene Genorte anzunehmen, die aber wohl aufgrund des bei Kreuzungen seltenen Auftretens normalschädeliger, behaubter Individuen eng miteinander gekoppelt sind. Da bei den Kreuzungsexperimenten keine geschlechtsbedingte Merkmalsverteilung beobachtet wurde, können beide Allelpaare als autosomal vererbt eingestuft werden.

Bei Kreuzungen von Haubenhühnern mit nicht behaubten Rassen zeigt die Nachzucht eine deutlich verkleinerte Haube, was auf eine unvollständige Dominanz schließen lässt.

Da die Ausprägung der Haube bei den verschiedenen Rassen stark variiert, gibt es vermutlich eine ganze Reihe von Modifikatoren. Auch wirken andere Faktoren auf die Haubenbildung ein, so z.B. der Hörnerkamm verstärkend, der Rosenkamm abschwächend.

Erblich bedingt ist auch die Federstellung bei den einzelnen Haubentypen. Bei manchen Rassen fallen die Federn nach allen Seiten (Rundhauben der Paduaner oder Houdan), bei anderen bildet sich ein nach oben stehender Schopf (Helmhaube der Appenzeller Spitzhauben oder Brabanter).

Bartbildung (Thüringer Barthühner)

e) Bartbildung

Die Ausbildung des Bartes wird ganz offensichtlich monogen vererbt. Dabei besteht kein Unterschied, ob es sich um einen geschlossenen oder in Backen- und Kinnbart geteilten Bart handelt. Der entsprechende Faktor wird autosomal vererbt, ist weitgehend dominant und wird mit den Symbolen Ba oder Mb bezeichnet.

Die Bartbildung bedingt eine Verkümmerung der Kehllappen und zumeist eine kammartige Krausenbildung im Nacken.

f) Bommeln

Bei den Bommeln der Araucana handelt es sich um feste Federquasten, die aus fleischigen Verdickungen, die zwischen Ohröffnung und Ohrlappen liegen, herauswachsen.

Sie werden allem Anschein nach polygen vererbt, wobei eine additive Genwirkung (Summierung) vorliegt (von Lüttwitz 2003). Dafür spricht die Tatsache, dass die Bommeln in mehreren Ausprägungsformen von klein bis kräftig vorkommen können. Eine Bildung von Bommeln findet statt, wenn eine bestimmt Anzahl von bommelbildenden Allelen an den betreffenden Genorten vorliegt (Schwellenwert). Dementsprechend können auch Nichtmerkmalsträger (deren Allelzahl unterhalb des Schwellenwertes liegt) untereinander verpaart Merkmalsträger hervorbringen, sofern Tiere der Nachkommengeneration nach dem Zufallsprinzip genügend Allele zur Überschreitung des Schwellenwertes erhalten.

Je höher die Anzahl der bommelbildenden Allele, desto stärker die Ausprägung. Wird eine bestimmte Anzahl überschritten, tritt Letalität ein, der Embryo stirbt ab.

Verpaart man Merkmalsträger mit Merkmalsträgern, so muss es, je nach Allelzusammensetzung, nicht zwangsläufig zur Letalität kommen. Die Ausfallrate liegt unter 25 %, also jenem Wert, der bei Codierung durch nur einen Genort zu erwarten wäre. Dennoch empfiehlt sich immer die Verpaarung Merkmalsträger x Nichtmerkmalsträger, um so den Letalfaktor völlig ausschalten zu können. Unklar ist, wie viele Genorte an der Vererbung beteiligt sind.

g) Lauf-/Fußbefiederung

Das Merkmal der Fußbefiederung kann durch zwei verschiedene Faktoren hervorgerufen werden, von denen einer rezessiv, der andere dominant ist.

Die rezessive Laufbefierung konnte bei Kreuzungen von Pawlowskaja (russische Haubenhühner) mit glattfüßigen Rassen (Indische Kämpfer, Minorka und Orloff) nachgewiesen werden. Hier traten in der F_1 ausschließlich glattfüßige oder nahezu glattfüßige Individuen auf, während in der F_2 wieder zu ca. 25 % Tiere mit Beinbefiederung anfielen. Es ist davon auszugehen, dass alle Haubenhühner mit Laufbefiederung (Sultanhühner, Breda) als Nachfahren der Pawlowskaja ursprünglich diesen Typ der Fußbefiederung aufwiesen.

Die dominante Form der Laufbefiederung wurde zuerst bei den Croad-Langschan festgestellt. Aus ihrer Kreuzung mit Leghorn und Hamburgern hatte die

F_1 durchweg befiederte Beine, wenngleich die Befiederung weniger stark ausgeprägt war als bei den Langschan selbst. In der F_2 traten Befiederte und Glattbeinige im Verhältnis von 3:1 auf, bei der Rückpaarung an Glattbeinige ergab sich ein etwa gleich großer Anteil beider Varianten.

Die Beinbefiederung der Kreuzungstiere variierte stark. Zum Teil war sie geringer als die ihrer Nachkommen aus der Verpaarung mit glattfüßigen Tieren. Ganz offensichtlich wirken hier zusätzlich noch diverse Modifikatoren, die auch bei glattfüßigen Rassen vorhanden sind.

Bei Rassen mit besonders starker Fußbefiederung wie z. B. Cochin oder Brahma wird ein weiterer, die Laufbefiederung verstärkender Faktor angenommen, der wohl auch bei den Seidenhühnern vorhanden ist.

Die Geierferse der Sultanhühner oder Breda basiert auf einem Allel, das rezessiv vererbt wird.

h) Langschwänzigkeit

Die Langschwänzigkeit tritt bei verschiedenen Rassen ostasiatischer Herkunft in unterschiedlichen Ausprägungsformen auf. Bei den Hähnen der japanischen Onagadori wächst ein Teil der Schwanz- und Sattelfedern ununterbrochen jährlich bis zu 90 bzw. 30 cm, wobei eine Mauser unterbleibt. Auf diese Weise entstehen Schwanzlängen von über 10 Metern.

Die deutschen Phönix, aus der Kreuzung von Onagadori und Altenglischen Kämpfern hervorgegangen, zeigen diese Erscheinung in abgeschwächter Form. Auch bei ihnen wachsen die Schwanzfedern kontinuierlich, doch wird der Schwanz regelmäßig (individuell im Abstand von ein bis drei Jahren) gemausert. Kontinuierliches Wachstum der Schwanzfedern bei jährlicher Mauser liegt ebenso bei den Yokohama, Totenko und Shokoku vor.

Verschiedene Kreuzungen von langschwänzigen mit normalschwänzigen Rassen zeigten eine unvollständige Dominanz der Langschwänzigkeit.

Unter Berücksichtigung von Schwanzwachstum und Mauserverhalten können danach drei Kategorien gebildet werden:

1.) Langschwanzrassen: Ein Teil der Schwanz- und Sattelfedern der Hähne wird nicht gemausert und wächst jährlich weiter (Onagadori).
2.) Rassen mit verlängertem Schwanz: Die Schwanzfedern der Hähne wachsen zwar kontinuierlich, werden jedoch in bestimmten Abständen gemausert (Phönix, Yokohama, Totenko, Shokoku).
3.) Normalschwänzige Rassen: Die Schwanzfedern der Hähne wachsen jährlich bis zu einer bestimmten Länge und werden im Herbst gemausert (die meisten Hühnerrassen).

Sasaki & Yamaguchi (1970) haben zur Beschreibung von Schwanzwachstum und Mauserverhalten folgendes Allelmodell vorgeschlagen:

Gt Ein Teil der Schwanz- und Sattelfedern wächst unbegrenzt.
gt^+ Das Wachstum der Schwanzfedern hört nach einer bestimmten Periode auf.
mt Bestimmte Schwanz- und Sattelfedern werden nicht gemausert.
mt^+ Normale Mauser. Alle Federn werden regelmäßig gemausert.

Onagadori haben danach den Genotyp GtGtmtmt, Yokohama $GtGtmt^+mt^+$ und normalschwänzige Rassen $gt^+gt^+mt^+mt^+$.

i) Befiederungsgeschwindigkeit

Allgemein bekannt ist die als „Asiatische Gefiederbremse“ bezeichnete langsame Befiederung von Küken vornehmlich der Rassen asiatischer Herkunft wie z.B. Rhodeländer, Plymouth Rocks oder Wyandotten. Im Gegensatz dazu befiedern die Küken europäischer Rassen (Leghorn, Minorka, Rheinländer u.a.) vergleichsweise schnell. Die Gefiederbremse wird oft auch bei Rassen beobachtet, die asiatische Rassen zu ihren Vorfahren zählen.

Verantwortlich ist der dominante geschlechtsgebundene Faktor K, dem als Allel die schnelle Befiederung k gegenübersteht. Dementsprechend folgt die Vererbung dem gleichen Mechanismus, wie er zuvor für die Sperberung oder den Silberfaktor beschrieben wurde. Die Kreuzung von langsam befiedernden Hähnen (KK) mit schnell befiedernden Hennen (k-) ergibt in beiden Geschlechtern langsam befiedernde Nachkommen (Hahn Kk, Henne K-). Werden hingegen schnell befiedernde Hähne (kk) mit langsam befiedernden Hennen (K-) verpaart, entstehen langsam befiedernde Hähne (Kk) und schnell befiedernde Hennen (k-). So kann man aus der Kreuzung von weißen Leghorn-Hähnen und Rhodeländer-Hennen anhand der unterschiedlichen Befiederungsgeschwindigkeit schon sehr früh die Geschlechter der Nachkommen unterscheiden.

In der Folge ist es bei entsprechendem Zuchttiermanagement vergleichsweise leicht, die schnelle Befiederung auf langsam befiedernde Rassen zu übertragen. Auf diese Weise entstanden New-Hampshire- und Plymouth-Rocks-Stämme mit schneller Befiederung, Letztere als Grundlage der Amrocks.

Weiterhin übt das Allelpaar K-k auch eine Wirkung auf das Körpergewicht aus. So konnte nachgewiesen werden, dass Schlupfgewicht und Wachstumsrate bei schnell befiedernden Linien der New Hampshire höher lagen als bei langsamer Befiederung.

Zwischen den Stämmen langsam befiedernder Rassen bestehen jedoch zum Teil recht große Unterschiede in der Ausprägung des Merkmals, die durch verschiedene Modifikatorgene hervorgerufen werden. Dementsprechend kann durch

Selektion die Befiederungsgeschwindigkeit verbessert werden. So wiesen einige Rhodeländer-Stämme im Alter von sieben bis acht Wochen bereits eine gute Rückenbedeckung auf. Nackte Küken, die bei einigen Rassen zuweilen auftreten, beruhen nicht auf der asiatischen Gefiederbremse, sondern auf einem davon unabhängigen Letalfaktor.

Neben der dominanten, geschlechtsgebundenen Gefiederbremse konnte noch eine weitere, autosomal-rezessiv vererbte Form verlangsamter Gefiederbildung beobachtet werden, die bei einigen europäischen Landhuhnrassen wie z. B. Bergischen und Bosnischen Krähern vorkommt. Bei ihr bilden die Jungtiere zunächst nur die Schwingen aus, während die übrigen Körperteile verzögert und mit einigen Wochen Verspätung befiedern. Solche Tiere können in beiden Geschlechtern auch aus der Verpaarung von Nicht-Merkmalsträgern fallen, was die Rezessivität des betreffenden Faktors nahelegt. Angepaart an normal befiedernde Tiere fallen entweder keine oder zu etwa 50 % Merkmalsträger, je nachdem, ob die normalbefiedernden Tiere das Allel besitzen. Merkmalsträger untereinander verpaart ergeben ausschließlich langsam befiedernde Individuen.

j) Hennenfedrige Hähne

Hennenfedrige Hähne sind beim Haushuhn schon seit Langem bekannt. Besonders häufig treten sie seit jeher bei der Verwandtschaftsgruppe der Sprenkelhühner auf, was in der Standardisierung der Campiner (hennenfedrige Brakel) in England und den USA und der Zulassung hennenfedriger Hähne bei den Hamburger Sprenkeln in Deutschland Niederschlag gefunden hat. Die bekannteste hennenfedrige Rasse, die ausschließlich in dieser Variante auftritt, sind sicherlich die Sebright.

Es gibt einige Anzeichen dafür, dass bei der Ausbildung dieses Merkmals sowohl genetische als auch hormonelle Komponenten beteiligt sind. Für die genetische Komponente spricht, dass die operative Einpflanzung von Hoden anderer Rassen in Sebright-Hähne nicht zur Ausprägung eines Hahnenkleides führte, also keine hormonellen Besonderheiten der Sebright-Hoden vorliegen. Dass jedoch auch Hormone beteiligt sein müssen, zeigt die Tatsache, dass kastrierte hennenfedrige Hähne nach der nächsten Mauser ihre Hennenfedrigkeit verlieren und der Kapaun ein typisches Hahnenkleid bekommt. Ein Rückgängigmachen dieser Hennenfedrigkeit durch Injektion von männlichen Geschlechtshormonen (Androsteron) ist nicht möglich. Es kann also angenommen werden, dass in den Hoden noch ein weiteres, wohl weibliches Hormon gebildet wird, das u. a. an der Ausbildung der Hennenfedrigkeit beteiligt ist.

Daraus resultierte die Auffassung, dass die Hennenfedrigkeit der Hähne auf dem Vorhandensein eines dominanten Faktors (H oder Hf) beruht, der jedoch nur wirken kann, wenn er durch dieses spezifische Hodenhormon aktiviert wird.

Die Vererbung von Farbmerkmalen

Die Entstehung von Farbe und Zeichnung

Grundsätzlich können Federfärbungen auf zweierlei Weise entstehen. Erstens durch Farbstoff oder Pigmente, welche in Form kleiner Teilchen in den Zellen oder im Fett eingelagert sind (Pigmentfarben) und zweitens durch besondere Strukturausprägungen der kleinsten Federelemente (Strukturfarben).

Bei den Pigmentfarben werden zwei Hauptgruppen unterschieden: Die Melanine und die Lipochrome. Die **Melanine** sind für die Bildung der Gefiederfarbe beim Haushuhn von großer Bedeutung, während die fettlöslichen **Lipochrome** lediglich bei der Ausprägung des Daunengefieders gelber Küken, der Haut-, Lauf- und Schnabelfarbe gelbläufiger Rassen sowie im Eidotter eine Rolle spielen. Während die gelben und roten Lipochrome als Charakterfarben vieler Wildvögel wie Kanarien, Pirol, Hänflingen und Zeisigen in Form von Karotin mit pflanzlicher Nahrung aufgenommen werden können, handelt es sich bei den Melaninen um Eiweißabbauprodukte, die von speziellen Zellen, den Melanozyten oder Pigmentzellen, gebildet werden.

Innerhalb der Melanine kennt man zwei Untergruppen, die **Eumelanine** und die **Phäomelanine**. Die Phäomelanine sind rundliche bis ovale rotbraune oder gelbliche Körner, während es sich bei den Eumelaninen um stäbchenförmige schwarzbraune bis schwarze Körper handelt.

Phäomelanin ruft bei dichter Einlagerung Rotbraun, bei lockerer Verteilung Rostbraun bis Bräunlich-Gelb hervor. Eumelanin verursacht je nach Dichte der Einlagerung Schwarz, Schwarzbraun, Blau oder schmutziges Weiß. Selbstverständlich können beide Melaninformen gleichzeitig nebeneinander vorkommen und dann die verschiedenartigsten Zusammensetzungen zwischen Schwarz, Braun und Rotbraun wie Pfefferung, Rieselung, Rost oder Ruß hervorrufen.

Das klare Gelborange der Lipochrome hat eine andere chemische Zusammensetzung als das stets etwas bräunliche Gelb der Phäomelanine.

Die Bildung der Pigmentzellen oder Melanozyten geht vom äußeren Keimblatt des Embryos, dem Ektoderm, aus. In den Federkeimen beginnen die Melanozyten mit der Bildung von Pigmentkörnern, die dann in die Federstrahlen (Radii) und dann weiter in die Federäste (Rami) gelangen und dort abgelagert werden.

Als eine **Strukturfarbe** zu betrachten ist Weiß. Hier fehlt (nahezu) jegliches Pigment und die weiße Färbung entsteht durch Brechung der auffallenden Lichtstrahlen in den Federzellen. Bei Blau wird in die ansonsten pigmentlosen Federzellen dünn verteiltes Eumelanin eingelagert, sodass sich die Lichtbrechung verändert und die blaue Farbe entsteht.

Auch der Lack vieler Hühnerrassen wie Rheinländer, Minorka, Kastilianer, Sumatra oder Rhodeländer wird als Strukturfarbe aufgefasst, was schon der ständige Wechsel der Farbe bei Betrachtung aus unterschiedlichen Blickwinkeln nahelegt. Danach entsteht dieser Schillereffekt durch die Veränderung der Federstrahlen, der Radien. Diese sind im Normalfall mit Haken ausgestattet, die mit dem Nachbarstrahl verbunden sind und die Festigkeit der Feder hervorrufen. Bei schillernden Federn sind diese Haken reduziert und die Strahlen um 90° gedreht, sodass die flache Seite nach außen gewandt ist. Die Strahlen sind stets stark mit Melanin pigmentiert und ringsum mit dünnen Hornplättchen umgeben. Durch Lichtreflektion an diesen Plättchen erscheint dann optisch die Lackfärbung, die durch die starke Pigmentierung noch verstärkt wird.

Die Vielfalt der Färbungen unserer Hühner wird also nur durch ganz wenige Farbstoffe, fast ausschließlich Melanine, hervorgerufen. Art, Stärke, Anordnung und Mischung dieser Pigmente führen, in Kombination mit besonderen Lichtbrechungsverhältnissen der Federbestandteile, zu den spezifischen Färbungsmustern des Gefieders.

Die Vererbung der Gefiederfarbe

Kaum ein Thema beschäftigt Rassegeflügelzüchter so sehr wie die Vererbung von Farbe und Zeichnung ihrer Tiere. Besonders wenn es um die Züchtung neuer Farbenschläge oder aus verschiedenen Gründen vorzunehmende Einkreuzungen geht, sind Kenntnisse über die bei der Farbvererbung wirksamen Faktoren hilfreich und können manchen unnötigen „Umweg“ in der Zucht ersparen.

Die Vererbung der Gefiederfarben und Zeichnungsmuster unterliegt zum Teil sehr komplexen und polygen gesteuerten Erbgängen, sodass Voraussagen über Farbe und Zeichnung der Nachkommen einer Verpaarung nicht immer sicher zutreffen. Dies gilt im Besonderen, wenn man nicht mit reinerbigen Stämmen agiert, was in der Rassegeflügelzucht als Folge zahlreicher Einkreuzungen nicht selten der Fall ist.

Die Beschreibung der zugrundeliegenden Erbfaktoren orientiert sich an Crawford ed. (1990). Beispiele für die verschiedenen Farb- und Zeichnungsbilder finden sich im Kapitel „Die Hühnerrassen“.

Gold- und Silberfaktor

Alle in den folgenden Kapiteln beschriebenen Zeichnungsmuster treten in Kombination mit dem Gold- oder Silberfaktor auf. Auch einfarbig schwarze, weiße oder gesperberte Tiere tragen einen dieser beiden (oder, sofern spalterbig, gegebenenfalls auch beide) Faktoren, wenngleich sie hier nicht direkt sichtbar sind und durch die Einwirkung anderer Erbanlagen überlagert werden.

Gold- und Silberfaktor sind Allele eines gonosomalen, also geschlechtsgebundenen Genortes. Beim Silberfaktor (S), der in genetischem Sinne ein Gold-Verdünner (siehe unten) ist, wird das Gold der Wildfarbe durch Silberweiß ersetzt. Er ist dominant über den Goldfaktor (s^+). Bei der Verpaarung von silbernen Hähnen mit goldenen Hennen erhält man daher ausschließlich silberne Nachzucht, wobei die spalterbigen Hähne mit Gold- und Silberfaktor im Allgemeinen einen goldenen Anflug im Halsbehang zeigen. Die Hennen besitzen an diesem Genort ausschließlich den vom Vater erhaltenen Silberfaktor und sind dementsprechend rein silber.

Bei der reziproken Verpaarung goldener Hähne mit silbernen Hennen sind die F1-Hähne ebenfalls spalterbig Silber mit goldenem Anflug, die Hennen hingegen aufgrund des väterlichen X-Chromosoms Gold. Dieser Mechanismus hat praktische Auswirkungen für die Zucht, wenn z. B. Kreuzungen zwischen der Gold- und Silbervariante einer Rasse zwecks Verbesserung der Rasseattribute oder Inzuchtminimierung vorgenommen werden sollen. Soll die Silbervariante mithilfe von Gold verbessert werden, empfiehlt sich die Hinzunahme goldener Hennen, deren reinerbig silberne Töchter dann wieder an die Ursprungsfarbe zurückgepaart werden können, ohne dass bei den F2-Hähnen goldener Anflug auftritt. Zur Verbesserung der Goldvariante sollten silberne Hennen verwendet werden mit anschließender Rückpaarung der goldenen Töchter an die Ursprungsfarbe.

Primäre Farb- und Zeichnungsmuster

Als primäre Zeichnungsmuster werden die Allele des autosomalen e-Genortes bezeichnet, deren ursprünglichste Variante uns in Form der Wildfarbe e^+ begegnet.

Die wichtigsten Allele dieser Reihe sind absteigend geordnet nach ihrer Dominanz:

E	Schwarz
E^R	Birkenfarbig
e^{wh}	dominant Weizenfarbig
e^+	Wildfarbig
e^b	Braun
e^y	rezessiv Weizenfarbig

Wildfarbig e^+

Die Wildfarbe stellt das Farbbild der Stammform der Haushühner, des Roten Kamm- oder Bankivahuhns, dar. Sie entsteht durch die unterschiedliche Verteilung von schwarzem, braunem, rotbraunem und goldgelbem Farbpigment und ist in verschiedenen Ausprägungsformen beim Haushuhn weit verbreitet. Die Hähne sind schwarzbrüstig (blackbrested-red), die Hennen zeigen eine lachsfarbige Brust. Typisch für die Küken sind die zwei weißen Längsstreifen auf der Oberseite und der dunkle Augenstreif. Die Farbschläge Rebhuhnhalsig, Goldhalsig, Goldfarbig, Wildfarbig, Gold-Wildfarbig (rotbraun), Wildbraun, Rost-Rebhuhnfarbig sowie deren Silber- und Orangevarianten basieren oftmals auf e^+, können aber auch e^b als Grundlage haben (siehe unten).

Schwarz E

Der Ausbreitungsfaktor E für schwarzes Pigment in Ober- und Unterhaut sowie Gefieder führt zu einer durchgehenden schwarzen Gefiederfarbe. Spalterbige Hähne können einzelne goldene oder silberne Federn in Hals- und Sattelbehang haben. Die Daunenfarbe der Küken ist überwiegend Schwarz mit grauem oder weißem Bauch und hellen Flügelaußenseiten.

Birkenfarbig E^R

Auf diesem Zeichnungsbild basierende Farbenschläge sind Braunbrüstig, Orangebrüstig, Schwarz-Gold, Schwarz-Rot, Birkenfarbig und Schwarz-Silber. Im Gegensatz zur Wildfarbe ist das Flügeldreieck bei beiden Geschlechtern schwarz, die Henne zeigt eine schwarze Brust mit leichter Säumung und schwarzes Mantelgefieder. Die Daunenfarbe der Küken entspricht jenen schwarzer Tiere.

Weizenfarbig e^{Wh} und e^y

Bei der Weizenfarbe entsprechen die Hähne weitgehend dem Farbbild der Wildfarbe, das Gefieder der Hennen ist nahezu frei von der Einlagerung schwarzer Pigmentkörner und daher aufgehellt. Die Daunen der Küken sind cremefarbig. Während e^{Wh} über die Wildfarbe dominant ist, verhält sich e^y ihr gegenüber rezessiv. Da beide Geschlechter (im Gegensatz zu e^+ oder e^b) keine Schaftstrichzeichnung im Hals zeigen, bildet e^{Wh} zusammen mit dem Columbiafaktor (Co) die Grundlage der ungezeichneten Farbenschläge mit schwarzem Schwanz.

Braun e^b

Dieses Zeichnungsbild ähnelt bei erwachsenen Tieren stark der Wildfarbe: Während sich die Hähne überhaupt nicht von Wildfarbigen unterscheiden, weisen die Hennen im Gegensatz zur Lachsbrust eine braune bzw. silbergraue Brust auf. Die Daunenfarbe der Küken ist Bräunlich. Träger dieses Farbbildes sind besonders Rassen asiatischer Herkunft wie goldhalsige und silberhalsige Wyandotten, die entsprechenden Farbenschläge der Zwerg-Cochin oder goldhalsige Zwerg-Plymouth Rocks. Daher wird der Faktor gelegentlich auch als „asiatische Wildfarbe“ bezeichnet.

Sekundäre Farb- und Zeichnungsmuster

a) Eumelanin-Verstärker

Eumelanin-Verstärker bewirken eine Ausweitung von Schwarzpigment in die Phäomelanin-Bereiche. Beispiele hierfür sind die verdunkelte Wildfarbe der Deutschen Zwerghühner, Dorking oder Koeyoshi mit dem grauschwarz gesäumten Hennengefieder, die dunklere Hals- und Sattelzeichnung der Lakenfelder und Vorwerkhühner im Vergleich zu anderen columbiafarbenen Rassen oder die ebenfalls auf der Columbia-Zeichnung beruhende Wachtelfarbe mit dem gezeichneten Mantelgefieder der Hennen.

Melanotic (Ml)

Der unvollständig dominante, autosomale Faktor Ml bewirkt im heterozygoten Zustand (Ml ml^+) auf Basis der Wildfarbe (e^+ oder e^b) eine deutlich erkennbare Verdunkelung, die besonders das Hals- und Kopfgefieder betrifft, zeigt jedoch nur eine geringe Wirkung auf die Färbung weizenfarbiger Hennen (e^{Wh}). Im homozygoten Zustand führt er zu einer umfassenden starken Verdunkelung, die jedoch die Lachsbrust wildfarbiger oder weizenfarbiger Hennen unbeeinflusst lässt. Die Daunenfärbung der Küken wird nicht verändert. Bedeutung hat der Faktor für die Ausbildung der Zeichnungsmuster Wachtelfarbig, Gesäumt, Doppeltgesäumt und Getupft.

Charcole (Cha)

Neben Ml gibt es noch weitere, zum Teil noch nicht beschriebene Eumelanin-Verstärker. Identifiziert werden konnte der Faktor Charcole (Holzkohle), der genau wie Ml mit dem Allel für Erbsenkamm (P) gekoppelt ist. Vermutlich ist er für das verdunkelte Halsgefieder der Lakenfelder und Vorwerkhühner verantwortlich.

Die in der Literatur beschriebenen rezessiv schwarzen Linien gehen sehr wahrscheinlich auf das Zusammenwirken mehrerer Eumelanin-Verstärker zurück.

b) Eumelanin-Restriktoren

Eumelanin-Restriktoren bewirken die Ausbreitung von Phäomelanin und schränken die schwarzen Areale der Wildfarbe (Eumelanin) auf bestimmte Bereiche ein (Columbia-Restriktoren). Zudem können sie die Intensität des Goldtons in verschiedener Weise verstärken oder verringern.

Columbia-Faktor (Co)

Der autosomale Columbia-Faktor führt bei beiden Geschlechtern zu einer Begrenzung der schwarzen Farbareale auf das Hals- und Schwanzgefieder. Er kann auf Basis der Wildfarbe, Weizenfarbe oder Birkenfarbe (e^+, e^b, e^{Wh}, e^y und E^R) in Erscheinung treten, ist jedoch rezessiv gegenüber Schwarz (E). Je nach Vorhandensein von Gold- oder Silberfaktor entstehen entweder die Farbenschläge Gelb-Schwarzcolumbia oder Weiß-Schwarzcolumbia. Die Daunen der Küken sind gelb bis cremefarbig.

Co ist zudem an der Ausbildung zahlreicher weiterer in der Rassegeflügelzucht standardisierter Farbenschläge beteiligt. Neben der Wachtelfarbe und der Zeichnung der Lakenfelder und Vorwerkhühner sind dies u. a. alle gelben und roten Farbenschläge, die Varianten mit schwarzer Schwanzfärbung, die Einfachsäumung und die Porzellanfarbe.

Dark Brown (Db)

Der ebenfalls autosomale Faktor Db (Dark Brown = Dunkelbraun) beschränkt beim Hahn den Schwarzanteil weitestgehend auf den Schwanz, während die übrigen Areale Gold oder Silber sind. Bei der Henne ist die Restriktion weniger stark ausgeprägt, hier findet sich noch Zeichnung in Hals- und Mantelgefieder. Ihr Erscheinungsbild gleicht dem spalterbiger Columbia-Hennen (Co co^+). Auch hat Db keinen Einfluss auf die Lachsbrust von Hennen mit e^+ oder e^{Wh}. Der Faktor erhielt seinen Namen durch die Modifikation des überwiegend schwarzen Farbbildes der E^R-Hennen hin zu Braun. Am besten repräsentiert wird er von den spanischen Villafranquina im Farbenschlag Black-tailed Red, wo er nicht durch andere Faktoren überlagert ist (Genotyp e^b e^b Db Db). Genau wie der Columbia-Faktor kann Db auf Basis der Wildfarbe, Weizenfarbe und Birkenfarbe (e^+, e^b, e^{Wh}, e^y und E^R) phänotypisch sichtbar werden und ist rezessiv gegenüber Schwarz. In Kombination mit e^+ oder e^b führt Db zu einer Aufhellung der goldbraunen Farbtöne. Wie bei Co sind die Daunen der Küken gelb bis cremefarbig.

Auch dieser Faktor hat Einfluss auf die Ausbildung zahlreicher standardisierter Farbenschläge, so z. B. der Sprenkelung, Tupfung und Dobbelung.

Mahogany (Mh)

Der unvollständig dominante autosomale Faktor Mh wirkt als partieller Eumelanin-Restriktor und Phäomelanin-Verstärker, der speziell im Rücken- und Brustgefieder sowie in den Schwingen schwarze durch rotbraune Färbungen ersetzt. Die Daunenfarbe der Küken wird nicht verändert. Er ist z. B. bei Rhodeländern, goldbraunen New-Hampshire, gelben Orpington und vielen anderen roten, rotbunten und gelben Farbenschlägen vorhanden.

c) Farbverdünner

Farbverdünner verringern die Intensität von Eumelanin und/oder Phäomelanin in der Feder. Je nachdem, ob es sich um Eumelanin- bzw. Phäomelanin-Verdünner handelt oder beide Pigmentarten betroffen sind, erstreckt sich die Aufhellung entweder auf Teilbereiche des Zeichnungsbildes oder das gesamte Gefieder.

Blau (Bl)

Die blaue Gefiederfarbe resultiert aus einer Verdünnung des Schwarzpigments (Eumelanin) und wird optisch durch eine ungleichmäßige Pigmentverteilung in der Feder, in der neben Bereichen mit mehr oder weniger starker Pigmenteinlagerung farblose Anteile angeordnet sind, sichtbar. Diese mosaikartige Verteilung führt zu Lichtbrechungseffekten, die das äußere Erscheinungsbild graublau oder blau wirken lassen.

Sie basiert auf dem autosomalen, unvollständig dominanten Faktor Bl, der im heterozygoten Zustand (Bl bl^{+}) die typische Blaufärbung hervorruft und reinerbig (Bl Bl) das Farbbild Splash, eine auch als Andalusierweiß bezeichnete, schmutzig weiße, zum Teil mit blaugrauen Einsprenkelungen versehene Farbgebung, ausprägt. Bl kann daher auch als Verteilungsfaktor für schwarzes Pigment aufgefasst werden.

Verpaart man blaue Tiere untereinander, spaltet die Nachzucht statistisch in 50% blaue, 25% schwarze und 25% splashfarbige Tiere auf (Intermediärer Erbgang, Abb. Seite 101f.). Bei Rückpaarung an Schwarz erhält man je zur Hälfte blaue und schwarze Tiere. Häufig ist zu hören, dass bei wiederholter Rückpaarung an Schwarz das Blau immer dunkler wird. Das gilt jedoch nur, wenn es sich dabei um aus schwarzer Zucht stammende Tiere handelt, die andere Modifikatoren mitbringen.

Nutzt man die schwarzen Fehlfarben aus der Blauzucht, wird das Blau stabil bleiben, da in diesem Fall nur die zur Ausprägung der blauen Farbe dienenden Modifikatoren wirksam werden können. Die größte Anzahl blauer Nachkommen erhält man aus der Verpaarung der sogenannten Fehlfarben, also der schwarzen und der splashfarbenen Tiere. In diesem Fall ist die gesamte Nachzucht blau. Es empfiehlt sich daher für den Züchter, immer auch einen aus den Fehlfarben zusammengesetzten Stamm in die Zucht zu nehmen, und zwar nicht zuletzt auch, weil die Ausprägung der Blaufärbung in erster Linie der Wirkung des Faktors Bl unterliegt. Ein gleichmäßiges Farbbild splashfarbiger Tiere, die diesen Faktor zweifach tragen, ist damit die beste Voraussetzung, eine ausgeglichen blaue Nachzucht zu erzielen.

Das blaue Farbbild ist hauptsächlich bekannt von den Andalusiern, kommt aber auch bei zahlreichen weiteren Rassen vor. Es kann sowohl mit als auch ohne Saum auftretren. Die Säumung tritt auf, wenn zusätzlich die Faktoren Pg und Ml vorhanden sind.

Bei den blau-birkenfarbigen, blau-wildfarbigen und blau-weizenfarbigen Varianten ist E durch E^R, e^+, e^b oder e^{Wh} ersetzt, bei den blau-columbiafarbigen kommt noch Co hinzu. Blau erscheinen dann alle Federbereiche, die bei der Wildfarbe bzw. der Columbiazeichnung schwarz sind. Solche Farbenschläge lassen sich am besten durch Kreuzung mit splashfarbigen Tieren erzielen. In diesem Fall ist die gesamte F_1 einfarbig blau, da die Splash-Tiere den dominanten Faktor E mitbringen. Bei Rückpaarung der F_1 an die Ausgangsvariante spaltet die Nachzucht zu je 25 % in einfarbig blaue, schwarze, blau gezeichnete und schwarz gezeichnete Tiere auf.

Reinerbig vorliegend wurde Bl auch bei gelb-weißgesäumten und gelb-weißgetupften Rassen vorgefunden, wo der Faktor eine ähnliche Wirkung hat wie das dominante Weiß (I).

Lavender (lav)

Außer dem Andalusierblau gibt es noch ein reinerbiges Blau, das als Perlgrau bezeichnet wird. Dieses Blau basiert auf dem autosomalen rezessiven Pigmentverteilungsfaktor lav, von dem sowohl das schwarze Eumelanin als auch das goldgelbe Phäomelanin betroffen sind. Es kommt z. B. bei den Creve-Coeur, den Belgischen Bartzwergrassen, Deutschen Zwerghühnern, Holländischen Zwerghühnern, Zwerg-Cochin, Chabo und Federfüßigen Zwerghühnern vor. Es unterscheidet sich vom Andalusierblau durch seine hellen, silbrig-blaugrauen Farbtöne. Unter dem Einfluss von lav entsteht aus Schwarz Perlgrau, aus Gold-Porzellanfarbig Isabell-Porzellanfarbig und aus Rebhuhnhalsig Perlgrau-Orange.

Dominant Weiß (I)

Das dominante Weiß basiert auf dem autosomalen Verhinderungs- oder Unterdrückungsfaktor I (Inhibitor), der die Ausbreitung von schwarzem Pigment (Eumelanin) in den Federn blockiert. Bekannt ist dieser Faktor hauptsächlich von den weißen Leghorn (Leghorn-Weiß).

Bei der Kreuzung von weißen Leghorn mit schwarzen Rassen erhält man in der F_1 ausschließlich weiße Nachkommen, die zum Teil einzelne schwarze Federn zeigen. Diese unvollständige Dominanz zeigt sich auch bei der Kreuzung von Leghorn mit gesperberten Rassen. Hier lassen sich bei der F_1 auf den Schwingen mehr oder weniger stark angedeutete graue Streifungsmuster erkennen. Bei der Kreuzung mit schwarz-gesäumten Rassen ist oft ein schmaler, grauer Federsaum angedeutet.

I ist nicht dominant über gelbe und rote Farbstoffe. So resultieren die Farbenschläge Rotgesattelt, Gelb-Weißgesäumt, Gelb-Weißgetupft, Gelb-Weißgeflockt und Gelb mit weißem Schwanz aus der Unterdrückung des Schwarzanteils durch dominantes Weiß und dem Verbleiben der goldenen und roten Pigmente an jenen Federbereichen, an denen genetisch kein Schwarz vorliegt.

Eine reinweiße Färbung auf Basis von I ist nur möglich, wenn noch weitere Faktoren hinzukommen. Zumeist ist dies der Silberfaktor (S), der die verbliebenen Goldpigmente unterdrückt, doch ist auch die Kombination aus dem Goldfaktor (s^+) und dem Ausbreitungsfaktor für schwarzes Pigment (E) denkbar.

Außer bei den weißen Leghorn konnte der Faktor I auch bei den französischen Bresse, den Ramelslohern sowie bestimmten Stämmen weißer Plymouth Rocks, weißer Minorka und weißer Wyandotten nachgewiesen werden.

Dun (I^D)

Dieser unvollständig dominante Faktor ist ein Allel zu I und ähnelt ein wenig der blauen Farbgebung. Homozygote Tiere (I^D I^D) sind fast weiß, Heterozygote (I^D i^+) haben eine falbe Farbe. Ein Beispiel für den heterozygoten Typus sind die dunfarbigen Holländer Zwerg-Haubenhühner, während deren khakifarbene Variante ebenso wie die bobtailfarbigen Zwerg-Cochin die homozygote Allelkombination verkörpern.

Chocolate (choc)

Der geschlechtsgebundene rezessive Faktor choc hellt die schwarzen Bereiche auf, wodurch eine schokoladenbraune Färbung entsteht. Träger dieses Faktors sind z. B die schokoladenbrauen Zwerg-Orpington.

Rezessiv Weiß (c)

Das rezessive Weiß beruht bei den meisten Rassen auf dem Faktor c, der ein Allel zum Farbbildungsfaktor C^+ (Colored) darstellt und im Zustand der Reinerbigkeit (c c) eine Farbbildung nicht ermöglicht, wobei sowohl Eu- als auch Phäomelanine betroffen sind.

Das rezessive Weiß ist beim Haushuhn häufiger anzutreffen als das dominante. Bedingt durch seinen rezessiven Charakter kann es in zahlreichen Farbenschlägen verdeckt vorliegen und plötzlich, bei zufälliger Verpaarung der Allelträger, in Erscheinung treten.

Einige rezessiv weiße Zuchtlinien tragen als Folge der Einkreuzung blauer Tiere zusätzlich den Faktor Bl. Dies führt zur Reduktion des bei Hähnen nicht selten vorkommenden gelben Anflugs in den Behängen.

Weitere Allele des C-Genortes sind c^a (Albinismus) und c^{re} (Red eyed). Bei Letzterem haben die ansonsten weißen Tiere stärker verdunkelte rote Augen als sie typischerweise bei Albinos vorzufinden sind.

Das Allel c ist nicht der einzige Faktor, der rezessives Weiß hervorruft. So erhielt man aus der Kreuzung von weißen Seidenhühnern mit weißen Dorking nicht etwa weiße, sondern ausschließlich wildfarbige Nachkommen. In der F_2 traten dann neben den wildfarbigen wieder weiße Individuen auf, und zwar im

Verhältnis 9 (wildfarbig) zu 7 (weiß). Dieses Phänomen lässt sich damit erklären, dass beide Rassen unterschiedliche Faktoren für rezessives Weiß besitzen.

Kreuzt man Rassen mit diesen unterschiedlichen Faktoren, so liegen in der F1 beide Allele im heterozygoten Zustand vor und können dementsprechend ihre Wirkung nicht entfalten. Die Nachzucht zeigt dann jene Färbungen, die bei den Eltern genetisch zwar vorhanden sind, durch die reinerbig vorliegenden Faktoren für rezessiv Weiß jedoch nicht sichtbar werden.

Verpaart man die wildfarbigen Tiere der F1 untereinander, so werden die Faktoren neu kombiniert und es entstehen wieder weiße. Weiß sind dann alle Tiere, die einen der beiden Faktoren reinerbig tragen (jeweils drei Kombinationen) oder in Bezug auf beide Genorte reinerbig rezessiv weiß sind (eine Kombination). Damit entspricht das Spaltungsverhältnis dem des dihybriden Erbganges mit der Verteilung von 9:3:3:1 (siehe Abb. Seite 103).

Dilute (Di)

Dilute ist ein unvollständig dominanter autosomaler Phäomelanin-Verdünner, der die Goldtöne der Wildfarbe zu Gelb aufhellt und darüber hinaus als partieller Eumelanin-Restriktor wirkt. Die Aufhellung betrifft weiterhin die Haut und verändert die Daunenfärbung der Küken dahingehend, dass die Streifung auf dem Rücken reduziert und nur noch im Kopf- und Augenbereich sichtbar ist. Auch hier sind die Goldtöne aufgehellt.

Di ist zusammen mit Mahogany (Mh) Bestandteil der Allel-Zusammensetzung gelber Farbenschläge. Die einheitlich gelbe Färbung resultiert dabei aus dem Zusammenwirken mehrerer Eumelanin-Restriktoren und Phäomelanin-Verdünner, wobei verschiedene Kombinationen möglich sind (siehe Tabelle auf Seite 170f.).

Champagne Blonde (Cb)

Cb wirkt bei adulten Tieren ähnlich wie Dilute, hat jedoch keinen Einfluss auf die Daunenfärbung der Küken. Der Faktor ist autosomal dominant und möglicherweise mit dem Columbia-Faktor gekoppelt.

Cream (ig)

Als reiner Phäomelanin-Verdünner, der keinen Einfluss auf die Ausbildung des Schwarzpigments hat, bewirkt der autosomal rezessive Faktor ig (inhibitor of gold) auf Basis des Goldfaktors (s^+) die Ausbildung der verschiedenen orangefarbigen und creme- bzw. zitronfarbigen Zeichnungsbilder. Die Daunenfärbung der Küken ist unverändert.

d) Farbverteilungsfaktoren

Farbverteilungsfaktoren determinieren die Verteilung von Pigmenten innerhalb des gesamten Gefieders oder der einzelnen Feder. Auf diese Weise entstehen charakteristische Muster wie die Sperberung, Scheckung oder Bänderung, die in Kombination mit weiteren Faktoren zur Ausbildung einer Vielzahl unterschiedlichster Farbvarianten führen.

Gesperbert (B)

Der Sperberfaktor (B = Barred) ist ein Farbverteilungsfaktor, der eine mehr oder weniger scharf ausgeprägte Querbänderung der einzelnen Feder bewirkt. Er wird geschlechtsgebunden vererbt und ist dominant über Nichtsperberung (b^+). Je nach Ausprägung wird zwischen der feinen Streifung (z. B. Italiener, Plymouth Rocks) und der gröberen Sperberung (z. B. Deutsche Sperber, Dominikaner) unterschieden. Kommt der Sperberfaktor auf Basis von Schwarz (E) oder Birkenfarbig (E^R) vor, entstehen die Muster der Sperberung und Streifung, auf Basis der Wildfarben-Varianten (e^+ oder e^b) die Kennsperberung oder Kennfarbigkeit. B tritt häufig zusammen mit dem ebenfalls geschlechtsgebundenen Silberfaktor S auf und kann verdeckt auch bei weißen Rassen vorhanden sein. Er kommt dort jedoch nicht zur Geltung, da entweder der Faktor I (dominant Weiß) die Farbbildung unterdrückt oder ein rezessives Weiß die Farbbildung nicht ermöglicht (siehe oben).

Die Küken gesperberter Rassen zeigen eine im Vergleich zu schwarzen aufgehellte Daunenfarbe, die hauptsächlich in der Kopfregion sichtbar wird (Sperberfleck). Reinerbig gesperberte Hähne sind heller und feiner gesperbert als die Hennen, da sie die doppelte Alleldosis aufweisen.

Die Ausprägung der Streifung bzw. Sperberung hat Auswirkungen auf die Wachstumsrate des Gefieders. Ein anschauliches Beispiel hierfür liefern die Plymouth Rocks. Diese Rasse befiedert relativ langsam und ist sehr fein und markant gestreift. Als man dazu überging, schnell befiedernde Stämme zu selektieren, erhöhte sich der Schwarzanteil in der Feder und die markante Streifung ließ nach, da die Übergangszone zwischen Schwarz und Weiß breiter wurde. Die Unterschiede in der Ausprägung des Zeichnungsbildes waren schließlich so groß, dass der neu entstandene Wirtschaftstyp der Plymouth Rocks nach seiner Einfuhr in Deutschland als eigene Rasse unter dem Namen Amrocks geführt wurde.

Bei Kreuzung von gesperberten Hähnen mit schwarzen Hennen ist die gesamte Nachzucht gesperbert, die spalterbigen Hähne sind dunkler als die Hennen.

Bei der reziproken Kreuzung von schwarzen Hähnen mit gesperberten Hennen erhält man spalterbige, gesperberte Hähne und schwarze Hennen.

Ebenso wie zuvor für die Vererbung von Gold und Silber beschrieben, kann dieser geschlechtsgebundene Mechanismus praktische Bedeutung für die Zucht haben: Sollen z. B. gesperberte Farbenschläge neu herausgezüchtet werden, sollten immer gesperberte Hähne und andersfarbige Hennen verwendet werden. So erhält man schon in der F_1 ausschließlich gesperberte Hennen und bei Geschwisterpaarung in der F_2 statistisch zu je 50 % reinerbig gesperberte Hähne und gesperberte Hennen. Im umgekehrten Fall treten gesperberte Hennen erst in der F_2 auf, reinerbig gesperberte Hähne in der F_3. Gleiches gilt für eine Einkreuzung andersfarbiger Rassen oder Farbenschläge in Gesperberte.

> *Von wirtschaftlicher Bedeutung war der Sperberfaktor bei der Herauszüchtung der kennfarbigen Rassen, die eine Unterscheidung der Geschlechter bereits beim Eintagsküken ermöglichen. Schon bei gesperberten Farbenschlägen kann man 80 bis 90 % der Hahnenküken aufgrund ihrer helleren Daunenfarbe von den meist dunkel gezeichneten Hennenküken differenzieren.*

Der Erzüchtung kennfarbiger Rassen lag der Gedanke zugrunde, die Kennfarbigkeit des Sperberfaktors durch Kombination mit der Wildfarbe zu verstärken und so verschieden stark aufgehellte männliche und weibliche Küken zu erhalten. Als Ausgangsbasis für eine solche Züchtung dienten u. a. Hähne rebhuhnhalsiger Italiener und Hennen Deutscher Sperber bei anschließender Rückpaarung der F_1-Hähne an rebhuhnhalsige Italiener-Hennen. Gesperberte Rassen tragen häufig verdeckt den Silberfaktor, weshalb auch im hier vorgestellten Modell (siehe Abbildung) von dieser Variante ausgegangen werden soll.

Elterngeneration (P)	1,0 $e^+e^+\ b^+s^+\ b^+s^+$ (rebhuhnhalsig)	0,1 EE BS -- (kennfarbig)
Keimzellen	$e^+\ b^+s^+$	E BS E --
F_1-Generation	1,0 Ee^+ BS b^+s^+ (gesperbert)	0,1 $Ee^+\ b^+s^+$ -- (schwarz)
Rückpaarung	1,0 Ee^+ BS b^+s^+ (gesperbert)	0,1 $e^+e^+\ b^+s^+$ -- (rebhuhnhalsig)

F_2-Generation

Keimzellen	EBS	Eb^+s^+	e^+BS	$e^+b^+s^+$
$e^+b^+s^+$	$Ee^+BSb^+s^+$ gesperbert	$Ee^+b^+s^+b^+s^+$ schwarz	$e^+e^+BSb^+s^+$ silberhalsig-gesperbert	$e^+e^+b^+s^+b^+s^+$ rebhuhnhalsig
e^+--	Ee^+BS-- gesperbert	$Ee^+b^+s^+$-- schwarz	e^+e^+BS-- silberhalsig-gesperbert	$e^+e^+b^+s^+$-- rebhuhnhalsig

Kopplungsbruch
F_2-Generation

Keimzellen	EBs^+	Eb^+S	e^+Bs^+	e^+b^+S
$e^+b^+s^+$	$Ee^+Bs^+b^+s^+$ gesperbert	$Ee^+b^+Sb^+s^+$ schwarz	$e^+e^+Bs^+b^+s^+$ rebhuhnhalsig-gesperbert	$e^+e^+b^+Sb^+s^+$ silberhalsig
e^+--	Ee^+Bs^+-- gesperbert	Ee^+b^+S-- schwarz	$e^+e^+Bs^+$-- rebhuhnhalsig-gesperbert	$e^+e^+b^+S$-- silberhalsig

Erbgang zur Erzüchtung kennfarbiger Rassen
Die gesperberten F_1-Hähne aus der Kreuzung 1,0 rebhuhunhalsig x 0,1 gesperbert werden an rebhuhnhalsige Hennen rückgepaart. Trägt die Henne den mit dem Sperberfaktor gekoppelten Silberfaktor S, entstehen in der F_2 silberhalsig-gesperberte. Rebhuhnhalsig-gesperberte fallen an, wenn es zwischen B und S zu einem Kopplungsbruch kommt. Durch Verpaarung der Rebhuhnhalsig-gesperberten erhält man in der F_3 kennfarbige Hähne.

Da der Silberfaktor mit dem Sperberfaktor gekoppelt ist, wäre zu erwarten, das in der F_2 neben gesperberten, schwarzen und rebhuhnhalsigen Tieren ausschließlich silberhalsig-gesperberte anfallen. Regenstein (1979) beschreibt jedoch, dass auch rebhuhnhalsig-gesperberte und silberhalsige Individuen auftraten, also ein Kopplungsbruch bei der Keimzellenbildung der F_1-Hähne stattgefunden haben muss (siehe Abb. Seite 105). Weist die in der Ausgangspaarung verwendete gesperberte Henne den Goldfaktor auf, fallen in der F_2 gesperberte, schwarze, rebhuhnhalsig-gesperberte und rebhuhnhalsige Individuen an. Die Weiterzucht erfolgt in der F_3 über die Kreuzung der rebhuhnhalsig-gesperberten Tiere untereinander. Es entstehen dann erstmals kennfarbige Hähne, also rebhuhnhalsige mit reinerbigem Sperberfaktor. Reinerbig kennfarbige Hahnenküken schlüpfen bräunlich mit rötlicher Rückenzeichnung und ausgeprägtem Sperberfleck, die Hennenküken sind braun wie die rebhuhnhalsigen Küken mit nur kleinem Sperberfleck.

Mottled (mo)

Scheckung kann beim Haushuhn prinzipiell in zwei Formen auftreten. Im ersten Fall betrifft die Zeichnung die einzelne Feder, bei der sich auf farbigem Grund mehr oder weniger ausgeprägte weiße Flecken befinden. Ein solches Zeichnungsmuster wird verursacht durch den autosomalen rezessiven Faktor mo (mottled = gefleckt), der auf Grundlage von Schwarz (E) die schwarz-weißgescheckten Farbenschläge hervorruft und zusammen mit Wildfarbig (e^b) und Columbia (Co) die Basis für die zahlreichen porzellanfarbigen und rotbunten Varianten bildet.

Erminette (Er)

Im zweiten Fall betrifft die Scheckung über die einzelne Feder hinausgehend ganze Gefiederbereiche. Sie entspricht damit einer Zeichnungsform, die bei Säugetieren weit verbreitet ist (gescheckte Rinder, Hunde u. a.). Beim Haushuhn sind nur wenige Rassen mit dieser auch als Schwarzbunt bezeichneten Scheckungsform bekannt. Eine davon sind die amerikanischen Erminette, deren Zeichnung auf einem nach ihnen benannten unvollständig dominanten autosomalen Faktor beruht, der auf Basis von Schwarz (E) im heterozygoten Zustand (Er er^+) das typische Zeichnungsbild ausprägt und im reinerbigen Zustand (Er Er) weiße Tiere hervorbringt.

Pied (pi)

Der den Erminette optisch vergleichbaren Zeichnung der Exchequer, einem in England und den Niederlanden anerkannten Farbenschlag der Leghorn, liegt offensichtlich ein anderes Vererbungsmuster zugrunde. Bei Kreuzung mit schwarzen Rassen fallen in der F_1 ausschließlich schwarze Tiere, deren Nachkommen in der F_2 im Verhältnis 3:1 aufspalten. Es ist also von einem rezessiven autosomalen Faktor auszugehen, für den die Bezeichnung pi (pied = gescheckt) eingeführt wurde.

Pattern gene (Pg)

Der autosomale dominante Faktor Pg (pattern = Muster) bildet die Basis für die Ausbildung der Zeichnungsmuster der Bänderung, Säumung, Doppelsäumung, Sprenkelung, Tupfung und Dobbelung und ist daher von erheblicher Bedeutung für die Farb- und Zeichnungsvielfalt beim Haushuhn.

Als primäre Ausprägung auf der Grundlage von e^b (Wildfarbig) und ohne Mitwirkung weiterer Faktoren entsteht das Muster der **Bänderung** (e^b Pg), wie es z. B. bei den rebhuhnfarbig-, silberfarbig- bzw. orangefarbig-gebänderten Wyandotten, Brahma oder Cochin vorkommt.

Braungebänderte Farbenschläge (Zwerg-Wyandotten, Zwerg-Cochin) besitzen vermutlich zusätzlich den Columbia-Faktor (e^b Pg Co). Daher sind bei den Hähnen fast alle Schwarzpigmente durch Goldbraun ersetzt, die Hennen gleichen jenen der Rebhuhnfarbig-Gebänderten.

In Kombination mit Melanotic (Ml) entsteht die **Doppelsäumung** (e^b Pg Ml), bei zusätzlichem Vorhandensein des Columbia-Faktors (e^b Pg Ml Co) die **Säumung** der Wyandotten, Orpington oder Deutschen Reichshühner.

Liegt Pg zusammen mit Dark Brown (Db) vor, wird das Muster der **Sprenkelung** ausgebildet. Je nachdem, ob die Basis e^b (Wildfarbig) oder E^R (Birkenfarbig) ist, sind die Hähne entweder ungezeichnet wie bei Friesenhühnern, Ostfriesischen Möwen und Hamburger Sprenkeln (e^b Pg Db) oder haben, wie bei Brakeln und Westfälischen Totlegern, ein gezeichnetes Mantelgefieder (E^R Pg Db).

Bei Hinzukommen von Melanotic (Ml) zu letzterer Variante wird die Sprenkelung zur **Tupfung** umgewandelt (E^R Pg Db Ml), wie sie bei den Hamburger Silber- und Goldlack oder den getupften Bart- und Haubenhühnern vorliegt.

Die **Dobbelung** der Bergischen Rassen erscheint optisch wie die dunkelste Form der Säumung, ist jedoch genetisch wohl eher als Tupfung mit zusätzlichem Eumelanin-Verstärker zu interpretieren. So fallen aus der Zucht gedobbelter Bergischer Kräher immer wieder getupfte, hellere Tiere beiderlei Geschlechts an, deren Farbe und Zeichnung am ehesten mit jener der gold-schwarzgetupften Appenzeller Spitzhauben vergleichbar ist. Paart man diese Tiere an einen gedobbelten Elternteil zurück, fallen etwa je zur Hälfte gedobbelte und getupfte Tiere an, was für die Wirkung eines dominanten Eumelanin-Verstärkers spricht. Dieser erbringt wohl im heterozygoten Zustand die besten Zuchtergebnisse, was das regelmäßige Anfallen der getupften Tiere erklärt.

Die **Säumung der Sebright** und möglicherweise auch der Paduaner entspricht zwar optisch der Säumung der Wyandotten, ist jedoch genetisch eine Tupfung mit Columbia-Faktor (E^R Pg Db Ml Co). Sie ist ein gutes Beispiel dafür, dass gleiche Zeichnungsmuster auf unterschiedlichen Allelkombinationen beruhen können.

Die folgende Tabelle gibt einen Überblick über die verschieden Farb- und Zeichnungsbilder und ihre Allel-Zusammensetzungen. Da zur Ausbildung eines Farbbildes in manchen Fällen mehrere Allel-Kombinationen möglich sind, konnten nicht alle potenziellen Varianten berücksichtigt werden.

Farb- und Zeichnungsbilder beim Haushuhn

Farb- und Zeichnungsbild	Definierende Allele	Beispiele
Einfarbig schwarz	E	Rheinländer schwarz
Birkenfarbig (Gold/Silber)	E^R (s^+/S)	Moderne Englische Kämpfer orangebrüstig/birkenfarbig
Wildfarbig mit Lachsbrust (Gold/Silber) Wildfarbig ohne Lachsbrust (Gold/Silber)	e^+ (s^+/S) e^b (s^+/S)	Kraienköppe gold-/silberhalsig Wyandotten gold-/silberhalsig
Orangefarbig mit Lachsbrust Orangefarbig ohne Lachsbrust	e^+ ig s^+ e^b ig s^+	Italiener orangehalsig Zwerg-Wyandotten orangehalsig
Dominant Weizenfarbig (Gold/Silber) Rezessiv Weizenfarbig (Gold/Silber)	e^{wh} (s^+/S) e^y (s^+/S)	Zwerg-Cochin gold-/silber-weizenfarbig
Dunkel-Wildfarbig (Gold/Silber)	e^+ (s^+/S) + Eumelanin-Verstärker	Deutsche Zwerghühner wildfarbig/ Dorking silber-wildfarbig
Gelb-/Weiß-Schwarzolumbia	e^b Co (s^+/S)	Brahma gelb-/weiß-schwarzcolumbia
Rot-Schwarzcolumbia	e^b Co Mh s^+	Sussex rot-schwarzcolumbia
Wachtelfarbig (Gold/Silber)	e^b Co Ml (s^+/S) e^+ Co Ml (s^+/S)	Antwerpener Bartzwerghühner wachtel-/silber-wachtelfarbig
Lakenfelder-Zeichnung (Gold/Silber)	e^b Co Cha? (s^+/S)	Vorwerkhühner (Gold) Lakenfelder (Silber)
Gelb/Weiß mit schwarzem Schwanz	e^{Wh} Co (s^+/S) e^y Co (s^+/S)	Chabo gelb/weiß mit schwarzem Schwanz
Rot mit schwarzem Schwanz	e^{Wh} Co Mh s^+ e^y Co Mh s^+ e^{Wh} Co Db Mh s^+	New-Hampshire goldbraun Rhodeländer Altenglische Zwerg-Kämpfer black tailed red
Ginger (Gold/Silber)	e^b Db s^+ e^+ Db (s^+/S)	Villafranquina black-tailed red Altenglische Zwerg-Kämpfer ginger red/ginger white
Gelb	e^{Wh} Co Db Mh Di s^+ e^y Co Mh Di Cb s^+	Orpington gelb Minorka buff
Rot	? e^{Wh} Co Db Mh s^+ ?	Italiener rot
Blau	E Bl/bl^+ E^R Bl/bl^+ + Eumelanin-Verstärker	Wyandotten blau
Blau-gesäumt	E Bl/bl^+ Pg Ml E^R Bl/bl^+ Pg Ml + Eumelanin-Verstärker	Andalusier blau-gesäumt
Splash	E Bl/Bl (+ Pg Ml) E^R Bl/Bl + Eumelanin-Verstärker (+ Pg Ml)	bei allen blauen und blau-gesäumten Rassen auftretend
Blau-Wildfarbig mit Lachsbrust Blau-Wildfarbig ohne Lachsbrust	e^+ Bl/bl^+ (s^+/S) e^b Bl/bl^+ (s^+/S)	Dt. Zwerghühner blau-gold-/silberhalsig Zwerg-Cochin blau-goldhalsig
Blau-Columbia	e^b Co Bl/bl^+ (s^+/S)	Zwerg-Wyandotten gelb-blau-/ weiß-blaucolumbia
Perlgrau	E lav	Seidenhühner perlgrau
Perlgrau-Orange	e^+ lav s^+	Italiener perlgrau-orange
Dominant Weiß	e^+ I S E I s^+	Leghorn weiß
Rotgesattelt	e^+ I s^+	Italiener rotgesattelt

Farb- und Zeichnungsbild	Definierende Allele	Beispiele
Dunfarbig	E I^D/i^+	Holländer Zwerg-Haubenhühner dun
Khakifarbig	E I^D/I^D	Holländer Zwerg-Haubenhühner khaki
Schokoladenbraun	E choc	Zwerg-Orpington schokoladenbraun
Rezessiv Weiß	c c Bl	Zwerg-Rheinländer weiß
Gesperbert	E B E^R B + Eumelanin-Verstärker	Deutsche Sperber
Blau-Gesperbert	E lav B	Zwerg-Cochin perlgrau-gesperbert
Gelb-Gesperbert	? e^{Wh} Co B s^+ ? ? e^{Wh} Co Mh Di B s^+ ?	Niederrheiner gelbsperber
Kennfarbig (Gold/Silber)	e^+ B (s^+/S)	Bielefelder Kennhühner kennsperber/ silber-kennsperber
Schwarz-Weißgescheckt	E mo E^R mo + Eumelanin-Verstärker	Italiener schwarz-weißgescheckt
Perlgrau-weißgescheckt	E lav mo	Federfüßige Zwerghühner perlgrau mit weißen Tupfen
Porzellanfarbig (Gold/Silber) Zitron-Porzellanfarbig Isabell-Porzellanfarbig	e^b Co mo (s^+/S) e^b Co mo ig s^+ e^b Co lav mo s^+	entsprechende Farbenschläge der Federfüßigen Zwerghühner
Rotbunt	e^b Co Mh mo s^+	Orloff rotbunt
Erminette	E Er	Erminette
Gebändert (Gold/Silber)	e^b Pg (s+/S)	Brahma rebhuhnfarbig-/ silberfarbig-gebändert
Braungebändert	? e^b Pg Co s^+?	Zwerg-Wyandotten braungebändert
Doppeltgesäumt (Gold/Silber) Doppeltgesäumt (Blau-Gold)	e^b Pg Ml (s^+/S) e^b Pg Ml Bl/bl^+ s^+	entsprechende Farbenschläge der Zwerg-Barnevelder
Gesäumt (Gold/Silber) Gold-Blaugesäumt Gelb-Weißgesäumt	e^b Pg Ml Co (s^+/S) e^b Pg Ml Co Bl/bl^+ s^+ e^b Pg Ml Co I s^+ e^b Pg Ml Co Bl/Bl s^+	Entsprechende Farbenschläge der Wyandotten
Gesprenkelt; Hahn ungezeichnet (Gold/Silber) Gelb-Weißgesprenkelt Rot-Schwarzgesprenkelt Rot-Schwarzgesprenkelt mit weißen Federenden	e^b Pg Db (s^+/S) e^b Pg Db I s^+ e^b Pg Db Mh s^+ e^b Pg Db Mh mo s^+	entsprechende geflockte Farbenschläge der Friesenhühner
Gesprenkelt; Hahn gezeichnet (Gold/Silber)	E^R Pg Db (s^+/S)	Westfälische Totleger gold/silber
Getupft (Gold/Silber) Gelb-weißgetupft = Chamois	E^R Pg Db Ml (s^+/S) E^R Pg Db Ml I s^+ E^R Pg Db Ml Bl/Bl s^+	entsprechende Farbenschläge der Thüringer Barthühner
Gedobbelt (Gold/Silber)	E^R Pg Db Ml (s^+/S) + Eumelanin-Verstärker	Bergische Kräher schwarz-goldgedobbelt Bergische Schlotterkämme schwarz-weißgedobbelt
Gesäumt: Sebright, evtl. Paduaner (Gold/Silber) Zitron-Schwarzgesäumt	E^R Pg Co Db Ml (s^+/S) E^R Pg Co Db Ml ig s^+	entsprechende Farbenschläge der Sebright

Die Vererbung der Ohrscheibenfarbe

Bei der Wildform unserer Haushühner kommen sowohl rote Ohrlappen als auch weiße Ohrscheiben vor. *Gallus gallus gallus* trägt relativ große, weiße Ohrscheiben, *Gallus gallus murghi* zeigt kleine Ohrscheiben mit rotem Rand und weißen Innenflächen, während *Gallus gallus spadiceus* und *Gallus gallus jaboullei* rote Ohrlappen aufweisen.

Die meisten Rassen asiatischer Herkunft besitzen kleine, rote Ohrlappen, einige wenige wie Totenko, Ohiki, Phönix oder Javanesische Zwerghühner recht große weiße Ohrscheiben. Die meisten Rassen europäischer Herkunft zeigen heute überwiegend reinweiße Ohrscheiben, die allerdings vor Etablierung des Schauwesens und der damit einhergehenden Selektion nicht selten rote Ränder aufwiesen.

Die Rotfärbung der Ohrscheiben wird hervorgerufen durch eine starke Durchblutung und das Fehlen von Pigment. Die Bezeichnung „Lappen“ bezieht sich auf ihre schmale und faltige Form.

Bei den weißen, eher scheibenförmigen (daher der Name) Gesichtsanhängen ist die Lederhaut sehr stark entwickelt und frei von Blutgefäßen. Die weiße Farbe wird verursacht durch lichtbrechende Kristalle, die in die Haut eingelagert sind.

Die Vererbung der Ohrscheibenfarbe basiert auf einem polygenen Mechanismus, das heißt, es sind eine Reihe von Genorten an der Merkmalsausprägung beteiligt, sodass weder die rote noch die weiße Farbe als dominant bezeichnet werden kann. Vielmehr entstehen Rot bzw. Weiß sowie alle Übergangsformen aus ganz bestimmten Kombinationen der beteiligten Allele. Bei Rassen, die keine Durchzüchtung auf äußerliche Merkmale erfahren haben, lässt sich das leicht beobachten.

Dementsprechend entstehen bei der Kreuzung von Rassen mit unterschiedlicher Ohrscheibenfarbe im Allgemeinen Zwischenfärbungen, wobei je nach Allel-Zusammensetzung der Elterntiere einer der beiden beteiligten Anteile überwiegen kann.

Bei den Spaniern sind die weißen Ohrscheiben extrem vergrößert, sodass sie fast das gesamte Gesicht bedecken. Es ist anzunehmen, dass hier die Wirkung von Modifikatorgenen zum Tragen kommt, die sich auf die quantitative Ausprägung eines oder mehrerer an der Bildung der Ohrscheiben beteiligter Allele auswirkt. Ansätze dazu lassen sich bei vielen europäischen Rassen in Form des dort fehlerhaften Gesichtsschimmels beobachten, bei dem sich die weiße Farbstruktur auf die an die Ohrscheiben angrenzenden Bereiche ausdehnt.

Bei Rassen, bei denen weiße Ohrscheiben mit Gelbpigment (in Läufen, Schnabel und Haut) kombiniert sind, so z. B. Italiener, Leghorn oder Ohiki, ist auch in den Ohrscheiben gelbes Pigment eingelagert.

Ein leicht bläulicher Anflug in den Ohrscheiben kommt bei Rassen vor, die über viel schwarzes Pigment (Melanin) verfügen, wie z. B. Brakel, Westfälische Totleger oder Ramelsloher.

Die Vererbung der Hautfarbe

Die meisten Hühnerrassen haben entweder eine gelbe (z. B. Rhodeländer, Wyandotten, Italiener) oder eine weiße Haut (z. B. Sussex, Mechelner, Dorking, Altsteirer). Daneben kommen in geringer Zahl auch Rassen mit schwarzer Pigmentierung der Haut (Seidenhühner, Cemani) vor.

Die gelbe Haut entsteht durch die Einlagerung von Karotinoiden (Xanthophyll) in die Haut; bei der weißen Haut fehlt jede Pigmenteinlagerung. Weißhäutigkeit (W^+) ist gegenüber der Gelbhäutigkeit (w) dominant.

Bei Seidenhühnern und Cemani wird in allen Körperteilen, die aus dem Mesoderm, also dem mittleren der drei embryonalen Keimblätter, hervorgegangen sind, schwarzes Pigment abgelagert. Davon betroffen sind u. a. die Unterhaut, das Bauchfell, die Knochenhaut, die Muskeln und die Knochen. Hervorgerufen wird diese Veränderung durch einen einzigen, dominanten Faktor, sodass aus der Kreuzung von schwarzhäutigen Rassen mit weißhäutigen wieder schwarzhäutige Tiere entstehen.

Bei der Kreuzung von Seidenhähnen mit rebhuhnhalsigen Italiener-Hennen konnte festgestellt werden, dass die F_1-Hähne in der Pigmentbildung deutlich reduziert waren und eine graue Hautfarbe zeigten. Dies kann auf das Vorhandensein eines geschlechtsgebundenen Unterdrückungsfaktors Id für das schwarze mesodermale Pigment bei verschiedenen gelbläufigen Rassen, in diesem Fall den rebhuhnhalsigen Italienern, zurückgeführt werden, der bereits im heterozygoten Zustand erkennbar ist. Bei der reziproken Kreuzung (Italienerhahn x Seidenhennen) sind die F_1-Hähne grau-, die F_1-Hennen mit nur einem X-Chromosom weißhäutig.

Die Vererbung der Augenfarbe

Grundsätzlich lassen sich beim Haushuhn drei Augenfarben unterscheiden: Braunschwarz, Orangerot und Perlfarbig.

Beim braunschwarzen Auge ist die Iris mit Schwarzpigment (Melanin) durchsetzt. Es kommt daher bei Rassen mit schwarzen bzw. schieferfarbigen oder blauen Läufen vor. Braunschwarz ist dominant über Orangerot und Perlfarbig.

Orangerote Augen finden sich bei Rassen, die entweder kein schwarzes Laufpigment aufweisen oder deren Schwarzpigment in den Läufen unterdrückt wird (weiße bzw. fleischfarbige Läufe) oder auf die Unterhaut beschränkt ist (blaue Läufe). Sie sind dominant über perlfarbige Augen.

Beim perlfarbigen Auge enthält der vordere Teil der Iris kein Pigment, sondern farblose Körnchen, die das Licht reflektieren. Das Perlauge ist rezessiv zum braunschwarzen und orangeroten Auge. Es kommt vor bei Kämpferrassen wie Asil, Malaien oder Koeyoshi.

Das Auge der Seidenhühner weist eine doppelte Schicht von Pigmentzellen auf, wobei schwarzes Pigment das orangefarbige verdeckt.

Vermutlich ist jener Faktor, der bei den Seidenhühnern die dunkle Pigmentierung der Haut hervorruft, auch für deren schwarzes Auge verantwortlich (pleiotrope Wirkung). Also kann auch hier der geschlechtsgebundene Faktor zur Verhinderung schwarzen mesodermalen Pigments (Id) zur Wirkung kommen. Aus der Kreuzung von Seidenhennen mit perläugigen Hähnen erhält man in der F_1-Generation Hähne (heterozygot für Id), deren Augen dunkler sind als die der Hennen, bei denen der vom Vater stammende Unterdrückungsfaktor für mesodermales Pigment Id voll zur Geltung kommen kann, da die Mutter lediglich das Y-Chromosom beisteuert. Im umgekehrten Fall (Seidenhahn x perläugige Henne) haben die Hennen, denen Id fehlt, dunklere Augen als die spalterbigen Hähne.

Die Vererbung der Lauffarbe

Die Vererbung der Lauffarbe beim Haushuhn ist komplex und wird durch eine ganze Reihe von Genorten beeinflusst, die zum Teil auch bei der Vererbung der Haut- und Augenfarbe wirksam sind. Dabei können bestimmte Lauffarben durch unterschiedliche Faktorenzusammensetzungen hervorgerufen werden. Das im Folgenden vorgestellte Modell bietet Erklärungsmuster für die Ausbildung unterschiedlicher Lauffarben und die Ergebnisse verschiedener Kreuzungsexperimente, ohne dabei den Anspruch auf Vollständigkeit zu erheben. Dabei wird jeweils von reinerbigen Stämmen ausgegangen. Beteiligt sind folgende Faktoren (Großbuchstaben: dominante Allele; Kleinbuchstaben: rezessive Allele):

W^+ weiße bis fleischfarbige Läufe und Haut
w gelbe Läufe (Einlagerung von gelbem Pigment)
B geschlechtsgebundener Sperberfaktor, Unterdrückung von schwarzem Pigment in den Läufen
b^+ keine Sperberung, keine Unterdrückung von schwarzem Pigment in den Läufen
Id geschlechtsgebundener Unterdrückungsfaktor für schwarzes Pigment in der Unterhaut und in den Läufen

id^+ Einlagerung von schwarzem Pigment in der Unterhaut und in den Läufen
E Ausbreitungsfaktor für schwarzes Pigment in Ober- und Unterhaut und Gefieder
e^+ Wildfarbe, schwarzes Pigment nur in der Unterhaut
e^b Wildfarbe ohne Lachsbrust der Hennen
C^+ Farbbildungsfaktor, auch für schwarzes Pigment in den Läufen
c rezessiv weiß, Verdünnungsfaktor für schwarzes Pigment in den Läufen
I Farbunterdrückungsfaktor (dominant weiß), zugleich Verdünnungsfaktor für schwarzes Pigment in den Läufen
i^+ keine Verdünnung von schwarzem Pigment in den Läufen

Rassen bzw. Farbenschläge mit schwarzer bis schieferfarbiger Lauf- und schwarzer Gefiederfarbe wie z. B. schwarze Rheinländer oder Australorps tragen die Faktoren E und W^+. Die schwarze Farbe entsteht bei starker Schwarzeinlagerung in allen Hautschichten, die schieferfarbige bei Einlagerung von Schwarz in Ober- und Unterhaut bei Freibleiben der Schuppen. Eine Farbunterdrückung oder Verdünnung liegt nicht vor.

Die Erbformel kann folgendermaßen beschrieben werden:

Hahn: W^+W^+ EE id^+id^+ b^+b^+ C^+C^+ i^+i^+
Henne: W^+W^+ EE id^+- b^+- C^+C^+ i^+i^+

Bei den schwarzen Spaniern ist, obwohl der Faktor E vorhanden ist, das schwarze Pigment nur in der Unterhaut eingelagert, nicht aber in Schuppen und Oberhaut. Dadurch erscheinen die Läufe bleigrau. Vermutlich ist hier ein weiterer Verdünnungsfaktor beteiligt, wofür auch die dunkelrote Augenfarbe spricht.

Bei wildfarbigen blauläufigen Rassen wie rebhuhn- oder silberhalsigen Rheinländern fehlt der Faktor E. Daher wird Schwarzpigment nur in der Unterhaut eingelagert, die Läufe sind blau.

Hahn: W^+W^+ e^+e^+ id^+id^+ b^+b^+ C^+C^+ i^+i^+
Henne: W^+W^+ e^+e^+ id^+- b^+- C^+C^+ i^+i^+

Die blaue Lauffarbe kommt auch bei auf E^R oder e^b basierten Zeichnungen wie Sprenkelung, Tupfung, Säumung oder Dobbelung vor.

Bei gesperberten Rassen ist die Ausbildung von schwarzem Pigment in den Läufen, also die Wirkung des Faktors E, unterdrückt. Auf Basis des Faktors W^+ (weiße Hautfarbe) sind ihre Läufe damit fleischfarbig (z. B. gesperberte Rheinländer).

Hahn: W^+W^+ EE id^+id^+ BB C^+C^+ i^+i^+
Henne: W^+W^+ EE id^+- B- C^+C^+ i^+i^+

Da der Faktor geschlechtsgebunden ist, trägt ihn die Henne nur einmal. Dementsprechend sind ihre Läufe dunkler als die des Hahns.

Bei weißen Rheinländern, Ramelslohern oder Krüpern liegt eine Verdünnung des schwarzen Farbpigments vor, wodurch ihre Läufe blau erscheinen. Je nachdem, ob es sich um dominantes oder rezessives Weiß handelt, treten entweder die Faktoren I oder c in Erscheinung. Daher sind folgende Erbformeln möglich:

Dominant Weiß
Hahn: W^+W^+ EE id^+id^+ $b^+b^+C^+C^+$ II
Henne: W^+W^+ EE id^+- b^+- C^+C^+ II

Rezessiv Weiß
Hahn: W^+W^+ EE id^+id^+ b^+b^+ cc i^+i^+
Henne: W^+W^+ EE id^+- b^+- cc i^+i^+

Rassen oder Farbenschläge mit gelben Läufen wie z. B. rebhuhnhalsige Italiener oder Amrocks tragen den Faktor w für die Ausbildung von gelbem Farbpigment und zusätzlich Unterdrückungsfaktoren für schwarzes Laufpigment wie Id und/oder B.

Rebhuhnhalsige Italiener:
Hahn: ww e^+e^+ $IdId$ b^+b^+ C^+C^+ i^+i^+
Henne: ww e^+e^+ Id- b^+- C^+C^+ i^+i^+

Bei ***schwarzen Italienern*** *oder* ***Wyandotten*** *ist die Wildfarbe durch den Ausbreitungsfaktor E ausgetauscht:*
Hahn: ww EE $IdId$ b^+b^+ C^+C^+ i^+i^+
Henne: ww EE Id- b^+- C^+C^+ i^+i^+

Eine Schwierigkeit bei der Zucht dieser Rassen ist das Auftreten von Tieren mit grünlichem oder schwärzlich grünem Anflug in den Läufen, speziell bei Hennen. Dies erklärt sich durch das Zusammenwirken der Faktoren Id und E. Id unterdrückt zwar die Ausbreitung von schwarzem Pigment in der Unterhaut, nicht jedoch in der Oberhaut. E hingegen breitet das Pigment aber auch in der Oberhaut aus. Daher ist der grüne Anflug bei den Hennen, die Id nur einmal tragen, entsprechend stärker ausgeprägt (Gendosiseffekt).

Fehlt der Unterdrückungsfaktor Id auf Basis von gelbem Laufpigment (w), so wird bei wildfarbigen Rassen und Farbenschlägen Schwarzpigment in der Unterhaut abgelagert, wodurch die grüne Lauffarbe der **Totenko** oder **Javanesischen Zwerghühner** entsteht:

Hahn: ww e^+e^+ id^+id^+ b^+b^+ C^+C^+ i^+i^+
Henne: ww e^+e^+ id^+- b^+- C^+C^+ i^+i^+

Liegt bei Abwesenheit von Id der Ausbreitungsfaktor E auf Basis gelber Läufe (w) vor, so wird Schwarzpigment sowohl in der Unterhaut als auch in der Oberhaut abgelagert. Es bilden sich dann die dunkelolivfarbenen bis grünschwarzen Läufe mit gelber Sohle aus, wie wir sie von den Sumatra kennen.

Die weißen bis fleischfarbigen Läufe der columbiafarbenen Deutschen Reichshühner oder Sundheimer sowie der wildfarbigen Dorking oder Altsteirer resultieren aus der Kombination des Faktors W^+ und des Unterdrückungsfaktors Id:

Sundheimer
Hahn: W^+W^+ e^be^b IdId b^+b^+ C^+C^+ i^+i^+
Henne: W^+W^+ e^be^b Id- b^+- C^+C^+ i^+i^++

Dorking
Hahn: W^+W^+ e^+e^+ IdId b^+b^+ C^+C^+ i^+i^+
Henne: W^+W^+ e^+e^+ Id- b^+- C^+C^+ i^+i^+

Auch hier treten bei Vorhandensein des Faktors E, besonders bei den Hennen, Schwarzeinlagerungen in der Oberhaut auf, weshalb z. B. bei schwarzen Reichshennen ein grauer Anflug der Läufe gestattet ist.

Kreuzt man Hähne von gelbläufigen Rassen wie rebhuhnhalsige Italiener mit Hennen blauläufiger Rassen (z. B. rebhuhnhalsige Rheinländer), so weist die F_1 in beiden Geschlechtern fleischfarbige Läufe auf, da die Faktoren W^+ und Id über w und id^+ dominieren.

Bei der reziproken Verpaarung (rebhuhnhalsiger Rheinländerhahn mit entsprechender Italiener-Henne) haben die Söhne fleischfarbene, die Töchter hingegen blaue Läufe, da nur die Söhne von der Mutter den geschlechtsgebundenen Faktor Id erhalten:

Bei der Kreuzung von blauläufigen Rassen mit grünläufigen hat die F_1 blaue Läufe, da W^+ über w dominiert.

Verpaart man grünläufige Hähne mit gelbläufigen Hennen (z. B Totenko mit rebhuhnhalsigen Italienern), so erhalten die Söhne von der Mutter den Unterdrückungsfaktor Id und sind gelbläufig. Die Töchter erhalten diesen Faktor nicht und haben grüne Läufe.

Werden gelbläufige Hähne (z. B. rebhuhnhalsige Italiener) mit (nahezu) schwarzläufigen Hennen (z. B. schwarze Rheinländer) verpaart, so erhält man in der F_1 grauschwarze Läufe. Dabei wird w von W^+ überdeckt und die Schwarzpigmentierung der Unterhaut nicht vollständig unterdrückt, da der Faktor Id in der F_1 in beiden Geschlechtern nur in einfacher Dosis vorliegt (Gendosiseffekt). Die Pigmentierung der Oberhaut bleibt erhalten (E vorhanden), sodass insgesamt eine grauschwarze Färbung entsteht (vgl. schwarze Reichshuhn-Hennen).

Bei der reziproken Kreuzung (schwarzer Rheinländerhahn mit rebhuhnhalsigen Italiener-Hennen) haben die Hähne grauschwarze und die Hennen schwarze Läufe, da nur die Hähne den Faktor Id von der Mutter erhalten haben.

Aus der Verpaarung von rebhuhnhalsigen Italienerhähnen und gestreiften Amrockshennen resultieren Hähne mit gelben und Hennen mit dunklen Läufen. Bei den Amrockshennen die zwar den Ausbreitungsfaktor für schwarzes Pigment (E) tragen, wird die Pigmentausbreitung jedoch durch den Sperberfaktor B unterdrückt. Dadurch kann das gelbe Laufpigment in Erscheinung treten. Da sie den Sperberfaktor nur an die Söhne weitergeben, haben diese sowohl den Faktor B als auch den Faktor Id und daraus resultierend sind sie gesperbert mit gelben Läufen. Die Töchter erhalten zwar vom Vater den Faktor Id in einfacher Ausführung, sodass die Schwarzeinlagerung in der Unterhaut weitgehend (Gendosis-

P	*1,0 Italiener rebhuhnhalsig*	*0,1 Amrocks gestreift*
	ww e^+e^+ *IdId* b^+b^+ C^+C^+ i^+i^++	*ww EE* id^+- *B-* C^+C^+ i^+i^+
F1	*Hähne: ww* Ee^+ *Idid*$^+$ Bb^+ C^+C^+ i^+i^+	*Hennen: ww* Ee^+ *Id-* b^+- C^+C^+ i^+i^+
	gelbe Läufe, gesperbert	*dunkle Läufe, schwarz*

effekt) unterdrückt wird, eine Pigmentierung der Oberhaut (Vorhandensein von E) findet jedoch statt, da ihnen der Sperberfaktor fehlt. Daher sind die Hennen schwarz und ihre Läufe erscheinen dunkler als jene der Hähne.

Der Vererbungsmodus der **Schnabelfarbe** stimmt weitestgehend mit dem der Lauffarbe überein.

Die Vererbung der Eischalenfarbe

Auch für die Eischalenfarbe kann ein polygener Vererbungsmodus angenommen werden, da zwischen den reinweißen Eiern der Leghorn, der Cremefarbe der Sumatra, dem Braun der Amrocks bis zum Dunkelbraun der Penedesenca alle möglichen Varianten vorkommen.

Einer dieser Allele ist der geschlechtsgebundene rezessive Faktor **Inhibitor of brown Egg-Shell (pr)**, der eine Braunfärbung der Eier verhindert. Er bewirkt, dass bei der Verpaarung von (reinerbigen) Braunleger-Hähnen mit Weißleger-Hennen braunlegende Hennen anfallen. Im umgekehrten Fall (Weißleger-Hahn mit Braunleger-Hennen) legt die Nachzucht weiße Eier. Bei Einsatz eines spalterbigen Hahns (Pr^+ pr) fallen, unabhängig vom Genotyp der Mutter, braun- und weißlegende Hennen an. Überlagert wird dieser Mechanismus von einer Reihe modifizierender Gene.

Die Vererbung der blaugrünen bzw. türkisfarbenen Eischalenfarbe der Araucana und Javanesischen Zwerghühner unterscheidet sich von anderen Färbungen schon dadurch, dass die Farbe sowohl die Außen- als auch die Innenseite der Schale umfasst. Diese Erscheinung entsteht durch die Einlagerung von Abbauprodukten der roten Blutkörperchen in die Schale. Die blaugrüne Eischalenfarbe ist dominant über die weiße und beruht auf dem autosomalen Faktor **Blue Eggshell (O)**. In Kombination mit Cremefarbig entstehen grüne, im Zusammenwirken mit Braun olivgrüne Eier.

Die Vererbung von Verhaltensmerkmalen

Ebenso wie physische Merkmale haben auch die allermeisten Verhaltenseigenschaften eine genetische Grundlage. Unklar ist jedoch meistens, in welchem Umfang auch Umwelteinflüsse die Verhaltensweisen der Tiere prägen, das heißt wie hoch der Grad der Heritabilität ist. Im Folgenden soll auf zwei Verhaltensmerkmale eingegangen werden, für die eine genetische Grundlage nachgewiesen ist.

Die Vererbung des Bruttriebs

Trotz zahlreicher, sich teilweise widersprechender Untersuchungen deuten die Befunde doch in der Mehrzahl darauf hin, dass der Bruttrieb des Haushuhns dominant vererbt wird. Die Schwierigkeit solcher Untersuchungen liegt hauptsächlich darin begründet, dass neben der genetischen Komponente auch zahlreiche Umwelteinflüsse die Auslösung des Bruttriebs beeinflussen, die Heritabilität also relativ gering ist.

Grundsätzlich sollte angenommen werden, dass alle Hühnerrassen diese unter natürlichen Bedingungen lebenserhaltende Erbanlage tragen. Tatsache ist jedoch, dass die Brütigkeit bei den einzelnen Haushuhnrassen unterschiedlich stark ausgeprägt ist und besonders Hennen der europäischen Rassen nur selten zur Brut schreiten. Hier wird oft argumentiert, dass der Bruttrieb einer einseitigen Selektion auf Legeleistung zum Opfer gefallen sei, wobei unklar bleibt, ob er schlichtweg aus der Population verdrängt wurde oder ob er nach wie vor vorhanden ist, jedoch durch das kontinuierliche Legen nicht zur Ausprägung kommt.

Wenn das auch für bestimmte aktuelle oder ehemalige Wirtschaftsrassen wie z. B. Leghorn, rebhuhnhalsige Italiener oder Minorka plausibel sein mag, erklärt es nicht, warum zahlreiche europäische Rassen (z. B. Hamburger Sprenkel, Bergische Kräher, Paduaner), deren Legeleistung diejenige vieler gut brütender asiatischer Rassen nicht übersteigt, dennoch nur sehr selten brüten.

Das ist umso erstaunlicher, da viele dieser Rassen bereits Jahrhunderte vor der Einfuhr der gut brütenden Asiaten und der allgemein üblichen Nutzung der Kunstbrut existent waren. Man sollte also davon ausgehen, dass zumindest einige Hennen solcher Rassen regelmäßig gebrütet haben und es bleibt die Frage, warum sie es heute – trotz wohl nur geringer züchterischer Umformung – nicht mehr tun.

Aus der Zootierhaltung ist allgemein bekannt, dass der Reproduktionserfolg zahlreicher Wildtierarten weitgehend davon abhängt, ob es gelingt, möglichst natürliche, artgerechte Haltungsbedingungen zu verwirklichen. Dementsprechend kann prinzipiell für Haustierrassen formuliert werden, dass mit zunehmender Domestikation die Schwelle zur Auslösung der Reproduktion sinkt, weniger stark domestizierte Rassen also noch vergleichsweise natürliche Bedingungen benötigen, während bei fortschreitender Domestikation die Umweltansprüche zunehmend geringer werden.

Vergleicht man viele europäische Rassen mit asiatischen, so fällt auf, dass diese zumeist unruhiger, scheuer, schreckhafter und fluchtgewandter sind, was für einen geringeren Domestikationsgrad spricht. Die Vorfahren dieser Hühner lebten über Jahrhunderte mehr oder weniger frei im Umfeld der bäuerlichen Gehöfte, nutzten die verschiedensten Gelände- und Gebäudestrukturen, versorgten sich zum Teil selbst und waren einer ständigen Gefahr durch Beutegreifer ausgesetzt.

Eine intensive Domestikation und Anbindung an anthropogene Haltungsbedingungen fand nicht statt. Es ist durchaus anzunehmen, dass diese Bauernhühner unter solchen, noch relativ natürlichen Bedingungen, die reichlich Deckung, Schutz, Versteck- und ungestörte Brutmöglichkeiten boten, auch gebrütet haben.

Aber das sind nicht die Haltungsbedingungen, die sich unseren Hühnern heute meistens bieten. Mittlerweile dominieren vergleichsweise kleine, wenig strukturierte, gemähte Ausläufe, an deren Rand sich einige wenige, meist nur der Zierde dienende Gehölze befinden. Die Ställe sind geometrisch und übersichtlich, die Eier werden täglich entnommen. Was für den Züchter unter ästhetischen Gesichtspunkten vielleicht als schön und unter rationellen Aspekten als praktisch empfunden wird, ist für das Tier nicht automatisch optimal. Die Folge: Brütigkeit bleibt aus.

Zahlreiche Beobachtungen aus der Zuchtpraxis belegen diese Auffassung. So traten bei den Bergischen Krähern des Verfassers in einer geräumigen Großvoliere, die durch verschiedene Stauden, Sträucher und Bäume mehrschichtig strukturiert war, zahlreiche Versteckmöglichkeiten als potenzielle Neststandorte beherbergte und zu der die Tiere Tag und Nacht Zugang hatten, bereits nach kurzer Zeit brütende Hennen auf, die ihre Brut auch erfolgreich zu Ende brachten. Förderlich war hier sicher auch das Belassen der Eier in den Nestern, was den Hennen das Vorhandensein eines vollständigen Geleges als Auslöser anzeigte. Sicher kein Zufall war auch, dass es sich um mehrjährige Hennen handelte, deren Legezyklus bereits im Sommer abgeschlossen war. Leider ist es in der modernen Rassegeflügelzucht weit verbreitet, Hennen nur ein bis zwei Jahre zu halten, was einer Brütigkeit sicher nicht zuträglich ist.

Vergleichbare Beobachtungen konnten im Verlauf der letzten Jahre auch andere Züchter machen, bei denen ähnliche Haltungsbedingungen vorlagen. Ebenso berichten ältere Züchter, dass noch in den 1960er-Jahren bei den Landwirten des Bergischen Landes regelmäßig einige Kräher-Hennen zur Brut schritten. Daher bleibt fraglich, ob der Bruttrieb bei den alten europäischen Rassen wirklich verlorengegangen ist. Hier wären weitergehende Untersuchungen mit zusätzlichen Rassen und einem vergrößerten Spektrum an Haltungsvarianten sinnvoll.

Federpicken und Kannibalismus

Die genetische Disposition dieser Verhaltensweisen wird derzeit nicht mehr nur vermutet, sondern konnte durch eine wissenschaftliche Untersuchung an der TU München aus dem Jahr 2008 hinlänglich bewiesen werden (Flisikokowski et al. 2008). Im Rahmen dieses Forschungsprojektes wurden zwei Erbanlagen lokalisiert, die in engem Zusammenhang mit einer Neigung zum Federpicken stehen. Eine davon ist gekoppelt mit einem Gen, das unruhiges, hysterisches Verhalten, also eine hohe Stressanfälligkeit, bedingt, was durchaus in Einklang mit zahlreichen Beobachtungen aus der praktischen Rassegeflügelzucht steht.

De facto bedeutet dies, das bei mit diesen Anlagen ausgestatteten Rassen eine Einflussnahme durch optimierte Haltungs- und Fütterungsbedingungen nur begrenzt möglich ist. Hier führen oft bereits einzelne äußere Reize zu einer schnellen Ausbreitung im gesamten Bestand, während bei nicht betroffenen Rassen auch starke Stressfaktoren nur selten einen Ausbruch hervorrufen. Verdichten sich die Hinweise, dass bestimmt Rassen oder Farbenschläge eine starke Neigung zu derartigen Verhaltensstörungen aufweisen, sollte versucht werden, dem Problem durch geeignete Zuchtmaßnahmen entgegenzuwirken. Das heißt zunächst, hysterische und unruhige Tiere von der Zucht auszuschließen, da diese mit hoher Wahrscheinlichkeit auch die Anlage zum Federpicken tragen. Ist eine Rasse jedoch stark betroffen, reicht dies nicht aus. Hier ist nur durch die Einkreuzung unbedenklicher Rassen und anschließende Selektion eine Verbesserung herbeizuführen.

Kopplungsgruppen

Wie schon zuvor dargestellt, ist die DNS auf verschiedene Chromosomen verteilt, weshalb die auf einem Chromosom liegenden Genorte gekoppelt vererbt werden. Die folgende Darstellung gibt einen kleinen Überblick über einige beim Haushuhn gekoppelte Genorte (Kopplungsgruppen), wobei der Schwerpunkt auf solchen Erbanlagen liegt, die für die praktische Zucht von Relevanz sind.

Autosomale Kopplungsgruppen

Die gekoppelten Genorte liegen auf den Autosomen, sind also bei beiden Geschlechtern in doppelter Ausführung vorhanden.

Kopplungsgruppe 1 (Chromosom 7)

a) *Kurzbeinigkeit – Normale Lauflänge (Cp-cp$^+$)*
   Der dominante Krüper-Faktor (Cp) führt zur Verkürzung der Läufe und wirkt im homozygoten Zustand (Cp Cp) letal. Merkmalsträger sind daher stets heterozygot (Cp cp$^+$).
b) *Rosenkamm – Einfachkamm (R-r$^+$)*
   Der Rosenkamm (R) ist dominant über eines der beiden Allele für Einfachkamm (r$^+$). An der Ausbildung des Einfachkammes ist weiterhin der Genort für Erbsenkamm (P-p$^+$) beteiligt, dessen rezessives Allel p$^+$ zusammen mit r$^+$ den Einfachkamm (r$^+$p$^+$)ergibt.
c) *Lavender (Lav$^+$-lav)*
   Die perlgraue Gefiederfarbe wird durch den rezessiven Faktor lav hevorgerufen.

Kopplungsgruppe 2 (Mikrochromosom 33)

a) *Haubenbildung (Cr-cr$^+$)*

Die Federhaube (Cr) der Haubenhuhnverwandten ist unvollständig dominant über die Haubenlosigkeit (cr$^+$).

b) *Protuberanz*

Das Allel, das bei vielen Haubenhuhnverwandten zu aufgeworfenen Nasenlöcher in Kombination mit einer Schädelaufwölbung (Protuberanz) führt, wird weitgehend intermediär vererbt und ist allem Anschein nach eng mit der Haubenbildung gekoppelt.

c) *Dominantes Weiß (I-i$^+$) und Dun (I^{D}i$^+$)*

Dominantes Weiß (I) unterdrückt die Einlagerung von schwarzem Pigment in den Federn (i$^+$). Gegenüber Braun, Rotbraun oder Gelb ist dieses Weiß nicht dominant. I^D-I^D-Tiere sind fast weiß, I^D-i$^+$-Tiere haben eine falbe Farbe

d) *Lockenfedrigkeit – Normale Federbildung (F-f$^+$)*

Die gelockte Feder (F = Frizzle) ist unvollständig dominant über die normale Federausbildung (f$^+$). Reinerbige Tiere (FF) zeigen eine starke Gefiederreduktion. Weiterhin findet eine Beeinflussung durch den rezessiven Faktor mf statt, der nicht mit F gekoppelt ist.

Kopplungsgruppe 3 (Chromosom 1)

a) *Blaugrüne Eischalenfarbe (O-o$^+$)*

Die blaugrüne Eischalenfarbe der Araucana und Javanesischen Zwerghühner ist dominant über Nichtblau. Bei Kreuzungen mit Weißlegern legt die Nachzucht blaugrüne, bei Kreuzungen mit Braunlegern grünliche bis olivgrüne Eier.

b) *Erbsenkamm (P-p$^+$)*

Der Erbsenkamm (P) ist dominant über eines der beiden Allele für Einfachkamm (p$^+$). Kombiniert man P bzw. p$^+$ mit den Allelen des Genortes für Rosenkamm (R-r$^+$), kann der Wulstkamm (RP) oder der Einfachkamm (r$^+$p$^+$) entstehen.

c) *Charcole (Cha$^+$-cha)*

Charcole (= Holzkohle) gehört zu den Eumelanin-Verstärkern und bewirkt eine Ausweitung von Schwarzpigment in die Phäomelanin-Bereiche (Verdunkelung).

d) *Marmorierte Daunenfarbe (Ma$^+$-ma)*

Das unregelmäßige Zeichnungsmuster von Küken der Sprenkelrassen und der gedobbelten Farbenschläge wird als marmoriert bezeichnet (ma) und ist rezessiv gegenüber nicht marmorierter Daunen (Ma$^+$).

e) *Rezessives Weiß (C$^+$-c)*

Im reinerbigen Zustand (c c) wird eine Farbbildung nicht ermöglicht.

f) *Dark Brown (Db-db$^+$)*

Dark Brown (= Dunkelbraun) gehört zu den Eumelanin-Restriktoren und beschränkt beim Hahn den Schwarzanteil weitestgehend auf den Schwanz. Bei der Henne findet sich noch Zeichnung in Hals- und Mantelgefieder.

g) Melanotic (Ml-ml⁺)

Wie Charcole gehört Ml zu den Eumelanin-Verstärkern und bewirkt eine Ausweitung von Schwarzpigment in die Phäomelanin-Bereiche (Verdunkelung).

h) Pattern gene (Pg-pg⁺)

Das Pattern gene (pattern = Muster) bildet die Grundlage für die Ausbildung der Zeichnungsmuster der Bänderung, Säumung, Doppelsäumung, Sprenkelung, Tupfung und Dobbelung.

Kopplungsgruppe 4 (Chromosom 2)

a) Doppelkamm (D-d⁺)

Die Anlage für Kammverdoppelung (D) ist dominant über den nicht gespaltenen Kamm (d⁺). Der Doppelkamm tritt ursprünglich bei Haubenhuhnverwandten (Houdan, Creve-Coeur, La Flèche, Brabanter, Eulenbarthühner, Dandarawi) auf. Der ursprüngliche Becherkamm der Augsburger entsteht aus dem Hörnerkamm der La Flèche und dem Einfachkamm. Er ist im Gegensatz zum Doppelkamm spalterbig.

b) Mehrsporigkeit (M-m⁺)

Die Mehrsporigkeit (M) der Sumatra und Cubalaya, bei der drei, zum Teil auch deutlich mehr Sporen gebildet werden, ist dominant über die Einsporigkeit (m⁺).

c) Mehrzehigkeit (Po-po⁺ und Po^D-po⁺)

Die Mehrzehigkeit (Polydactylie, Po und Po^D) ist dominant über die normale Vierzehigkeit (po⁺). Die Penetranz ist jedoch unvollständig, sodass auch vierzehige Tiere genetisch fünfzehig sein können und wieder fünfzehige Nachkommen hervorbringen können.

d) Schwanzlosigkeit (Rp-rp⁺)

Die Schwanzlosigkeit wird durch den dominanten Faktor Rp (Rumpless) hervorgerufen.

Kopplungsgruppe 5 (Chromosom 3)

a) Seidenfedrigkeit (H⁺-h)

Die normale Federausbildung (H⁺) ist dominant über die Seidenfedrigkeit (h⁺), die Hauptrassemerkmal der Seidenhühner ist, aber auch bei anderen Rassen (z. B. Chabo) vorkommt.

b) Nackthalsigkeit (Na-na⁺)

Die Nackthalsigkeit (Na) ist dominant über den befederten Hals (na⁺) und kann mit bzw. ohne Federbüschel am Unterhals (Krawatte) vorkommen.

Gonosomale Kopplung

Die gekoppelten Genorte liegen auf dem Geschlechtschromosom (X- bzw. Z-Chromosom), das der Hahn in zweifacher Ausfertigung, die Henne hingegen nur einmal trägt. Ihre Geschlechtschromosomen haben die Kombination XY bzw. ZW.

a) Silber- und Goldfaktor (S-s$^+$)

Der Silberfaktor (S), bei dem alle goldroten Bereiche der Wildfarbe silbrig-weiß sind, ist dominant über den Goldfaktor (s$^+$).

b) Sperberfaktor (B-b$^+$)

Der Sperberfaktor (B = barred), der eine bänderungsartige Verteilung des Pigments bewirkt, ist dominant über Nichtsperberung (b$^+$).

c) Kopfstrichzeichnung (Ko-ko)

Das Fehlen des Kopfstrichs im Daunenkleid der Küken (Ko) ist dominant über die bei den Sprenkelrassen auftretende Kopfstrichzeichnung (ko), die nicht mit dem Sperberfleck gesperberter Rassen identisch ist.

d) Helle Lauffarbe (Id-id$^+$)

Die helle Lauffarbe (Id) ist dominant über die dunkle (id$^+$). Das Allel Id kann als Unterdrückungsfaktor für Schwarzpigment (Eumelanin) in den Läufen aufgefasst werden. An der Ausbildung der Lauffarbe sind noch weitere, autosomale Faktoren beteiligt.

e) Kükenfarbe (Li-li)

Helle Daunen der Küken (Li) sind dominant über braune (li), nicht jedoch schwarze. Merkmalsträger sind gelb-weißlich oder hellbraun.

f) Gefiederbremse (K-k)

Die langsame Befiederung vor allem asiatischer Rassen (K) ist dominant über die schnelle Befiederung (k). Von anderem genetischen Hintergrund ist die Gefiederbremse, die bei einigen europäischen Rassen beobachtet wurde.

g) Unvollständiger Albinismus (S^{al}-s$^+$)

Hierbei handelt es sich, im Gegensatz zu ca (vollständiger Albinismus), um einen Albinismus (al), bei dem die Küken zwar mit hellroten Augen schlüpfen, diese jedoch später in blaugrau umfärben. Gesperberte Tiere weisen eine leichte Streifung auf. Seh- und Lebensfähigkeit sind offenbar normal.

h) Rezessiver Zwergwuchs (Dw$^+$-dw)

Der rezessive Zwergwuchs (dw) verringert die Größe der Hennen um ca. 30 %, die der Hähne um ca. 43 %, doch sind die Eintagsküken von normaler Größe. Die Lebensfähigkeit ist normal, Legeleistung und Eigewicht sind leicht herabgesetzt. Der Faktor wurde bei New Hamsphire und Leghorn entdeckt und kommt vermutlich bei verschiedenen Zwergrassen vor.

i) Dominanter Zwergwuchs (Z-z)

Der dominante Zwergwuchs (Z) wurde bei Sebright entdeckt und ist wohl auch bei anderen Zwergrassen verbreitet. Die Lebensfähigkeit ist nicht eingeschränkt.

j) „Ladykiller“ (Lk$^+$-lk)

Rezessives letales Allel, das besonders bei Hennen, die nur ein X- bzw. Z-Chromosom haben, in Erscheinung tritt.

Die Brut

Der Zuchtstamm

Die Basis einer erfolgreichen Brut ist ein gesunder und unter guten Bedingungen gehaltener Zuchtstamm. Neben der Zusammenstellung der Zuchttiere sind hier als Schlüsselfaktoren primär **Fütterung, Lichtregime** und **Stallklima** zu nennen.

Um nicht nur zahlreiche, sondern auch nährstoffreiche Eier zu erhalten, reicht eine konventionelle Körnerfütterung, auch wenn sie mit Legemehl oder -korn angereichert ist, speziell im Winter und zeitigen Frühjahr, wenn die Tiere unter Umständen im Stall verbleiben müssen und zusätzliches Protein und Grünfutter im Auslauf nicht zur Verfügung steht, kaum aus. Zu diesem Zweck werden seit geraumer Zeit spezielle **Zuchtfuttermischungen**, angereichert mit Mineralien und Vitaminen, teils auch tierischen Eiweißen, angeboten. Diese Investition ist speziell bei Frühbruten absolut sinnvoll, auch wenn sie etwas kostenintensiver ist. Je nach Hersteller bzw. Sorte werden diese Futtermittel entweder als Alleinfutter verwendet oder mit Körnerfutter vermischt. Wichtig ist es, mit der Fütterung einige Wochen vor dem Sammeln der Eier zu beginnen, damit die Inhaltsstoffe auf den Stoffwechsel und die Eiproduktion einwirken können.

Ergänzend kann dann noch **Grünfutter** in Form von Kohl, Rüben oder Möhren (die günstigstenfalls zerkleinert in Pflanzenöl verabreicht werden, um die Aufnahme der Inhaltsstoffe zu verbessern) zugefüttert werden.

Eine einseitige oder unausgewogene Fütterung hat nicht nur schlechte Befruchtungs- und Schlupfergebnisse, sondern nicht selten auch Missbildungen an Zehen und Läufen zur Folge, die dann als Brutfehler missinterpretiert werden.

Die **Tageslichtdauer** wirkt sich massiv auf die Hormon-Produktion aus und hat auf diese Weise einen regulierenden Einfluss auf die Fruchtbarkeit. Deren Eintritt unterliegt jedoch rassebedingten und individuellen Unterschieden. So erbringen manche Hähne bereits im Dezember hohe Befruchtungsraten, wogegen es bei anderen bis März oder April dauern kann. Letzteres betrifft besonders ältere Hähne, deren Hormonumstellung im Frühjahr etwas später stattfindet. So ist es nicht ungewöhnlich, dass bei Hähnen, die im ersten und zweiten Jahr bereits im Winter hohe Befruchtungsraten aufwiesen, die Fruchtbarkeit im dritten Jahr erst im März und im vierten Jahr sogar erst im Mai eintritt. Daher sollte man einen Hahn nicht sofort aus der Zucht nehmen, wenn bei der ersten Brut nicht das gewünschte Ergebnis erzielt wird.

Wer die Möglichkeit hat, sollte bereits im Winter eine künstliche Beleuchtung in den Morgenstunden einrichten.

Wichtig ist ein trockenes **Stallklima** mit ausreichend Frischluft. Kälte schadet weniger als gemeinhin angenommen. Oft werden im Winter zum Schutz vor Kälte sämtliche Fenster und Öffnungen im Stall komplett geschlossen. Die Folge ist ein durch kondensierendes Wasser aus der Atemluft feuchtes und aufgrund fehlender Ventilation zudem staubiges Klima. Die Feuchtigkeit kann an den Kämmen und Kehllappen kondensieren und bei Frost zu Erfrierungen führen. Während leichte, oberflächliche Erfrierungen die Tiere kaum beeinträchtigen, können starke Frostschäden dafür sorgen, dass die Fruchtbarkeit (der Kamm ist ein sekundäres Geschlechtsmerkmal) vorübergehend einschränkt ist oder ganz zurückgeht, bis die Erfrierungen abgeheilt sind.

Staubige Luft in den Stallungen ist nicht nur unangenehm für Tiere und Züchter, sondern auch gesundheitsschädlich. Der Staub, der zum Teil aus getrockneten Kotpartikeln besteht, kann sich in den Augen und Luftsäcken der Tiere ansammeln und dort zu Infektionen wie z.B. Aspergillose führen.

Bei Rassen mit großen Kämmen und Kehllappen wie Italienern und Minorka ist es sinnvoll, die Kopfanhänge abends mit Öl oder Vaseline einzureiben um sie so vor Frost zu schützen. Auch sollten die Trinkgefäße so beschaffen sein, dass die Kehllappen beim Trinken möglichst nicht befeuchtet werden.

Ein weiterer Aspekt ist die **Verträglichkeit** der Tiere untereinander. Interspezifischer Stress ist ein oft unterschätzter Faktor für das Wohlbefinden der Tiere. Er mindert nicht nur den Bruterfolg, sondern stellt auch eine Beeinträchtigung der Lebensqualität der Tiere dar, was im Resultat zu Gewichtsverlust, einer erhöhten Krankheitsanfälligkeit und im Extremfall sogar zum Tode führen kann.

Vorsicht ist immer geboten, wenn neue Tiere in den Stamm integriert werden, die dann als Neuankömmlinge meist am unteren Ende der Rangordnung stehen und massivem Stress ausgesetzt sein können. Zeigen sie trotz ausreichender Stallgröße, die rassebedingt höchst unterschiedlich sein kann, Stresssymptome wie Angst, Unruhe und Fluchtverhalten, sollten sie von den anderen Tieren getrennt werden. Eine Zucht mit allen Tieren ist dennoch möglich, indem man den Zuchthahn im Abstand von ein bis zwei Tagen zwischen den Hennen wechselt.

Grundsätzlich sollte man die Zuchttiere so oft wie möglich ins Freie lassen, da sie bei Sonneneinstrahlung verstärkt Vitamin D bilden können. Bei Frost sollten sie jedoch im Stall bleiben, da sich Minustemperaturen negativ auf die Reproduktionsorgane und damit auf die Legeleistung und Befruchtung auswirken können.

Sehr häufig wird die Frage gestellt, wie lange ein Hahn mindestens mit den Hennen gehalten werden muss, damit die Eier von ihm befruchtet sind bzw. wie lange man warten muss, wenn man den Zuchthahn wechselt. Als Faustregel hierfür gelten im Allgemeinen zehn Tage. Mehrfache Untersuchungen an Bergischen Krähern zeigten jedoch, dass nach Entnahme des Zuchthahns noch 17 bzw. 22 Tage später befruchtete Eier gelegt wurden. In diesem Fall wurde jedoch kein neuer Zuchthahn zugestellt. Bei Einstellen eines neuen Hahns verkürzt sich dieser Zeitpunkt in der Regel, da die frischen Spermien des neuen Hahns im Allgemeinen besser beweglich sind und daher eine höhere Befruchtungschance haben. So konnte im Rahmen von Farbkreuzungen gezeigt werden, dass bereits nach einer Woche fast alle Eier von dem neuen Zuchthahn befruchtet waren, die „10-Tage-Regel" also durchaus zutraf. Will man hingegen sicher gehen, sollte man mindestens 16 bis 17 Tage warten, bevor man erneut mit dem Sammeln von Bruteiern beginnt.

Gelegentlich ist zu lesen, dass man Junghennen nicht zur Zucht einstellen sollte, da sie über meist kleinere Eier auch kleinere Nachkommen produzieren als Althennen. Tatsache ist, dass die Vererbungsleistung eines Tieres sich im Laufe des Lebens nicht verändert, von daher also keine Unterschiede zu erwarten wären. Auch sagt das Schlupfgewicht eines Kükens noch nichts über dessen Endgewicht aus. Doch gibt es einen anderen Aspekt, der für die Verwendung von Althennen zur Zucht spricht. Von einer Junghenne hat man noch keine Angaben zu ihren Leistungseigenschaften und ihrer Widerstandskraft gegenüber Krankheiten. Erst wenn ein Tier ein Jahr lang erfolgreich erprobt wurde, solle man es für die Zucht vorsehen.

Hennen leichter Rassen legen oft bis zum Alter von fünf bis sechs Jahren, teilweise sogar länger, befruchtete Eier. Bei schweren Rassen tritt in zunehmendem Alter nicht selten eine Verfettung ein, was Legeleistung und Befruchtung negativ beeinflusst. Daher sollte man speziell bei solchen Rassen auf die Zufütterung von Kohlenhydraten wie Kartoffeln verzichten.

Die Bruteier

Die **Form** und **Größe** der Eier variiert zwischen Rassen und Individuen und hat, entgegen immer wieder geäußerter anderslautender Vermutungen, keinen Einfluss auf die Schlupffähigkeit der Küken. Dennoch sollten unnatürlich gestaltete Eier und solche mit dünner oder extrem rauer Schale von der Brut ausgeschlossen werden, das dies ein Hinweis auf eine Krankheit, einen Mangel oder eine hormonelle Störung sein kann und die Embryonen in solchen Eiern oft absterben.

Unnatürlich geformte Eier und solche mit sehr rauer Schale werden aussortiert.

Gelegentlich kommt es vor, dass die Eier einen durch starke **Kalkablagerung** hervorgerufenen wulstartigen Ring aufweisen. Wenn sich diese Verdickung der Eischale nicht an der voraussichtlichen Aufbruchstelle im hinteren Drittel des Eies befindet, können auch solche Eier unbedenklich verwendet werden.

Eigewicht

In den Musterbeschreibungen für die einzelnen Rassen sind Mindestwerte für die Gewichte der Bruteier angegeben. Dennoch können die **Bruteigewichte** innerhalb einer Rasse, bedingt durch unterschiedliche Selektionsschwerpunkte der einzelnen Züchter, stark variieren.

Sehr große Eier mit einem Gewicht von 65 g oder mehr zeigen erfahrungsgemäß verminderte Schlupfraten. Die Ursache ist ein Ungleichgewicht im Verhältnis von Dotter und Eiklar. So ist bei großen Eiern vorwiegend die Menge des nur wenige Nährstoffe enthaltenden Eiklars erhöht, während die Menge des Dotters nur geringfügig über der durchschnittlich großer Eier liegt. Dies führt zum Zurückbleiben unverbrauchter Eiklar-Reste, die den Schlupf beeinträchtigen können.

Eier, die das Mindestgewicht unterschreiten, sollten nicht verwendet werden, da das Eigewicht erblich ist. Ein aus solch einem Ei geschlüpfter Zuchthahn kann dieses Merkmal auf seine gesamte Nachzucht übertragen.

Schieren

Vor der Einlage ist es sinnvoll, die Eier zu schieren. In Eiern mit einer beweglichen Luftblase ist eine Entwicklung nicht möglich, auch Eier mit Blutflecken im Innern sollten nicht verwendet werden. Eier mit Rissen können durch Bekleben mit kleinen Heftpflasterstücken abgedeckt werden. Diese sind vorher an verschiedenen

Stellen einzuschneiden, damit sie sich besser der Wölbung des Eies anpassen. Ebenso hat sich das Abdichten von Rissen mit Holzleim bewährt. Sind die Risse nur sehr klein, besteht zumeist gar kein Handlungsbedarf. Es sollte jedoch beim Schieren überprüft werden, ob lediglich die Schale oder auch die Eihaut eingerissen ist. Im letzteren Fall kann das Ei nicht verwendet werden.

Lagerung

Üblicherweise werden die Bruteier entweder auf der Seite oder mit der spitzen Seite nach unten gelagert. Sind die Eier älter als eine Woche, empfiehlt es sich, sie täglich zu wenden, um ein Herabsinken des Dotters zur unteren Schalenwand zu verhindern.

Die Aufbewahrung sollte günstigstenfalls bei 8 bis 12 °C, maximal jedoch bei 15 °C erfolgen. Temperaturen unter 5 °C schaden dem Keim und können die Entwicklung verhindern. Aus diesem Grund ist es speziell bei Frühbruten, wenn draußen noch Minustemperaturen herrschen, von Vorteil, die Eier regelmäßig aus den Nestern zu nehmen.

Bis zu einem Alter von 14 Tagen zeigen die Eier keine signifikant verminderte Schlupfrate, erst in der 3. Woche sinkt diese deutlich ab. Ältere Eier können aufgefrischt werden, indem man sie vor der Einlage zwei bis drei Stunden in einem Topf mit warmem Wasser (maximal 38 °C) legt. Sie nehmen dann die verdunstete Feuchtigkeit wieder auf. Besonders gut lassen sich so aufgefrischte Eier mit einer Glucke ausbrüten.

Weiterhin hat es sich bewährt, ältere Eier bis zum Tag der Einlage täglich zunächst auf Zimmertemperatur anzuwärmen und dann für etwa 1,5 Stunden im Brutapparat bei Bruttemperatur „anzubrüten". Auf diese Weise wird das Verhalten der Glucke imitiert, die bis zum Brutbeginn das Nest zum Legen aufsucht und dort die bereits gelegten Eier erwärmt. So wird es möglich, aus bis zu vier Wochen alten Eiern noch Küken zu erhalten.

Säubern und Desinfizieren

Nicht selten werden Eier im Nest verschmutzt, was die Poren verstopfen und später die Atmung des Embryos erschweren kann. Grobe Verschmutzungen können mit einem stumpfen Messer oberflächlich abgekratzt und dann abgewaschen werden. Hierzu legt man die Eier für einige Minuten in lauwarmes Wasser, wartet, bis sich der Schmutz gelöst hat, und tupft die Eier dann mit einem Tuch vorsichtig ab. So wird die feine Schutzschicht auf der Oberfläche, die das Ei vor dem Eindringen von Bakterien schützt, nicht beschädigt.

Da die Eischale mit Erregern unterschiedlicher Art behaftet sein kann, empfiehlt sich speziell bei Vereins-Brutmaschinen, diese zu desinfizieren. In Wirtschaftsbetrieben werden die Eier vorwiegend im Sprüh- oder Tauchverfahren entkeimt. Im Rahmen der Rassegeflügelzucht können die für den Küchenbereich üblichen ungiftigen und leicht erhältlichen Mittel verwendet werden. Auch ist es möglich, die Bruteier in eine 5-prozentige Essiglösung (50 ml Essig-Essenz auf 1 Liter Wasser) kurz einzutauchen. Mit denselben Mitteln kann auch der Brutapparat desinfiziert werden, indem man die Flüssigkeit mit dem Zerstäuber gleichmäßig im Apparat verteilt und anschließend trocknen lässt.

Kennzeichnung der Eier

Zum Betreiben einer planmäßigen Zucht ist es notwendig, die Eier zu kennzeichnen, um so die Abstammung der Küken festhalten zu können. Auch lassen sich auf diese Weise Unterschiede in der Befruchtungsrate der Hennen feststellen. Denn nicht selten kommt es vor, dass von manchen Hennen alle Eier befruchtet sind, von anderen hingegen nicht eines. Die Ursachen können in einer hormonellen Störung oder Krankheit der Henne oder dem Verhalten der Tiere begründet sein. Ältere, ranghohe Hennen lassen sich zuweilen besonders von Junghähnen nur ungern treten, auch haben die Hähne oft spezifische Vorlieben. Solche Informationen sind nicht nur für die weitere Zuchtplanung, sondern auch für einen eventuellen Verkauf von Bruteiern wichtig.

Die Zuordnung der Eier zu den Hennen erfolgt im Normalfall über eine **Fallnestkontrolle**, was mit einigem Aufwand verbunden ist. Alternativ kann man über die Bildung sehr kleiner Zuchtstämme (1,1 bis 1,2) anhand von Eiform und Legerhythmus eine relativ sichere Zuordnung vornehmen.

Die Kennzeichnung der Eier erfolgt am besten mit einem Bleistift.

Die Kennzeichnung kann mit einem Bleistift am stumpfen Ende des Eies erfolgen, wo das Küken im Normalfall nicht anpickt und so die Markierung unkenntlich macht.

Die Naturbrut

Als Resultat einer über viele Generationen betriebenen Kunstbrut stellten sich bei den meisten Rassen selektive Anpassungen an diesen Brutmodus ein, wodurch sie schließlich „kunstbrutfest" wurden. Dennoch gibt es auch heute noch einige Rassen, die bei Naturbrut höhere Schlupfraten zeigen als bei Kunstbrut. Dies konnte z. B. bei bestimmten Linien von Seidenhühnern beobachtet werden, einer Rasse, die noch in hohem Maße über Naturbrut gezüchtet wird. Unabhängig davon erlebt die Naturbrut gerade in jüngster Zeit durch die Rückbesinnung auf natürliche Haltungsformen wieder eine Renaissance.

Das Hauptproblem bei der Naturbrut ist die Verfügbarkeit brütender Hennen. Viele Rassen brüten praktisch überhaupt nicht mehr. Daher wird es notwendig, zusätzlich einige Hennen gut brütender Rassen zu halten. Solche sind neben den bereits genannten Seidenhühnern viele Rassen asiatischer Herkunft wie z. B. Brahma, Cochin, Australorps, Sussex oder Orpington einschließlich derer Zwergformen. Ebenso bestens geeignet sind Kampfhuhnrassen – sowohl europäische als auch asiatische.

Nicht alle Hennen brüten so sicher wie diese.

Hühner bevorzugen zum Brüten einen versteckten, vor grellem **Licht** geschützten Platz. Auch wollen sie zumeist dort brüten, wo sie ihre Eier gelegt haben. Daher kann das Umsetzen einer brütig gewordenen Henne manchmal zur Aufgabe der Brut führen. Um dies zu verhindern, empfiehlt es sich, die Henne im Nest innerhalb des Stalls, geschützt durch einen Drahtkäfig, zu belassen. Der Drahtkäfig verhindert, dass andere Hennen das Nest nutzen und die brütende Henne stören können. Er sollte groß genug sein, um der Henne Futter und Wasser bereitzustellen und ihr beim Fressen und Trinken ausreichend Platz zu bieten. Wichtig ist, das Nest frei von Vogelmilben und Hühnerflöhen zu halten. Deshalb ist eine prophylaktische Behandlung mit Insektiziden angebracht.

Ist eine Unterbringung im Stall nicht möglich, kann versucht werden, die Henne in einem vor großer Hitze geschützten Raum mit ausreichendem Licht zu setzen. Ist der Raum sehr hell, sollten die Fenster abgedunkelt werden.

Als **Nesteinlage** kann Heu verwendet werden, ebenso eine gerundete Strohgrundlage, die das Nest locker hält und auf die dann das feinere Heu, das besser isoliert und ein Weggleiten der Eier verhindert, aufgebracht wird. Ebenso kann man als Grundlage eine Grasschicht oder Grassoden, in die man eine Nestmulde formt, verwenden, wodurch die Feuchtigkeit besser erhalten wird. Grassoden liefern zudem die Möglichkeit, durch wiederholtes Anfeuchten den Feuchtigkeitsgehalt wieder zu erhöhen.

Auf weichem Stroh und in einem nicht zu hellen Raum findet die Henne genug Ruhe, um ihrem Brutgeschäft nachzugehen.

Die Anzahl der Eier, die man einer Glucke unterlegt, hängt von der Größe der Henne und der Eier ab.

Als Nester können vorne offene Obstkisten oder einfach Ziegelsteine genutzt werden, die man entsprechend der Größe der Henne formt und aufschichtet. Beim Setzen der Glucke sollte man ruhig und vorsichtig agieren. In fremden Räumen ist es ratsam, das Nest zunächst mit einem Korb oder Sack abzudecken, damit die Henne von der ihr unbekannten Umgebung nicht beunruhigt wird und das Nest verlässt. Falls mehrere Hennen in einem Raum brüten, kann eine dauerhafte Bedeckung notwendig werden, da ansonsten die Gefahr besteht, dass sich zwei Hennen auf dasselbe Nest setzen.

Pauschale Angaben zur **Anzahl der Eier**, die man einer Glucke unterlegen kann, sind schwierig. Sie kann, je nach Größe von Henne und Eiern, zwischen sechs und 18 variieren. Hier muss man einfach ausprobieren, wie viele Eier von der Henne bedeckt werden können. Sinnvoll ist es, wenn die Glucke in etwa die Größe der zu erbrütenden Rasse hat. Ist sie deutlich größer, besteht die Gefahr, dass sie die kleinen Küken versehentlich erdrückt, ist sie deutlich kleiner, kann sie die nach kurzer Zeit schon sehr großen Küken nicht lange genug wärmen. Haben Glucke und zu erbrütende Rasse in etwa die gleiche Größe, können im Mittel etwa zwölf Eier untergelegt werden.

Eine prophylaktische **Wurmbehandlung** der Glucke, mit der ein späterer Wurmbefall der Küken verhindert werden kann, kann von Vorteil sein, speziell, wenn zuvor häufiger Probleme mit Würmern aufgetreten sind.

Futter und Wasser sollte immer zur Verfügung stehen. Füttert man kleinere Portionen, sollte die **Fütterung** täglich zum gleichen Zeitpunkt stattfinden, damit sich die Henne in ihrem Tagesrhythmus darauf einstellen kann. Als Futter ist handelsübliches Körnerfutter oder eine eigene Mischung aus Weizen, Mais und Sommergerste am besten geeignet. Auf treibendes Futter wie z.B. Kartoffeln oder Grünfutter oder stark eiweißreiches Futter wie Legemehl, das zudem dünnflüssigen Kot und so eine Verschmutzung der Eier nach sich ziehen kann, sollte verzichtet werden.

Die Aufgabe des Züchters während der gesamten Brutzeit kann sich im Wesentlichen auf die Kontrollen und frühzeitiges, regelmäßiges Schieren beschränken. So ist es bei schlechten Befruchtungsraten und gleichzeitig gesetzten Glucken möglich, die verbleibenden Eier einer Henne unterzulegen und der zweiten einen neuen Satz Eier anzuvertrauen.

Die künstliche Brut

Die künstliche Brut ist schon seit Jahrzehnten der Normalfall in der Rassegeflügelzucht. Sie hat den Vorteil, dass man unabhängig von der Verfügbarkeit von Glucken agieren, schon sehr früh im Jahr mit der Zucht beginnen und eine weitaus größere Anzahl von Eiern erbrüten kann. Hinzu kommt, dass die Küken nicht sofort mit Parasiten oder Krankheitserregern in Kontakt kommen und auch bei anschließender separater Aufzucht von diesen verschont bleiben. Zudem ist der prinzipiell höhere Aufwand durch Wenden der Eier, regelmäßiges Überprüfen bzw. Nachjustieren von Temperatur und Feuchtigkeit sowie Nachfüllen von Wasser durch die modernen vollautomatischen Brutmaschinen auf ein Minimum reduziert.

Da mittlerweile die meisten Lohnbrütereien aus Rentabilitätsgründen aufgegeben wurden, haben sich viele Geflügelzuchtvereine größere Brutmaschinen angeschafft, die von fachkundigen Mitgliedern betreut werden und allen Züchtern zur Verfügung stehen. Bei den züchtereigenen Apparaten handelt es sich oft um Flächenbrüter oder kleinere Motorbrüter mit einer Kapazität von 30 bis 100 Eiern.

Flächenbrüter sind aus Hartschaumstoff hergestellt, relativ preisgünstig und arbeiten recht zuverlässig. Da der eine Luftverteilung bewirkende Rotor fehlt und die Temperatur mit zunehmender Entfernung von der Heizung abnimmt, also an der Oberseite höher ist als an der Unterseite, ist ein regelmäßiges Wenden der Eier hier besonders wichtig. Moderne Modelle sind mittlerweile mit einer gut funktionierenden automatischen Wendevorrichtung ausgestattet.

Motorbrüter sind mit einem Rotor versehen, der für eine Umwälzung der Luft sorgt. Sie können eine oder mehrere Horden umfassen. Bei größeren Modellen mit mehreren Horden ist die Luftumwälzung nicht immer vollständig, sodass die Temperatur an den weiter von der Heizung entfernten Horden geringer ist. Daher empfiehlt es sich, die Horden im Abstand von drei bis vier Tagen sukzessive von oben nach unten bzw. umgekehrt zu wechseln.

Moderne Motorbrüter sind mittlerweile so weit automatisiert, dass der Züchter zu Beginn der Brut Temperatur und Luftfeuchtigkeit einstellen kann und alles Weitere, inklusive dem Wenden der Eier, der Maschine überlässt. Seine Arbeit beschränkt sich praktisch nur noch auf das Kontrollieren der Funktionen. Doch sind nach wie vor noch zahlreiche manuell zu bedienende oder halbautomatische Apparate (mit lediglich automatischer Wendevorrichtung) in Gebrauch.

Alle Brutmaschinen sind mit Wendehorden, die der Bebrütung vom 1. bis zum 18. Tag dienen, und Schlupfhorden, die mit Draht- oder Kunststoffgittern versehen sind, ausgestattet.

Die Brutmaschine sollte nach Möglichkeit an einem Ort mit relativ konstanter Temperatur aufgestellt werden, da sie bei Temperaturschwankungen die Bruttemperatur nur schwer halten kann. Am besten geeignet ist normale Zimmertemperatur von 18 bis 20 °C.

So ein kleiner Motorbrüter ist ideal für einen einzelnen Züchter geeignet.

Die Temperatur

Vor Beginn der Brut sollten die Thermometer in warmem Wasser im Vergleich mit einem Fieberthermometer überprüft werden. Es empfiehlt sich, stets zwei Thermometer zur Verfügung zu haben. So kann man im Notfall auf Ersatz zurückgreifen und hat außerdem die Möglichkeit, die Temperatur an verschiede-

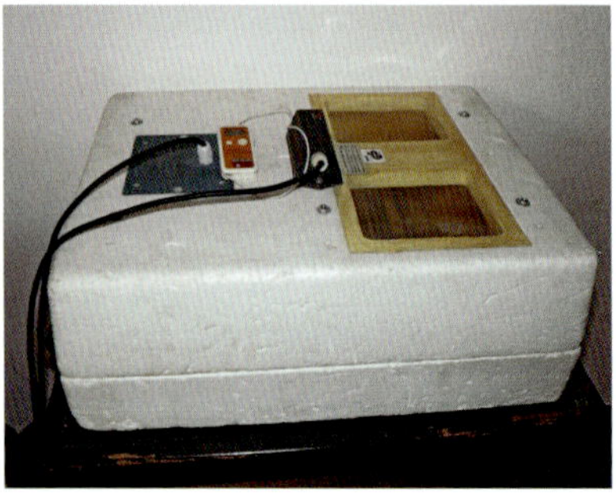

Dies ist ein altbewährtes Modell eines Flächenbrüters.

nen Stellen des Apparates gleichzeitig zu überprüfen. Ist die Anzeige (Skala) bei Flüssigkeitsthermometern unterbrochen, kann das Thermometer mit einem Fön bis zur maximalen Flüssigkeitsausdehnung erhitzt und anschließend wieder abgekühlt werden.

Die Maschine wird zunächst ohne die Eier in Betrieb genommen und auf die erforderliche Bruttemperatur gebracht. Vorher werden die Wasserbehälter mit warmem Wasser aufgefüllt.

Die Bruttemperatur sollte beim Motorbrüter 37,8 °C, beim Flächenbrüter an der Oberseite der Eier, die etwa ein Grad wärmer ist als die Unterseite, 38,3 °C betragen. Um dies zu gewährleisten, ist es wichtig, dass sich der Temperaturfühler exakt an der Oberseite der Eier befindet. Auch beim Motorbrüter, bei dem eine vollständige Umwälzung der Luft nicht immer gegeben ist, sollte sich der Temperaturfühler nicht zu weit von den Eiern entfernt befinden.

Zu hohe Temperaturen können gefährlich werden, weil dann ein zu großer Feuchtigkeitsverlust im Ei entsteht. Als Folge bleiben viele Küken im Ei stecken. Auch sind für verkrümmte Zehen nicht selten zu hohe Bruttemperaturen die Ursache.

Zu niedrige Temperaturen gelten als weniger gefährlich. Das trifft jedoch nur dann zu, wenn die Abweichung geringfügig ist und nicht sehr lange anhält. Dauerhaft zu niedrige Temperaturen führen zu einem zeitverzögerten Schlupf. Die Küken sind beim Schlupf verklebt, wirken schwächlich und entwickeln sich schlecht. Im Extremfall sind sie nicht lebensfähig. So konnte beispielhaft gezeigt werden, das sich bei einer konstanten Temperatur von etwa 35,5 °C der Schlupf um knapp eine Woche verzögerte und die wenigen geschlüpften Küken die erste Woche nicht überlebten.

Langjährige Beobachtungen zeigten zudem, dass sich eine leichte Erhöhung um 0,2 bis 0,4 °C nicht negativ auswirkt. Die Küken schlüpfen etwa einen halben bis einen Tag früher, die Schlupfrate ist unverändert hoch, der Schlupf läuft zügig und gebündelt ab. Unterschreitungen um dieselben Werte führten hingegen zu Verzögerungen um ein bis zwei Tage mit herabgesetzten Schlupfraten und verklebten Küken.

Ein kurzer Stromausfall ist im Normalfall ungefährlich, selbst nach 24-stündiger Stromunterbrechung können noch zahlreiche Küken schlüpfen; der Schlupf verschiebt sich dann um einen Tag. Ob es bei längerem Stromausfall zu Missbildungen kommt, hängt nicht nur von dessen Länge, sondern auch vom Stadium der Entwicklung ab. Tritt ein längerer Stromausfall ein, sollte zunächst der Brutraum aufgeheizt werden. Stehen die Küken kurz vor dem Schlupf, ist zudem der Brutapparat wiederholt zu öffnen, da ansonsten der Sauerstoff im Inneren knapp wird. Die Temperatur kann durch Eingießen von heißem Wasser in die Wasserbehälter einigermaßen konstant gehalten werden. Geschlüpfte Küken sind im Kükenheim bzw. Aufzuchtraum unterzubringen, auch wenn sie noch nicht völlig trocken sind.

In einem Motorbrüter wird automatisch für die Umwälzung der Luft gesorgt und die Temperatur lässt sich genau einstellen.

Die Feuchtigkeit

Ein Brutei verliert während der Brut etwa 20% seines Feuchtigkeitsgehaltes. Dies ist beim Schieren an der Vergrößerung der Luftblase deutlich erkennbar. Dabei sind Eier in Motorbrütern stärker betroffen als in Flächenbrütern mit geringerer Luftbewegung. Es besteht also die Notwendigkeit für eine ausreichende Luftfeuchtigkeit im Brutapparat zu sorgen, die es dem Ei ermöglicht, Wasserdampf durch Diffusion wieder aufzunehmen. Angestrebt wird eine relative Luftfeuchtigkeit von 50 bis 60% bis zum 18. Tag, die dann kurz vor und während des Schlupfes auf möglichst 80 bis 90% erhöht wird. Sie bewirkt, dass die Eischale ihre Härte verliert und luftdurchlässiger wird.

Grundsätzlich gilt, dass kleine Eier eine höhere Feuchtigkeit benötigen als große, da bei ihnen das Verhältnis von Oberfläche zu Volumen größer ist.

Die Regulation der Luftfeuchtigkeit erfolgt über Schalen, die im Brutapparat aufgestellt und nach Bedarf befüllt werden können. Größere Motorbrüter verfügen meist über einen separaten Schlupfraum, in dem leichter eine hohe Luftfeuchtigkeit erzielt werden kann. In kleineren Motorbrütern ohne Schlupfraum und in Flächenbrütern kann die Feuchtigkeit, sofern die Schalen nicht ausreichen, durch Einlegen feuchter, warmer Tücher gesteigert werden.

Gemessen wurde die Feuchtigkeit früher meist mit Haar-Hygrometern, heute sind überwiegend digitale Messgeräte im Handel.

Die Belüftung

Während der Brut steigt mit zunehmender Entwicklung der Küken der Sauerstoffbedarf, sodass die Lüftungsöffnungen der Apparate von zunächst etwa halber Öffnung bis zum Schlupf allmählich komplett zu öffnen sind. Küken können beim Schlupf ersticken, wenn nicht ausreichend Sauerstoff zur Verfügung steht und sich die Luft mit ausgeatmetem Kohlendioxid anreichert. Von daher ist es völlig falsch, während des Schlupfes die Lüftungsöffnungen zu schließen, um so die Feuchtigkeit zu erhöhen.

Kühlen und Wenden

Das Wenden der Eier beginnt ab dem 3. Tag und wird bis zum Umlegen in die Schlupfhorde am 18. Tag betrieben. Sofern die Maschine keine automatische Wendevorrichtung besitzt, sollten die Eier mindestens zweimal täglich (morgens und abends) gewendet werden. Bei Motorbrütern ist dies im Allgemeinen durch Rollen der Horde über ihre Auflage oder entsprechende Vorrichtungen mit einem Handgriff möglich. Beim Flächenbrüter müssen die Eier ggf. einzeln per Hand gewendet werden. Gleichzeitig kann ein Umlegen der Eier vorgenommen werden, indem man die innen liegenden mit den am Rand liegenden austauscht. So kann man eventuell vorhandene Temperaturdifferenzen im Apparat ausgleichen.

In diesem Zusammenhang kann auch das Kühlen der Eier erfolgen, das 5 bis 10 Minuten andauern sollte, also etwa dem Zeitraum entspricht, den eine Glucke täglich zum Fressen und Trinken aufwendet.

Brutverlauf und Schlupf

Die Entwicklung des Kükens beginnt unmittelbar mit Erreichen der Bruttemperatur und schon nach einem Tag ist die Keimscheibe mit der Anlage des Embryos zu erkennen. Weißschalige Eier können jetzt bereits zum ersten Mal geschiert werden. Zu erkennen ist dann die Keimscheibe als runde, 2 bis 3 Millimeter große, etwas verdunkelte Struktur, die sich auf dem Eidotter leicht hin- und herbewegt. Die Sicherheit dieser Kontrolle liegt bei etwa 90% und macht es möglich, bei sich abzeichnender schlechter Befruchtung sofort weitere Eier ohne nennenswerte Verzögerung beim Schlupf nachzulegen. Wegen der noch vorhandenen Unsicherheit sollte man aber noch keine vermeintlich unbefruchteten Eier entnehmen.

Nach drei Tagen werden die ersten Adern sichtbar und das Herz beginnt zu schlagen. Am folgenden Tag entstehen die inneren Organe, am Ende der ersten Woche werden Haut, Gefieder und Schnabel gebildet. Während dieser Vorgänge wird der Ei-Inhalt verdaut und zum Aufbau von Körpersubstanz und Energiegewinnung für den Stoffwechsel genutzt. Dabei entstehende Abbauprodukte werden im Harnsack in der Nabelgegend gesammelt. Der Embryo ist wie der eines Säugetiers vom einer Fruchtblase, dem Amnion, umschlossen, die ihn vor Druck und Stoß schützt.

Am 4. Tag können weißschalige Eier mit vollständiger Sicherheit geschiert werden, braunschalige je nach Farbintensität am 6. oder 7. Tag. Man erkennt dann den kleinen beweglichen Körper auf dem Eidotter, von dem nach mehreren Seiten Adern ausgehen. Dies verleiht ihm das Erscheinungsbild einer Spinne.

Ein unbefruchtetes Ei ist ebenso klar wie ein unbebrütetes; ein befruchtetes erscheint im Ganzen dunkler. Auch ist die sich im stumpfen Ende befindende Luftblase größer. Bei der Kunstbrut kann man selbst dann noch Eier nachlegen, die vier bis sechs Tage später schlüpfenden Küken können bedenkenlos den zuvor geschlüpften hinzugesetzt werden.

Bei sehr dunklen Eiern ist ebenso wie bei den grünen Eier der Araucana ein sicheres Schieren nur schwer möglich und man muss eventuell bis zum Schlupf warten.

Das Schieren wird im Normalfall mit einer hierfür im Handel erhältlichen Schierlampe durchgeführt, kann jedoch auch mit einer Taschenlampe, auf die man ein Stück Fahrradschlauch aufzieht, erfolgen. Wichtig ist die vollständige Dunkelheit des Raumes. Zum Schieren hält man das Ei mit dem stumpfen Ende an die Lampe und dreht es langsam, bis der Embryo zu erkennen ist.

Ist ein schwarzer Fleck zu sehen, der sich nicht bewegt und von dem keine Adern ausgehen, ist der Embryo abgestorben. Ebenso verhält es sich bei einem matt rötlichen Blutring um den Embryo herum.

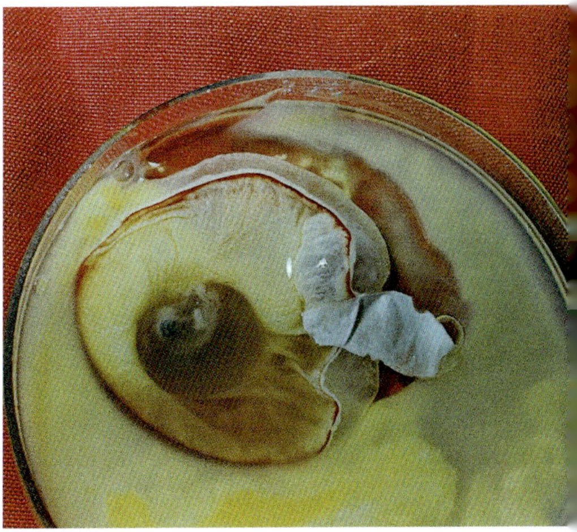

An dem roten Blutring erkennt man, dass der Embryo abgestorben ist.

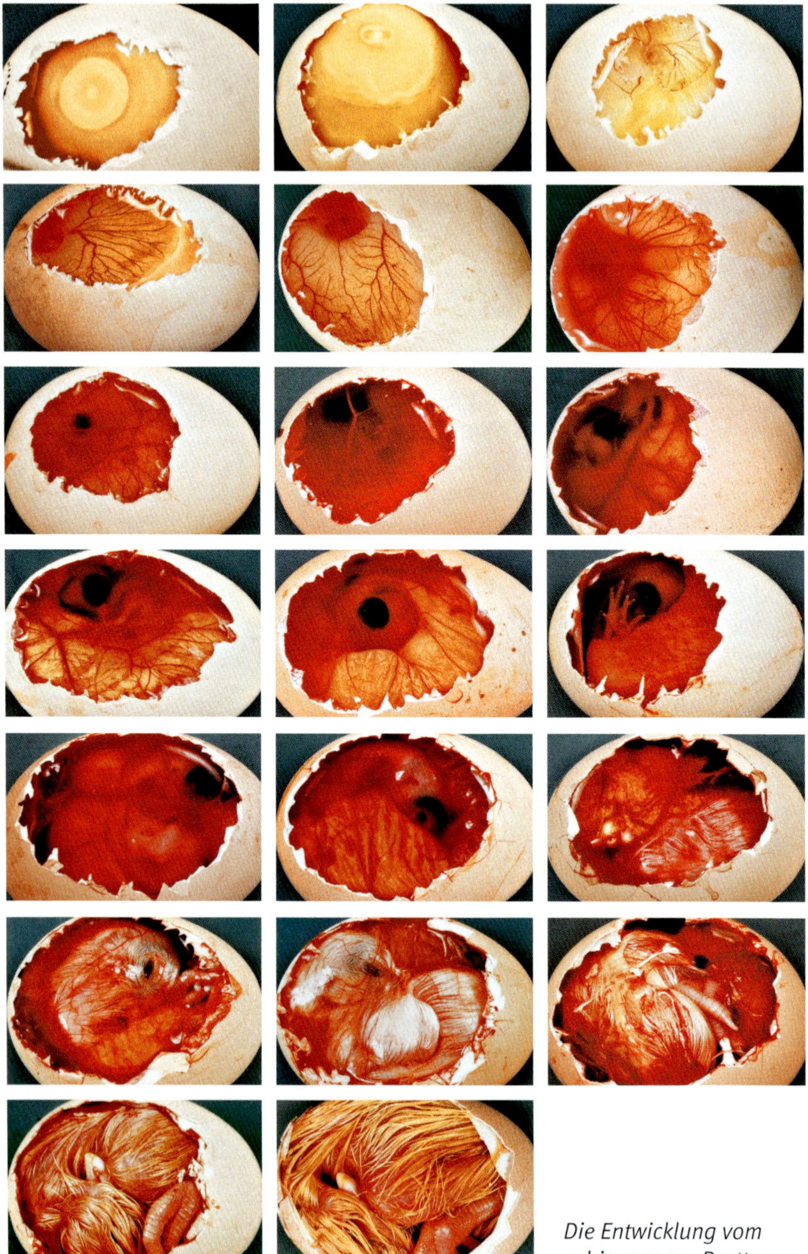

Die Entwicklung vom 1. bis zum 20. Bruttag.

Unbefruchtete Eier sollten entfernt werden, was besonders für die Naturbrut gilt, weil die verbleibenden Eier von der Glucke dann mehr Wärme erhalten. Nach vier bis sechs Tagen aussortierte, unbefruchtete Eier können noch unbedenklich zum Backen oder in hart gekochter Form verwendet werden, auch geben sie gekocht ein gutes Futter für die Alttiere oder bereits vorhandene Küken ab.

Weiteres Schieren kann dann im Brutalter von 10 bis 14 Tagen sowie vor der Umlage auf die Schlupfhorde vorgenommen werden. Wer genaue Informationen zum Zeitpunkt des Absterbens haben möchte, kann auch täglich schieren, ohne dass die Embryonen dadurch Schaden nehmen.

Am 19. und 20. Tag wird der Dottersack eingezogen und man kann bereits das erste Piepsen des fertig entwickelten Kükens hören. Daher werden bei der künstlichen Brut die Eier am 18. Tag von der Wendehorde auf die Schlupfhorde umgelegt. Diese hat einen Boden aus Draht- oder Kunststoffgeflecht und zumindest bei Motorbrütern auch eine entsprechende Abdeckung, die eine Kollision der Küken mit dem Rotor verhindert. Das Wenden der Eier ist nun nicht mehr notwendig.

Die Schlupfhorden können ohne größere Schwierigkeiten (etwa mit Gittern aus Sperrholzleisten oder an den Wänden angeklebten Pappstreifen) unterteilt werden, sodass eine Kennzeichnung der Nachzucht, differenziert nach den Elterntieren, möglich wird.

Diese frisch geschlüpften Küken sind nach Abstammung getrennt in der Schlupfhorde untergebracht.

Bald ist es geschafft. Das Küken hat schon die Schale angepickt, sodass es ausreichend mit Luft versorgt wird.

Zu Beginn des **Schlupfes** wird die Eihaut im Inneren in Richtung der Luftblase durchstoßen. In diesem Augenblick beginnt die Lungenatmung. Dann wird die Schale mittels des sich auf der Schnabelspitze befindenden Eizahns, eines kleinen, weißen Höckers, angepickt, was durch Drücken von Körper und Kopf gegen die Eiwand erreicht wird. Nach einer Ruhezeit, die bis zu zwölf Stunden andauern kann, beginnt das Küken sich im Ei zu drehen und dabei mit dem Eizahn das Ei ringförmig aufzuritzen. Das Drehen wird erleichtert durch einen Rest von Eiweiß, der die Eihaut geschmeidig hält.

Das Piepsen des Kükens wird nun intensiver. Es dient der Kommunikation mit der Glucke, die darauf mit beruhigenden Lautäußerungen, sogenannten Stimmfühlungslauten, reagiert.

Ist die Schale vollständig aufgeritzt, drückt das Küken die beiden Hälften auseinander und strampelt sich schließlich aus der Schale heraus. Danach ruht es und das Daunengefieder trocknet ab.

Bei der Naturbrut sollt man die Glucke während des Schlupfes so wenig wie möglich stören. Nachdem die letzten Küken geschlüpft und ausgeruht sind, verlässt sie das Nest und beginnt zusammen mit den Küken die Futtersuche. Es ist daher sinnvoll, zuvor Futter und Wasser für Glucken und Küken bereitzustellen.

Auch bei der Kunstbrut sollte auf zu häufiges Stören während des Schlupfes verzichtet werden. Trotzdem ist es notwendig, von Zeit zu Zeit die Eischalen zu entfernen, da sie schlüpfende Küken behindern können. Die Küken verbleiben so lange im Apparat, bis sie vollständig getrocknet und ausgeruht sind. Ein Küken kann bis zu 24 Stunden in der Maschine bleiben, da es durch den eingesogenen Eidotter noch über einen ausreichenden Nahrungsvorrat verfügt.

Da ältere Eier im Normalfall eine etwas längere Entwicklungsdauer haben, kann sich der Schlupf noch bis zum Ende des 22. Tages hinziehen. Erst dann wird die Brut beendet. Sollten sich noch Spätankömmlinge im Apparat befinden, die das Ei fast aufgeritzt haben, kann man die Schale entfernen.

Die Frage, ob der Züchter helfen soll, wenn ein Küken Probleme beim Schlupf hat, sorgt immer wieder für Diskussionen. Früher wurde meist nach der Doktrin verfahren, dass Tiere, die nicht aus eigener Kraft schlüpfen können, zu schwach zum Überleben seien. Die Ursachen sind jedoch vielfältiger. Ist das Brutei schon sehr alt oder hat das Küken (z.B. weil die Mutter zum Legezeitpunkt nicht völlig gesund war) einfach nur schlechtere Startbedingungen, kann aus so einem Küken problemlos ein kräftiges Jungtier erwachsen. Es macht daher durchaus Sinn, solch einem Küken zu helfen und seine weitere Entwicklung zu beobachten.

Ist die Anpickstelle zu weit offen, kann die Eihaut stark austrocknen, was den Schlupf erschwert. In diesem Fall reicht es, die Öffnung mit warmem Wasser anzufeuchten und die Feuchtigkeit durch Drehen des Eies im Inneren zu verteilten. Ist ein Ei seit mehr als zwölf Stunden angepickt, ohne dass sich ein Fortschritt erkennen lässt, kann man die Pickstelle vorsichtig mit einer Messerspitze öffnen. Ist die Eihaut weiß gefärbt, wird sie noch durchblutet und man sollte noch warten. Ist die Eihaut trocken – sie bekommt dann ein glasiges Aussehen – kann die Öffnung vorsichtig erweitert werden, bis beide Eihälften getrennt sind. Oft ist das Küken nun allein in der Lage, sich zu befreien; wenn nicht, kann man es vorsichtig am Kopf fassen und langsam aus der Schale herausziehen. Nicht selten sind bei solchen Küken die Flügel am Kopf oder Körper festgetrocknet. Sie können dann mithilfe von Wattestäbchen und warmem Wasser gelöst werden.

Kommt beim Öffnen des Eies Blut zum Vorschein, sollte man es so gut wie möglich wieder mit der Schale verschließen und noch abwarten. Einige Stunden später kann ein neuer Versuch gestartet werden.

Kennzeichnung der Küken

Wie bereits beschrieben, ist die Kennzeichnung der Nachzucht für eine planmäßige Zucht unumgänglich. Küken können auf verschiedene Weisen gekennzeichnet werden.

Kükenmarken mit individuellen Nummern werden in der Haut zwischen Oberarm und Speiche befestigt. Das Anbringen der Marken sollte durch erfahrene Züchter erfolgen, da Verletzungen bei unsachgemäßer Anwendung möglich sind.

Farbige **Markierungsringe**, die im Abstand von mehreren Wochen durch jeweils größere Formate ersetzt werden müssen, machen zwar etwas mehr Aufwand, haben jedoch den Vorteil, das man die Abstammung und den Entwicklungsverlauf der Jungtiere ohne häufiges Einfangen erkennen kann. Da sie für die Tiere die schonendste Methode darstellen und im Normalfall kein Verletzungsrisiko beinhalten, wird ihre Verwendung ausdrücklich empfohlen.

Nicht zu empfehlen, aber der Vollständigkeit halber erwähnt sei hier noch die **Zehenlochung**. Hierbei werden mit einer Lochzange runde Löcher in die Häute zwischen den Zehen gestochen. Auf diese Weise kann man die Nachzucht von maximal 16 Hennen differenzieren. Die Zehenlochung war aus Tierschutzgründen kurzzeitig verboten, ist jedoch seit 2017 wieder erlaubt.

Während bei der Kunstbrut das Kennzeichnen kein Problem ist, bereitet es bei der Naturbrut zwangsläufig Schwierigkeiten. Will man hier absolute Sicherheit haben, kann man der Glucke nur die Eier einer Henne unterlegen. Denkbar ist auch, die Eier von zwei Hennen zu verwenden und dann zu versuchen, die Nachzucht anhand spezieller Merkmale (hier eignen sich der Erfahrung nach besonders die Kopfattribute) zuzuordnen. Handelt es sich dabei um zwei Vollschwestern, sind die genetischen Auswirkungen eventueller Fehlzuordnungen verringert.

Aufzucht und Haltung

Die natürliche Aufzucht

Etwa 24 Stunden nach dem Schlupf sind die Küken getrocknet und die Glucke verlässt mit ihnen das Nest. Bleiben die Tiere in ihrer Behausung, sollte darauf geachtet werden, dass das Nest nicht zu hoch und für die Küken wieder erreichbar ist. Ist dies nicht der Fall, muss es behutsam verkleinert oder ausgetauscht werden.

Häufig werden zur Unterbringung von Glucke und Küken traditionelle Kükenboxen mit vorstellbarem oder anmontiertem Drahtkäfig verwendet, die man ohne größeren Aufwand selbst bauen kann. Sie bestehen aus einer Holzkiste mit einer verschließbaren Öffnung und einem aufklappbaren oder abnehmbaren Dach. Die Öffnung wird mit einer Tür verschlossen, die entweder mit Scharnieren angeschraubt oder mit zwei Leisten befestigt nach oben und unten verschiebbar ist. Als Basis für eine solche Box kann auch eine entsprechend ausgebaute Hundehütte dienen. Wichtig ist, dass sowohl das Dach als auch die Öffnung zum Schutz vor Beutegreifern sicher verschlossen werden kann. Ebenso sollten Luftlöcher vorhanden sein, die man mit Drahtgeflecht bespannt, damit Mäuse und Ratten nicht eindringen können. Ratten sind nicht nur Futterschädlinge und

Sobald die Küken ausgeruht und kräftig genug sind, nimmt die Glucke sie schon zur Futtersuche mit.

potenzielle Krankheitsüberträger, sondern stellen auch eine unmittelbare Gefahr für die Küken dar. Um einen direkten Bodenkontakt, der zu Fäulnis und starker Abkühlung führen kann, zu vermeiden, empfiehlt es sich, unter den Boden einige Leisten zu befestigen.

Der Drahtkäfig besteht aus Holzlatten und Viereck-Schweißgitter bzw. Sechskantgeflecht geringer Maschenweite (unter 2 cm). Ist er an die Holzkiste angeschraubt, muss die Oberseite aufklappbar sein, um die Tür der Kiste öffnen und schließen zu können. Wird er lediglich der Holzkiste vorgestellt und durch eine Öffnung mit der Tür verbunden, ist es sinnvoll, ihn mit der Kiste (z.B. durch Haken) fest zu verbinden oder am Boden durch Zeltnägel zu fixieren, da Beutegreifer wie Füchse nicht selten auch am hellichten Tage erscheinen und solche Käfige problemlos umwerfen können.

Da manche Glucken stark zum Scharren neigen und dabei sämtliche Futter- und Wassertröge verschmutzen oder umwerfen, kann man den hinteren Teil des Drahtkäfigs mit einem Lattenrost aus senkrecht stehenden Latten abtrennen, die den Küken, aber nicht der Glucke ein Durchschlüpfen ermöglichen. Dort stellt man das Futter und Wasser so auf, dass es von der Glucke mit dem Schnabel erreichbar ist. Anderenfalls muss man die Tröge etwas erhöht aufstellen (z.B. auf dickeren Brettern) und gut befestigen, indem man flache Ziegelsteine um sie herumlegt. Als Einstreu für die Kükenbox ist Sand sehr gut geeignet, auch gehäckselte Einstreu aus dem Handel kann verwendet werden, doch sollte sie nicht sehr grob sein.

Diese Hundehütte wurde zu einem Kükenstall umgebaut.

Ein weiterer Vorteil solcher Konstruktionen ist, dass die gesamte Anlage leicht versetzbar ist, den Küken also ständig neuer Boden zur Verfügung gestellt werden kann, was die Anreicherung von Krankheitserregern minimiert. Wichtig ist, sie nicht dort aufzustellen, wo zuvor alte Hühner gehalten wurden, da sonst die Gefahr einer Übertragung von Darmparasiten und Würmern besteht.

Hat man einen größeren Raum zur Verfügung und will dort mehrere Glucken halten, sollten die Küken gleich alt sein, weil sie ansonsten Gefahr laufen, als fremd erkannt und attackiert zu werden. Auch kann es vorkommen, dass sich die Glucken nicht vertragen und beginnen, sich zu bekämpfen ohne Rücksicht auf die sie umgebenden Küken. In diesem Fall setzt man sie unter Drahtkäfige, die den Küken ein Durchschlüpfen ermöglichen. Solche Käfige können auch verwendet werden, wenn die Glucke zu aktiv ist und ständig umherläuft, ohne die Küken ausreichend zu wärmen. Alternativ kann eine Wärmelampe aufgehängt werden.

Will man der Glucke zusätzliche Küken aus einer zeitgleichen Kunstbrut unterschieben, geschieht das am besten abends, wenn die Glucke ruhig auf dem Nest sitzt. Je nach Größe der Glucke und der Küken können ihr zwischen zehn und 20 Küken anvertraut werden.

Die Küken verbleiben zumeist bis zum Alter von fünf bis sechs Wochen bei der Glucke. Wenig später beginnt sie auch, die Betreuung der Küken einzustellen und sie gegebenenfalls zu vertreiben. Spätestens dann sollten sie in den Jungtierstall überführt werden.

Die künstliche Aufzucht

Essenziell für die künstliche Aufzucht sind geeignete Wärmequellen. Zu diesem Zweck werden im Allgemeinen Wärmelampen (Dunkelstrahler, Infrarotlampen), Wärmestrahler und Wärmeplatten genutzt.

Wärmelampen sind für kleine bis mittelgroße Kükengruppen geeignet. Sie sind in Stärken von 60 bis 250 Watt erhältlich und haben eine langen Brenndauer, können also über viele Jahre genutzt werden. **Infrarotlampen** erleuchten auch nachts den Raum, sodass die Küken nicht zur Ruhe kommen. Dies bedingt durch die ständige Nahrungsaufnahme ein schnelleres Wachstum, kann aber im Extremfall zu Stressreaktionen wie Feder- oder Zehenpicken führen. Daher sind primär **Dunkelstrahler** zu empfehlen, die, sofern das Tageslicht nicht ausreicht, zwar eine zusätzliche Lichtquelle erfordern, den Küken aber die Einhaltung der nächtlichen Ruhephasen ermöglichen.

Wärme- oder Aufzuchtstrahler haben ein Gehäuse aus verzinktem Blech und ein Reflektorblech im Inneren, das die Wärme nach außen abstrahlt. Sie verfügen über ein stufenlos regelbares Thermostat von 0 bis 250 °C und sind vorwiegend für die Aufzucht größerer Kükengruppen (je nach Format bis zu 500 Küken) geeignet. Entsprechend höher ist der Stromverbrauch.

Elektrische **Wärmeplatten** haben den Vorteil, dass sie nur wenig Strom verbrauchen. Die Intensität der Wärmeabgabe kann stufenweise reguliert werden. Sinnvoll ist die Abdeckung mit einem Sack, weil dieser bei entsprechender Länge an den offenen Seiten herunterhängt und so die Wärme besser hält. Ebenso schützt der Sack vor Verschmutzungen, denn die Küken merken sehr bald, dass es sich auf der warmen Platte sehr gut ruhen lässt. Die Höhe der Platte ist verstellbar, sodass man die Heizplatte je nach Größe der Jungtiere höher stellen kann.

Die Aufzucht der Küken erfolgt am besten in einem speziellen **Kükenheim**. Entsprechende Modelle sind im Handel zu erwerben. Doch kann man sich auch mit einfachen Mitteln selbst behelfen. So reicht eine Holzkiste oder ein Pappkarton entsprechender Größe mit im hinteren Bereich angebrachter Wärmelampe oder -platte völlig aus. Der vordere Teil kann nachts partiell mit Tüchern, Pappe oder Holzplatten abgedeckt werden. Bei Pappschachteln empfiehlt es sich, in der Vorderwand ein Fenster aus durchsichtiger Plastikfolie anzubringen, bei einer Holzkiste kann ein Fenster aus Plexiglas eingebaut werden. Wachsen die Küken heran, sollte man die Kiste oben mit einem Drahtgeflecht abdichten, da leichte Rassen bereits im Alter von zwei Wochen recht flugtüchtig sind. Die Küken bleiben in der Regel bis zu vier Wochen im Kükenheim. Danach können sie in größere Aufzuchträume mit entsprechenden Wärmequellen verbracht werden.

Über diesem aus einem Pappkarton eingerichteten Kükenheim ist ein Dunkelstrahler angebracht.

Wie lange die Küken eine künstliche Wärmequelle benötigen, hängt von der Jahreszeit und der Empfindlichkeit der Rasse ab. Bei Frühbruten, speziell wenn es sich um kleine Zwerghuhn- oder Urzwergrassen handelt, ist es ratsam, die Wärmequelle zumindest über Nacht bis zu einem Alter von sechs bis acht Wochen anzuschalten. Bei späteren Bruten mit einem Schlupftermin in der zweiten Aprilhälfte oder im Mai reichen unter Umständen vier Wochen aus.

Dieses mehrstöckige Kükenaufzuchtheim ist mit integrierten Wärmeplatten und einer Lichtquelle ausgestattet.

Die **Temperatur**, in Kopfhöhe der Küken gemessen, soll in der ersten Woche 32 °C betragen, in der zweiten genügen 28 bis 30 °C, in der dritten 24 bis 28 °C und in der vierten 20 bis 24 °C. Bei warmen Außentemperaturen kann die Heizquelle schon in der 3. und 4. Woche tagsüber ausgeschaltet werden.

Den besten Hinweis auf die richtige Temperatur liefern die Küken selbst. Eine lockere Verteilung unter der Wärmequelle und leises Piepsen zeigen an, dass sie sich wohl fühlen. Bei zu starker Hitze sitzen sie in mehr oder weniger großem Abstand von der Heizquelle entfernt. Spätestens bei zusätzlich geöffnetem Schnabel und schneller Atmung sollte die Heizquelle höher gehängt werden. Ist die Temperatur zu gering, kriechen die Küken unter lautem Piepsen eng zusammen und laufen Gefahr, sich gegenseitig zu erdrücken.

Die Küken sollten am Morgen, spätestens jedoch am Nachmittag, in das Kükenheim gesetzt werden, damit man ausreichend Zeit hat, um die richtige Einstellung zu überprüfen. Mit zunehmendem Alter können die Heizquellen durch Geräte mit schwächerer Leistung ausgetauscht bzw. höher gehängt werden.

Um den Küken das Erlernen des **Trinkens** zu erleichtern, kann man sie mit dem Schnabel in nicht zu kaltes Wasser stippen. Auch kann man mit dem Finger in die Futter- und Wassernäpfe tippen, um das Picken der Glucke zu simulieren. Wollen die Küken nicht fressen, kann man den Finger zunächst in den Wasser- und dann in den Futternapf tauchen. Das am Finger klebende Futter wird dann von den neugierigen Küken sehr gern abgepickt.

Werden die Küken in einem großen Aufzuchtraum gehalten, ist es sinnvoll, die Wärmequelle mit einem runden Zaun aus Pappe oder Brettern von etwa 20 cm Höhe zu umstellen, um zu gewährleisten, dass die Küken leicht zu ihrer Wärmequelle zurückfinden. Auch wird die Wärme so besser gehalten. Später kann dieser Ring sukzessive erweitert werden. Mit zunehmender Flugtüchtigkeit der Küken sollte der Ring entfernt werden, da die Gefahr besteht, dass die Küken ihn überfliegen und später nicht mehr zurück finden. Eine Aufheizung des gesamten Raumes ist im Allgemeinen nicht notwendig, wenn die Wärmequellen stark genug sind, um allen Küken genug Raum zu bieten, in dem sie sich aufwärmen können.

Ein Fehler, der immer wieder gemacht wird, ist die gemeinsame Aufzucht verschiedener Altersstufen. Ein **Altersunterschied** von mehr als zehn Tagen reicht aus, die Entwicklung der jüngeren Küken entscheidend zu hemmen. Sie werden von den älteren abgedrängt und erhalten so weniger Futter und Wärme.

Nicht ganz so problematisch ist die gemeinsame Aufzucht gleichaltriger Küken von Groß- und Zwergrassen. Denn hier sind neben der Größe auch Faktoren wie Charakter und Agilität von Bedeutung. So lassen sich Großrassen und verzwergte Formen oft bis zum Eintritt der Geschlechtsreife problemlos gemeinsam aufziehen, besonders wenn die Großrasse von ruhigem, friedlichem Wesen ist. Schwieriger ist es naturgemäß bei sehr kleinen und feingliedrigen Urzwergen.

Wird den Küken ein **Auslauf** zur Verfügung gestellt, sollten dort zuvor keine alten Hühner gehalten worden sein. Anderenfalls ist ein Umgraben unter Zusatz von Branntkalk zu empfehlen, der durch seine ätzende Wirkung desinfiziert. Ein regelmäßiges Umgraben ist auch dann sinnvoll, wenn der Auslauf nicht versetzbar ist und sich so die Ausscheidungen über Jahre ansammeln. Zusätzliche Sicherheit verschafft es, wenn die Küken erst nach der 6. Lebenswoche, also im beginnenden Jungtieralter, ins Freie gelassen werden, da das Immunsystem erst nach und nach seine volle Stärke erreicht.

Zur Umfriedung des Kükenauslaufs ist engmaschiger Draht (siehe auch Seite 208) zu verwenden, der das Entweichen sehr kleiner Küken sowie das Eindringen von Mäusen und Sperlingen verhindert. Zum Schutz vor Katzen und fliegenden Beutegreifern, im Besonderen Rabenkrähen, sollte der Auslauf mit einem Drahtgeflecht überdacht werden.

Die Jungtiere

Nach Entwöhnung der Küken von der Glucke bzw. künstlichen Wärmequelle können die Küken vom Kükenheim oder Aufzuchtstall in den Jungtierstall überführt werden, in dem dann auch Sitzstangen zum Schlafen angebracht sind. An die Einrichtung des Jungtierstalls werden keine besonderen Anforderungen gestellt. Wichtig ist das Vorhandensein von Luftlöchern, da sich im Sommer leicht warme Luft anstauen kann. Man kann auch die Fenster kontinuierlich offen lassen und mit massivem, feinmaschigem Viereck-Schweißgitter sichern.

Spätestens mit Überführung in den Jungtierstall sollten die Tiere auch ins Freie gelangen. Hier gilt das Gleiche, was bereits für die Aufzucht der Küken genannt wurde. In jedem Fall sollte der Auslauf auch bei den Jungtieren oben mit Draht oder stabilem Netz gesichert sein, da nicht nur Greifvögel eine kontinuierliche Gefahr darstellen, sondern auch Rabenkrähen bereits weit entwickelte Jungtiere attackieren und töten können.

Sofern möglich, sollten Hähne und Hennen spätestens mit Beginn der Geschlechtsreife getrennt aufgezogen werden, da Hähne alsbald beginnen, die Hennen durch ständiges Treten zu belästigen. Hinzu kommt, dass sie robuster und durchsetzungsfähiger sind und daher die Hennen nicht selten vom Futter abdrängen.

In diesen Ausläufen sind die Hühner durch Einzäunung und Netze vor Beutegreifern geschützt.

Während der Jungtierphase wird das Körpergefieder mehrfach gemausert. Das **Federkleid** der Küken, das zunächst bis zu einem Alter von vier Wochen ausgebildet wurde, wird nach und nach durch das Jungtiergefieder ersetzt, wobei die Geschwindigkeit des Federwechsels nach Rasse und Jahreszeit variieren kann (Spätbruten mausern im Allgemeinen schneller). Das Jungtiergefieder entspricht schon in weiten Teilen dem der ausgewachsenen Hühner; die Hähne zeigen den typischen Hals- und Sattelbehang mit den glänzenden, spitz auslaufenden Federn und erste Ansätze von Sichelbildung. Im Alter von drei bis vier Monaten beginnt dann eine weitere Mauser, die je nach Rasse mit fünf bis sechs Monaten bei den Hennen und sechs bis acht Monaten bei den Hähnen abgeschlossen ist und zur Ausbildung des Adult-Gefieders führt.

Besonders bei Frühbruten kommt es gelegentlich vor, dass die Hennen nach dem Legen einiger Eier in eine Teilmauser gehen, bei der das Halsgefieder und manchmal Teile der Steuerfedern gemausert werden. Das Auslösen einer solchen Teilmauser scheint durch die Tageslänge beeinflusst zu sein. Die noch relativ langen Tage im Spätsommer und Frühherbst signalisieren dem Stoffwechsel, dass noch Mauserzeit ist. Bei später erbrüteten Tieren, die erst im November oder Dezember die Legereife erreichen, tritt diese Mauser im Allgemeinen nicht auf, vorausgesetzt, es findet kein Stall- oder Futterwechsel statt.

Die Beringung

Die Beringung ist bei Großrassen im Alter von acht bis zwölf, bei Zwergrassen früher, zumeist mit sechs bis acht Wochen, vorzunehmen. Da Hähne und Hennen bei den allermeisten Rassen unterschiedlich große Ringe haben, müssen die Geschlechter differenziert werden. Dies geschieht am besten über die größeren Kämme und Kehllappen der Hähne sowie deren erste Ansätze von Behangfedern. Trotzdem ist es speziell bei rosenkämmigen Rassen zuweilen schwer, das Geschlecht rechtzeitig zu erkennen. In solchen Fällen sollten den Tieren beide Varianten aufgezogen und die unzutreffende später mittels einer Kneifzange wieder entfernt werden. Um den richtigen Beringungszeitpunkt nicht zu verpassen, ist ein regelmäßiges Kontrollieren unumgänglich. Bei der Beringung werden die vorderen drei Zehen gleichzeitig durch den Ring geschoben, während die hintere gegen den Lauf nach hinten gedrückt wird.

Verhaltensprobleme

Probleme, die bei der Aufzucht der Küken und Jungtiere immer wieder auftreten, sind **Federpicken** und **Kannibalismus**. Als Hauptursache wird meistens ein Überbesatz der Stallungen genannt. Diese Erklärung greift jedoch zu kurz und erklärt das Problem nur unzureichend. Denn neben einer nicht zu unterschätzenden genetischen Komponente (siehe Seite 181f.) ist wohl vielmehr die Gruppengröße, also die direkte Anzahl der Tiere, als die Dichte verantwortlich. Beobachtungen aus der Zucht von Ziergeflügel (Fasanen) deuten darauf hin, dass solche Verhaltensstörungen oft dann auftreten, wenn die Aufzuchtgruppen aus 20 oder mehr Tieren bestehen, unabhängig von dem zur Verfügung stehenden Raum.

Als Ursache kann eine soziale Komponente angenommen werden: Die Anzahl der Küken übersteigt die Menge, die ein einzelnes Tier wiedererkennen kann. Dies führt zu ständigem Kontakt mit „fremden" Tieren und damit zu sozialem Stress. Die Zahl von etwa 20 Tieren ist dabei kein Zufall, entspricht sie doch in etwa der maximalen Kükenzahl unter natürlichen Bedingungen.

Meist beginnt das Federpicken im Alter von drei Wochen, wenn am Schwanz die ersten Federn hervortreten. Auslöser ist oft ein gerade hervortretender Blutkiel, nach dem, und sei es zunächst nur aus Neugier, gepickt wird. Die betroffenen Tiere reagieren kaum und die Verhaltensstörung kann sich so rapide ausbreiten. Wenn auch das Wachstum der Küken nicht negativ beeinflusst wird, sehen sie doch für Wochen entstellt aus. Vor allem lassen sich später, wenn die Tiere befiedert sind, Farbveränderungen feststellen, weil das zum Aufbau der Farbe erforderliche Pigment nicht mehr ausreichend vorhanden ist. Daher sollte, auch wenn das Federpicken im Alter von zwölf Wochen vielfach von selbst aufhört, frühzeitig dagegen vorgegangen werden.

Im Handel werden verschiedene Sprays angeboten, deren schlechter Geschmack eine hemmende Wirkung hat. Ihr Nachteil ist, dass sie sehr unangenehm riechen und die Federn verfärben. Auch ist es notwendig, die Behandlung im Abstand einiger Tage mehrfach zu wiederholen.

Weiterhin bewährt hat sich die Abschirmung gegen direktes Sonnenlicht durch Bekleben der Fenster mit rotem oder blauem Papier. Das so abgeschwächte Licht lässt gefährdete Körperteile oder schon vorhandene kleine Verletzungen weniger stark sichtbar werden. Auch sollte auf den Einsatz von Infrarotlampen verzichtet werden. Hilfreich ist außerdem eine Beschäftigung der Tiere durch vielfältiges Futter, das nicht zu leicht aufzunehmen ist, wie z. B. halbierte Futterrüben, deren Schnittfläche man kreuz und quer mit einem Messer einritzt. Hat man parallel eine Glucke mit etwa gleichaltrigen Küken, kann man die betroffene Gruppe hinzusetzen. Sind es dann mehr Küken, als die Glucke betreuen kann, bringt man eine zusätzliche Wärmequelle an. Die ständige Beschäftigung derKüken durch die Glucke lenkt die Küken ab. So kommt es auch bei der natürlichen Aufzucht praktisch nie zu derartigen Auffälligkeiten.

In seinen Auswirkungen ungleich schwerwiegender ist Kannibalismus, der meist am After und Bürzel beginnt und zu starken Verletzungen bis hin zum Tod führen kann. Gelegentlich sind auch die Zehen betroffen (Zehenpicken). Da es bei anfälligen Rassen schon nach kurzer Zeit zu massiven Verlusten kommen kann, ist ein sofortiges Handeln unumgänglich. Die betroffenen Tiere müssen isoliert werden, bis die Verletzungen abgeheilt sind, was bis zu mehrere Wochen andauern kann. Die Stallungen sollten abgedunkelt werden, was im Extremfall bedeuten kann, dass Tageslicht nur noch für kurze Zeiträume (mehrmals täglich eine halbe Stunde) zum Fressen und Trinken zur Verfügung steht (günstigstenfalls unter Aufsicht). Das betrifft auch die verletzten Tiere, denn es kann nicht ausgeschlossen werden, dass auch unter ihnen diese Verhaltensweise grassiert. Wenn sich die Situation nach einiger Zeit beruhigt hat, kann man versuchen, die Lichtmenge wieder zu erhöhen, sollte jedoch die Tiere genau beobachten. Die Gefahr eines erneuten Auftretens ist jederzeit gegeben. Hilfreich kann dann auch das Umsetzen in einen möglichst großen Stall und Auslauf sein, da die Tiere sich hier besser aus dem Weg gehen können. Dies gilt speziell für unruhige Rassen, bei denen eine genetische Disposition wahrscheinlich ist. Die im Handel angebotenen Sprays helfen zwar unter Umständen kurzfristig, können aber das Problem, wie vielfältige Erfahrungen gezeigt haben, nicht immer unter Kontrolle bringen.

Die Fütterung

Küken wachsen schnell und erreichen bereits im Alter von acht Wochen das 15- bis 20-Fache ihres Gewichtes. Das macht eine ausgewogene Ernährung mit optimierten Mengen an Eiweiß, Mineralien und Spurenelementen zum Aufbau von Muskeln, Organen und Knochen notwendig. Derartiges Futter kann der einzelne Züchter in dieser konstanten Form kaum herstellen. Es ist daher, auch wenn immer wieder gegenteilige Auffassungen geäußert werden, in jedem Fall sinnvoll, zumindest primär die handelsüblichen Futtermischungen zu verwenden.

Die Fütterung beginnt im Allgemeinen mit **Kükenstarter**, das besondere Wirkstoffe und Einzelbestandteile enthält, die das Wachstum in den ersten Wochen besonders fördern. Es wird in Mehlform oder als Pelletfutter angeboten und hat einen Proteinanteil von 20 bis 22 %. Für Zwerghuhn-Küken empfiehlt sich die Gabe von Mehl, da Pellets für sie oft zu groß sind. Der Nachteil von Mehl ist, dass die Küken selektieren können und die kleineren Bestandteile oft nicht fressen. Auch ist es möglich, das Futter (Mehl oder Pellets) anzufeuchten und daraus einen Brei herzustellen. Dieser wird von den Küken sehr gern gefressen, darf jedoch nicht zu alt werden, da er dann, besonders im Sommer, sehr schnell sauer wird. Es sollten also kleinere Mengen mehrmals täglich angerührt werden.

Kombiniert werden kann das Starterfutter bereits vom ersten Tag an mit **Kükengrütze**, die aus Getreide hergestellt wird und einen geringeren Eiweißanteil

(8 bis 9 %) enthält. Daher sollte sie auch nur als Zusatz- und nicht als Alleinfutter verwendet werden. Eine sehr gute **Futterergänzung** stellen hart gekochte, in kleine Würfel geschnittene Eier dar, denn Eier enthalten alles, was für Küken wichtig ist. Da sie sehr gern aufgenommen werden, eignen sie sich besonders dazu, die Küken zutraulich zu machen und an den Menschen zu gewöhnen. Weitere „Leckereien" sind Magermilchquark oder mit Milch angerührte Futterhaferflocken.

Das Futter wird zunächst, ebenso wie das Wasser, in flachen Schalen angeboten, um es für die Küken leichter erkennbar zu machen. Parallel können bereits Tränken und Futtertröge aufgestellt werden, die dann nach einigen Tagen als alleinige Quellen dienen.

Ab der 4. Woche geht man zur Fütterung von **Kükenallein- oder Aufzuchtfutter** über, das in der Zusammensetzung dem Starter ähnelt, jedoch etwas weniger Protein enthält. Es wird als Pellets, Mehl oder Brösel (Granulat als Zwischenform von Mehl und Pellets) angeboten und kann bis zur Legereife gefüttert werden.

Leider immer noch viel zu stark verbreitet ist die frühzeitige **Umstellung** von Kükenfutter auf Körnermischungen, wie sie eigentlich erst für ausgewachsene Hühner vorgesehen sind. Die Gründe hierfür sind Unwissenheit oder der schlichte Wunsch, ein paar Euro zu sparen. Körnermischungen weisen gerade einmal die Hälfte des Eiweißanteils auf, der für die Kükenaufzucht notwendig ist. Die Resultate sind verlangsamte Entwicklung, mangelndes Endgewicht und eine erhöhte Krankheitsanfälligkeit, speziell wenn keine Kokzidiose-Impfung erfolgt und die Kokzidiostatika im Futter fehlen.

Will man die Entwicklung der Junghennen etwas hinauszögern, was z. B. bei Frühbruten sinnvoll sein kann, besteht die Möglichkeit, ab einem Alter von etwa drei Monaten bis zur Legereife **Junghennenfutter** in Pellet- oder Mehlform zu verabreichen. Dessen Einzelbestandteile sind nicht mehr so hochwertig wie die des Kükenfutters. Es enthält mehr Getreide, der Eiweißanteil ist herabgesetzt.

Bei getrennter Aufzucht von Hähnen und Hennen kann den Hähnen ein spezielles Junghähnefutter angeboten werden, dessen Eiweißgehalt den des Junghennenfutters deutlich übersteigt und dem des Aufzuchtfutters vergleichbar ist. Es dient hauptsächlich dazu, auch auf frühen Schauen schon große und voll entwickelte Hähne zu präsentieren.

Alle genannten Futtersorten werden sowohl mit als auch ohne **Kokzidiostatika** und/oder **Histomonostatika** angeboten. Hierunter versteht man Medikamente, die dem Ausbruch von Kokzidiose bzw. Schwarzkopfkrankheit (Histomoniasis) entgegenwirken. Sie bieten keinen vollständigen Schutz und können bei starkem Erregerdruck einen Ausbruch nur schwer verhindern, erweisen sich bei geringerer Belastung aber als durchaus wirksam. Findet keine Kokzidiose-Impfung statt, ist der Einsatz solcher Futtermischungen in jedem Fall ratsam, spätestens dann, wenn die Jungtiere ins Freie gelassen werden. Sie dürfen jedoch keinesfalls verwendet werden, wenn zuvor eine Kokzidiose-Impfung erfolgte, da sie die Wirkung der Impfung neutralisieren.

Hühner nehmen eine große Anzahl kleiner Steine auf, die als Hilfsmittel für das Zerreiben der Körner durch die Muskeln des Magens unentbehrlich sind. Daher sollte schon den Küken **Grit** oder **grober Sand** zur beliebigen Aufnahme zur Verfügung stehen, speziell dann, wenn sie schon früh gröbere Futterbestandteile erhalten.

Grünfutter ist zwar in Form von Luzernemehl und anderem Trockengrünfutter in Mehl und Pellets enthalten, wird aber von den Tieren auch frisch sehr gern aufgenommen und kann als Zusatzfutter in Form von jungem Gras, Löwenzahn, Brennnesseln, Vogelmiere, Kohl, Möhren u. a. schon ab dem Kükenalter verabreicht werden. Solange die Küken noch klein sind, muss es zerkleinert werden, ab einem Alter von drei Wochen kann es in kleinen Drahtraufen angeboten werden.

Grünfutter wird immer gern angenommen.

Vorsicht ist bei der Gabe von **Essensresten** wie Kartoffeln, Nudeln oder Brot geboten. Diese bestehen zum großen Teil aus Kohlenhydraten und können zu Verfettung führen. Sie sollten daher nur in Kombination mit Fleischabfällen oder Milchprodukten verfüttert werden.

Zu achten ist auf ausreichend große Futtertröge, da ansonsten schwächere Tiere abgedrängt werden und nicht ausreichend Futter erhalten. Küken benötigen in den ersten vier Wochen je Tier etwa 3 cm, in der 5. bis 8. Woche etwa 6 cm Trogseite, erwachsene Tiere je nach Rasse 10 cm oder mehr.

Als Futterbasis für die Alttiere können handelsübliche Körnermischungen dienen, die in vielfältiger Form angeboten werden. Bei kleinen Ausläufen mit wenig Möglichkeiten zum Auffinden tierischen Eiweißes sollte eine Ergänzung durch **Legekorn** oder **-mehl** (bis zu 50%) vorgenommen werden. Während der Zuchtzeit kommen bevorzugt spezielle Zuchtfuttermischungen zum Einsatz (siehe Seite 187).

Wasserversorgung

Gerade im Sommer ist eine ausreichende Wasserversorgung essenziell. Daher sollten große Tränken mit einem Fassungsvermögen von mehreren Litern verwendet werden, die erhöht, z.B. auf eine Lage Ziegelsteine, aufgestellt werden, da die Wasserfläche ansonsten sehr schnell mit Schmutz zugescharrt wird. In den ersten vier Wochen benötigen 50 Küken mindestens 2 Liter Wasser pro Tag, bis zur 8. Woche erhöht sich der Bedarf auf mindestens 4 Liter.

Essenzielle Haltungsparameter

Die primäre Zielsetzung bei der Haltung von Hühnern sollte das Wohlbefinden der Tiere sein. Daher ist es wichtig, sich zuvor mit den wichtigsten Bedürfnissen der Haushühner vertraut zu machen. Dabei sollte man nicht, wie es heute leider nicht selten geschieht, menschliche Bedürfnisse auf die Tiere übertragen. Für deren Wohlbefinden sind oft Faktoren essenziell, die von uns auf den ersten Blick nur schwer erkennbar sind und daher in der Haltungspraxis unterschätzt werden. Hinzu kommt, dass die einzelnen Rassen bedingt durch Unterschiede in Größe und Temperament sowie eine über Generationen währende Selektion und Anpassung an unterschiedliche Zuchtziele und Haltungsformen zum Teil sehr unterschiedliche Bedürfnisse haben.

Nicht zuletzt durch den aktuellen Zeitgeist erfährt die Freilandhaltung einen erheblichen Zuspruch und gilt als das Synonym für „glückliche Hühner“. Vor dem Hintergrund dieser grundsätzlich positiven Entwicklung darf jedoch nicht vergessen werden, dass auch frei laufende Hühner nur dann glückliche Hühner sein können, wenn andere essenzielle Bedingungen erfüllt sind.

Auf das Wesentlichste fokussiert lassen sich drei Parameter mit primärer Bedeutung für das Wohlbefinden der Hühner nennen, die im Folgenden aufgezeigt werden.

Versorgung mit Futter und Wasser

Auch wenn dieser Aspekt an sich selbstverständlich sein sollte, erscheint es dennoch sinnvoll, an dieser Stelle darauf hinzuweisen.

Auf die Versorgung mit Wasser wurde im Kapitel zuvor bereits eingegangen. Naturgemäß ist der Wasserbedarf ausgewachsener Hühner größer als der von Jungtieren. Einfache Trinkschalen, die morgens aufgefüllt werden und zudem schnell verschmutzt sind, reichen daher nicht aus. Vielmehr sollten handelsübliche Tränken mit großem Fassungsvermögen verwendet werden. Das Fehlen von Trinkwasser, wenn auch nur temporär, kann nicht nur zu einer direkten gesundheitlichen Beeinträchtigung führen, sondern ebenso zu Stress, der dann wieder eine Anfälligkeit gegenüber Krankheiten nach sich zieht.

Des Weiteren sollte darauf geachtet werden, dass Futter allzeit zur Verfügung steht. Die früher verbreitete Praxis, mehrfach täglich, aber dann recht knapp zu füttern, ist für viele Züchter heute schlicht nicht durchführbar und hat den Nachteil, dass die stärkeren, ranghohen Tiere das gesamte Futter aufbrauchen und die rangniederen weitgehend leer ausgehen. Daher ist es besser, kontinuierlich Futter zur Verfügung zu stellen.

Schutz vor Prädatoren

Leider kommt es immer wieder vor, dass ganze Bestände Beutegreifern, zumeist Fuchs oder Waschbär, zum Teil auch Habicht, zum Opfer fallen. Nicht selten ist hier mangelnde Sicherheit der Ställe bzw. Ausläufe die Ursache. Gefährlich ist es auch, die Tiere nachts nicht einzustallen, sondern im Auslauf übernachten zu lassen. Die böse Überraschung ist dann oft nur eine Frage der Zeit.

Grundsätzlich ist ein Übernachten im Auslauf, speziell im Sommer, wenn im Stall eine Belastung durch Parasiten wie die Rote Vogelmilbe vorliegen kann, durchaus sinnvoll. Voraussetzung ist allerdings eine Voliere aus massivem, engmaschigem Draht (Viereck-Schweißgitter), der mindestens 20 cm in den Boden eingegraben ist. Ein Teil der Voliere, dort, wo man die Sitzstangen anbringt, sollte zum Schutz vor Regen und zum Spenden von Schatten überdacht sein.

Doch auch wenn die Tiere nachts eingestallt werden, kann bei starkem Greifvogeldruck ein Überdachen des Auslaufs mit Draht oder stabilen Netzen notwendig werden, auch dann, wenn dies mit einer Verkleinerung des Auslaufs einhergeht. Gelegentlich geäußerte Auffassungen, es sei für die Tiere besser „in

Freiheit“ zu sterben als in einem vermeintlich zu kleinen Auslauf eingesperrt zu sein, sind nicht nur anmaßend und ethisch fragwürdig, sondern widersprechen auch komplett den Ergebnissen verhaltensbiologischer Untersuchungen. So konnte gezeigt werden, dass Hühner ihren Stall nicht mehr verließen, wenn regelmäßig Silhouetten von Greifvögeln über den Auslauf bewegt wurden. Dies geschah auch dann nicht, wenn das Futter nur außerhalb des Stalls im Auslauf angeboten wurde. Am Ende liefen die Tiere Gefahr zu verhungern. So wird deutlich, dass Prädatorendruck neben der physischen Bedrohung auch einen massiven Stressfaktor darstellt, den es so weit wie möglich zu minimieren gilt.

Innerartlicher Stress

Dieser das Wohlbefinden extrem beeinflussende Faktor wird leider viel zu oft unterschätzt, nicht zuletzt auch deshalb, weil seine Auswirkungen nicht unmittelbar wahrgenommen werden oder schlichtweg nicht bekannt sind.

Wie bereits beschrieben bilden Hühner in beiden Geschlechtern Rangordnungen aus. Diese werden je nach Aggressionspotenzial und Temperament der einzelnen Rassen mit unterschiedlicher Intensität verteidigt. Das Halten mehrerer Hähne in einem Stall oder Auslauf kann daher für die rangniederen Tiere zu erheblichem Angststress führen. Das gilt besonders für unruhige Landhuhnrassen und viele Kämpfer, während die meist ruhigen Rassen asiatischen Typs hier weniger Probleme bereiten.

Betroffene Hähne ziehen den Hals ein, sträuben das Nackengefieder, zeigen eine zusammengekauerte Haltung, bewegen sich überwiegend am Rande des Auslaufs und weigern sich abends den Stall aufzusuchen. Nach mehreren Tagen schrumpfen Kämme und Kehllappen und die Hähne magern ab. Spätestens dann muss gehandelt werden, denn zu glauben, dass sich die Tiere mit der Zeit an die Situation gewöhnen, erweist sich fast immer als falsch, zumal sie in begrenzten Haltungssystemen kaum ausweichen können. Die Hähne müssen getrennt werden, auch wenn dann einer der beiden in einer Hahnenbox verweilen muss. Ihn weiter einer solchen Stresssituation auszusetzen, wäre Tierquälerei.

Bei manchen Rassen kann auch die Aggression zwischen Hennen so weit gehen, dass einige Tiere in ihrer Lebensqualität beeinträchtigt sind. Auch hier sollten die Tiere getrennt bzw. auf verschiedene Gruppen verteilt werden.

Zusammenfassend bleibt festzuhalten, dass der Schutz vor Stress jeglicher Art primäres Gebot bei der Haltung von Hühnern sein sollte. Im günstigsten Fall kann das unter Freilandbedingungen erfolgen, ist jedoch prinzipiell, besonders bei ruhigen Rassen mit wenig Aggressionspotenzial und geringem Aktionsradius, auch bei Stallhaltung möglich. Die wichtigsten Informationen über ihr Wohlbefinden liefern uns die Tiere selbst. Sind sie gesund, gut ernährt, ist das Gefieder

Hühner haben eine klare Rangordnung in der Gruppe.

normal ausgebildet, die Kopfpunkte rot und von normaler Größe und bringen sie zudem die erwartete Leistung, kann man, unabhängig vom jeweiligen Haltungsregime, von einem guten Wohlbefinden ausgehen. Es empfiehlt sich daher, die Tiere regelmäßig zu überprüfen, um im Bedarfsfall rechtzeitig handeln zu können.

Stall und Auslauf

Auf die Gestaltung von Stall und Auslauf wurde bereits in den vorherigen Kapiteln eingegangen. Der Stall kann sowohl aus Holz oder Mauerwerk errichtet sein. Sehr bewährt haben sich auch ausgediente Bauwagen. Wichtig sind eine ausreichende Lüftung und der Schutz vor Zugluft. Holzbehausungen werden zum Schutz vor Kälte nicht selten doppelwandig mit zusätzlicher Glaswollefüllung errichtet. Das hat jedoch den Nachteil, dass diese Hohlräume zur Brut- und Rückzugsstätte für Mäuse und Vogelmilben werden können.

Der Stall sollte über eine ausreichende Anzahl **Legenester** verfügen, die je nach Flugtüchtigkeit der Rassen am Boden oder auf halber Höhe angebracht sein können. Ein Mangel an Nestern führt oft dazu, dass die Tiere die Eier verteilt in Stall und Auslauf legen. Dort unterliegen sie einem erhöhten Risiko, zu Bruch zu gehen und anschließend gefressen zu werden, was nicht selten zum Eierfressen führt und den Tieren nur schwer wieder abgewöhnt werden kann. Ist dieser Fall eingetreten, hat sich bewährt, zahlreiche Nesteier in die Nester zu legen. Die wiederholten erfolglosen Versuche, diese Eier aufzupicken, können dazu führen, dass ein Lerneffekt eintritt und das Verhalten wieder aufgegeben wird.

Auf Empfehlungen zur optimalen Besatzdichte des Stalls soll hier verzichtet werden, da diese vornehmlich von Größe und Temperament der jeweiligen Rassen abhängt. Hier gilt es, das Verhalten der Tiere zu beobachten.

Grasausläufe sind zwar optisch am ansprechendsten und bieten auch den Tieren das beste Nahrungsangebot, doch reicht der zur Verfügung stehende Platz oft nicht aus, um eine dauerhafte Grasnarbe zu gewährleisten. In diesem Fall ist ein Sandauslauf die beste Alternative. Dazu bringt man Sand in einer Höhe von mindestens 10 cm auf eine Kies- oder Schotterunterlage auf. Von Zeit zu Zeit sollte der Sand gewechselt werden, um den Erregerdruck durch Darmparasiten und Würmer zu verringern. Sehr bewährt hat es sich, unter der Sandschicht wasserdurchlässige Folien auszulegen. So können Erreger nicht nach unten in den Boden eindringen und nach Entfernen des alten Sandes sowie Reinigung der Folien ist das Risiko einer Infektion praktisch nicht mehr gegeben.

Dieser Hühnerstall aus Holz gehört zu seiner Vereinszuchtanlage. Die oben gespannten Netze schützen vor Greifvögeln, da diese auch tagsüber Hühner schlagen würden.

Krankheiten und Impfungen

Durch Bakterien oder Viren hervorgerufene Krankheiten

Die **Weiße Kükenruhr** wird durch Bakterien der Art *Salmonella entericia* (Varianten *gallinarum* und *pullorum*) hervorgerufen. Sie verursacht einen weißen, verklebenden Kot und führt zu einer erhöhten Kükensterblichkeit mit Verlusten von bis zu 90%. Die Erreger werden durch infizierte Elterntiere über das Brutei weitergegeben. Ein Teil der Embryonen stirbt schon im Brutei ab, weshalb ein schlechter Schlupf schon ein Indiz für eine Infektion sein kann. Geschlüpfte Erregerträger verbreiten Bakterien im Brutapparat, weshalb besonders Gemeinschaftsbrutmaschinen gefährdet sind. Da die Bakterien mit dem Kot ausgeschieden werden, können sich schnell weitere Küken infizieren. Überlebende Tiere kümmern oft, sind abgemagert und leiden an Durchfall. Zumindest ein Teil der überlebenden Tiere bleibt Dauerausscheider.

Erwachsene Tiere haben eine erhöhte Wahrscheinlichkeit, an Entzündungen der Legeorgane zu erkranken. In Beständen mit häufigen Durchfallerkrankungen sollte daher eine Untersuchung über Kotproben und, sofern man die Erregerträger ausfindig machen will, Blutuntersuchungen vorgenommen werden. Mittlerweile ist eine Impfung möglich, die in solchen Beständen in jedem Fall anzuraten ist.

Hat das Küken schon die Schale angepickt und stirbt dann ab, kann eine Ursache die Weiße Kükenruhr sein.

Die **Marek´sche Krankheit** wurde 1907 von dem gleichnamigen ungarischen Tierarzt erstmals beschrieben. Ausgelöst wird sie durch ein Herpesvirus, das sich vor allem im Bereich der Federkiele vermehrt und über Hautschuppen in den Stallstaub gelangt. Dort ist es über vier Monate lebensfähig und kann zu einer Infektion der Küken führen, die jedoch nur in den ersten Lebenswochen für den Erreger empfänglich sind. Die Krankheit tritt bei Jungtieren ab der 8. Woche, am stärksten jedoch im Alter von vier bis sechs Monaten auf. Das Krankheitsbild ist vielfältig. Oft zeigen die Tiere einen unnatürlichen, stolzierenden Gang, später können Flügel- und Beinlähmungen sowie Durchfall hinzukommen. Ebenso können die inneren Organe, vor allem die Eierstöcke, von Tumoren befallen sein, ohne dass es zu Lähmungen kommen muss. Gelegentlich sind Pupillenverzerrungen infolge Schädigung der Augennerven zu beobachten. Hinzu kommt eine allgemeine Infektionsanfälligkeit. Die Krankheit führt oft zum Tode, wobei es eine unterschiedliche genetisch bedingte Anfälligkeit bei den einzelnen Rassen gibt.

Da die Viruserkrankung nicht heilbar ist, ist zur Vorbeugung eine Impfung sinnvoll, besonders wenn diese Krankheit zuvor aufgetreten ist. Die Impfung erfolgt in den ersten Tagen nach dem Schlupf über Injektion eines in flüssigem Stickstoff konservierten Impfstoffes.

Nicht bei jeder auftretenden Lähmung handelt es sich jedoch um die Marek'sche Krankheit. So können starker Wurmbefall, Rachitis oder Mangelerscheinungen ähnliche Symptome hervorrufen.

Auch die **Newcastle-Krankheit** oder atypische Geflügelpest wird durch ein Virus (Paramyxovirus) übertragen. Sie gehört zu den gefährlichsten Geflügelseuchen und führt zu Verlusten von bis zu 90%. Auch bei dieser Erkrankung sind

Auch wenn es hier durch den stolzierenden Gang so aussehen mag, ist dieser Hahn nicht krank, sondern präsentiert sich nur selbstbewusst.

die Symptome vielfältig. Sie können sich in einem drastischen Rückgang der Legeleistung, dünnschaligen bis schalenlosen Eiern, hohem Fieber bis 43 °C, Apathie und Appetitlosigkeit, wässrigem, eventuell blutigem Durchfall, mit zähem Schleim bedecktem Schnabel und Auge, Atemnot, Durchblutungsstörungen, dunklen Kammverfärbungen und hoher Sterblichkeit kurz nach Auftreten der ersten Symptome äußern.

Aufgrund der hohen Gefährlichkeit besteht Impfpflicht. Die Impfung erfolgt über das Trinkwasser und muss in bestimmten Abständen (bei den meisten Impfstoffen alle drei Monate) wiederholt werden. Im Allgemeinen wird sie über die örtlichen Geflügelzuchtvereine organisiert. Bei Geflügelschauen dürfen nur Tiere ausgestellt werden, für die eine Impfung bescheinigt werden kann.

Die **Klassische Geflügelpest** oder **Vogelgrippe** basiert auf einer Infektion mit aggressiven Influenzaviren. Betroffen sein können Hühner, Puten, Gänse, Enten, wild lebende Wasservögel und andere Vögel. Die akute Form äußert sich in Apathie, Appetitlosigkeit, stumpfem, struppigem Gefieder, hohem Fieber, erschwerter Atmung mit geöffnetem Schnabel, Ödemen an Kopf, Hals, Kamm, Kehllappen, Beinen und Füßen, Blauverfärbung der Haut und der Schleimhäute, wässrig-schleimigem und grünlichem Durchfall sowie neurologischen Störungen (sonderbare Haltung des Kopfes, Störungen der Motorik). Bei chronischem Verlauf sinkt die Legeleistung, die Eier sind dünnwandig oder schalenlos. Die Sterblichkeitsrate ist abhängig vom Alter der Tiere und der Virulenz des Erregers. Bei hochvirulenten Stämmen endet die Krankheit fast immer tödlich. Mehr als 15 % eines Bestandes können sterben, bevor Symptome auftreten (perakuter Verlauf). Die Typen H5 und H7 unterliegen dem Tierseuchenrecht und sind daher anzeigepflichtig. Bei Nachweis der Erreger werden alle Tiere des betroffenen Bestandes getötet und zudem Sperrzonen eingerichtet. Eine Impfung ist möglich, jedoch wegen des Mutationsrisikos verboten.

Die **Infektiöse Bursitis** (IBu, Gumboro-Krankheit oder Ansteckende Bursakrankheit) ist eine Viruserkrankung junger Hühner, die mit einer Entzündung der Bursa Fabricii, eines der Immunabwehr dienenden Organs oberhalb der Kloake, einhergeht. Sie wurde erstmals 1957 in den USA beobachtet und tritt mittlerweile weltweit auf. Das Virus befällt vor allem Hühner, aber auch Truthühner und eventuell Enten. Die Virusausscheidung erfolgt über den Kot und kann über Monate infektiös bleiben. Es erkranken lediglich Jungtiere bis zu einem Alter von elf Wochen. Nach einer Inkubationszeit von maximal zwei Tagen kommt es bei fast allen Tieren zu Unruhe, verminderter Futteraufnahme, gesträubtem Gefieder, grünem bis weißlichem Durchfall, Dehydration und Zittern. Vom dem 3. bis zum 6. Tag nach dem Ausbruch erreicht die Zahl der Todesfälle ihr Maximum, die Mortalität beträgt bis zu 30 %. Chronisch infizierte Tiere zeigen verminderte Gewichtszunahme und Anämie. Eine Behandlung ist nicht möglich, doch besteht die Möglichkeit einer Impfung. Sie wird drei bis sieben Wochen vor Legebeginn durchgeführt und jährlich aufgefrischt. Der Impfschutz überträgt sich durch das Ei auf die frisch geschlüpften Küken.

Bei der **Infektiösen Bronchitis** (IB) handelt es sich um eine durch Coronaviren ausgelöste verbreitete und häufige Erkrankung des Huhns. Sie äußert sich bei Jungtieren durch Atemwegserkrankungen (Niesen, Schnabelatmung und röchelnde Atemgeräusche), bei älteren Tieren häufig nur durch verminderte Vitalität und Leistungsabfall. Besonders gefährdet sind Tiere auf Ausstellungen, da die Übertragung durch Staub und Tröpfchen erlogt. Die Morbidität (Erkrankungshäufigkeit) ist hoch, Verluste können vorkommen, sind aber eher selten.

Eine Impfung ist möglich und erfolgt über das Trinkwasser. Nach einer Grundimmunisierung wird zwei bis drei Monate später eine Zweitimpfung durchgeführt, die einen einjährigen Schutz bietet. Heute werden häufig Kombinations-Impfstoffe für IB und die Newcastle-Krankheit angeboten.

In der Symptomatik ähnlich ist die **Aviäre Rhinotracheitis** (ART). Sie wird von einem Paramyxovirus ausgelöst und trat Anfang der 1980er-Jahre erstmals auf. Sie äußert sich vor allem als Atemwegserkrankung, auch kann es zu einem Anschwellen der Kopfschleimhäute („Swollen Head Syndrome“) kommen. Die Morbidität liegt bei 10 %, die Mortalität unter 2 %. Eine Impfung ist möglich.

Weitaus schwerer in ihren Auswirkungen ist die **Infektiöse Laryngotracheitis** (ILT). Sie wird durch ein Herpesvirus verursacht und führt zu einer blutig-eitrigen Kehlkopf- und Luftröhrenentzündung mit Auswurf von blutigem Schleim. Die Morbidität ist hoch, die Mortalität liegt zwischen 5 und 70 %. Milde Verlaufsformen durch weniger virulente Stämme zeigen sich in Entzündungen von Nebenhöhlen und Bindehaut. Tiere, die die Krankheit überstehen, können länger als ein Jahr latent infiziert bleiben.

ILT ist in den letzten Jahren verstärkt in Rassegeflügelbeständen aufgetreten. Eine Übertragung erfolgt häufig im Rahmen des Ausstellungswesens. Wegen der vergleichsweise langen Inkubationszeit (sechs bis 15 Tage) wird der Zusammenhang mit der Ausstellung oft nicht erkannt. Eine Impfung mit Lebendimpfstoff in Form der Augentropfmethode erfolgt im Alter von etwa drei bis vier Monaten. Ab diesem Alter besteht die Gefahr einer Ansteckung, da dann die über das Brutei weitergegebene Immunität geimpfter Elterntiere allmählich nachlässt. Als Nebenwirkung der Impfung kann es zu vorübergehendem Anschwellen der Augenlider mit Schleimbildung kommen. Auch wenn die Augentropfmethode etwas aufwändiger ist, sei doch jedem Züchter, der Ausstellungen besucht, dringend empfohlen, diese Impfung durchzuführen. Die Impfung ist auch über das Trinkwasser möglich, bringt dann jedoch weniger Sicherheit.

Die folgende Tabelle gibt einen Überblick über die wichtigsten Impfungen.

Impfprogramm für Hühner

Lebensalter	Impfung	Methode
1. bis 3. Tag	Marek'sche Krankheit	Injektion
4. bis 10. Tag	Kokzidiose	Trinkwasser
6. Woche	Newcastle-Krankheit (ggf. in Kombination mit Infektiöser Bronchitis)	Trinkwasser
8. Woche	Infektiöse Bronchitis (IB) Erstimpfung, wenn keine Kombi-Impfung	Trinkwasser
10. bis 12. Woche	Infektiöse Laryngotracheitis (ILT)	Augentropfen
16. Woche	Infektiöse Bronchitis (IB) Zweitimpfung, wenn keine Kombi-Impfung	Trinkwasser
19. Woche	Newcastle-Krankheit (ggf. in Kombination mit Infektiöser Bronchitis)	Trinkwasser
32. Woche	Newcastle-Krankheit (ggf. in Kombination mit Infektiöser Bronchitis)	Trinkwasser
45. Woche	Newcastle-Krankheit (ggf. in Kombination mit Infektiöser Bronchitis)	Trinkwasser

Außenparasiten (Ektoparasiten)

Die zu den Spinnentieren gehörende **Rote Vogelmilbe** kommt fast überall vor und wird auch durch Wildvögel auf Hausgeflügel übertragen. Die Milben leben im Allgemeinen nicht auf dem Tierkörper, sondern verstecken sich in Ritzen, im Bereich der Sitzstangen, unter Tränken und Futtertrögen sowie in der Einstreu. Nachts kommen sie hervor und ernähren sich vom Blut ihrer Wirtstiere, was besonders bei Jungtieren zum Tod führen kann. Die Tiere werden matt und teilnahmslos, bewegen sich langsam und zeigen blasse Kämme, Kehllappen und Gesichter.

Die Rote Vogelmilbe ist besonders in den letzten Jahren zu einem massiven Problem geworden. Die Milben überleben milde, teils frostfreie Winter und warme Sommer ermöglichen eine explosionsartige Vermehrung.

Die traditionelle Bekämpfung mit handelsüblichen Sprays oder Tropfmitteln muss regelmäßig wiederholt werden, da einerseits die Milbeneier die Behandlung überleben und andererseits nur selten die gesamte Milbenpopulation erfasst wird. Auch ist die gesamte Prozedur recht aufwändig, da zuvor die Räume intensiv gereinigt und die Tiere über Stunden ausgesperrt werden müssen. Zudem treten verstärkt Resistenzen auf. Alternativ zu den Sprays kann man auch Essigessenz verwenden, die mit einem Zerstäuber verteilt wird und zusätzlich desinfizierende Wirkung hat.

Bewährt haben sich auch Pulver auf Silikat-Basis, die mit einem Zerstäuber im Stall verteilt werden. Ihre Wirkungsweise besteht darin, das die feinen, scharfkantigen Bestandteile sich zwischen den Gelenken der Milben festsetzen und diese schädigen, was sie unbeweglich macht und schließlich zum Tod durch Austrocknen führt.

Auch bewährt hat sich aktuell die Bekämpfung mithilfe von Raub- oder Prädatormilben, die als natürliche Feinde der Vogelmilben fungieren und bei Spezialfirmen erhältlich sind.

Am besten ist die Verwendung von Fluralaner-Präparaten wie Exzolt. Diese werden über das Trinkwasser verabreicht und gelangen in das Blut der Hühner, wo sie ca. 15 Tage lang alle saugenden Milben abtöten. Die Behandlung muss nach einer Woche wiederholt werden, um auch die später geschlüpften Milben abzutöten.

Vorbeugend sollte beim Bau der Ställe darauf geachtet werden, dass zu intensive Sonneneinstrahlung und dadurch ein Aufheizen der Räume verhindert werden. Ritzen und Zwischenräume sind so gut wie möglich zu versiegeln.

Auch die **Nordische Vogelmilbe** ernährt sich von Blut, lebt jedoch im Gegensatz zur Roten Vogelmilbe permanent auf ihrem Wirt. Sie bevorzugt niedrigere Temperaturen. Befallene Tiere werden unruhig, kratzen sich häufig und zupfen sich die Federn aus, wodurch ein struppiges Erscheinungsbild entsteht. Oft ist auch der Bereich der Kloake befallen, was die Hähne vom Treten abhält und negative Befruchtungsraten nach sich zieht. Neben Blutarmut besteht eine weitere Gefahr in der Übertragung von Infektionskrankheiten.

Die Behandlung kann mit handelsüblichen Sprays oder Silikat-Pulver direkt am Tier angewendet erfolgen. Auch hier können Fluralaner-Präparate Verwendung finden.

Hühnerflöhe werden direkt von Tier zu Tier übertragen. Als Blutsauger lösen sie Unruhe bei den Tieren aus. Ihre Vermehrung erfolgt durch Eier, aus denen kleine Maden schlüpfen. Diese verstecken sich gern in Ritzen aller Art und leben von Staub, getrocknetem Blut oder Kot. Die Bekämpfung erfolgt mit handelsüblichen Pudern und Sprays, die direkt am Tier angewendet werden.

Federlinge ernähren sich vorwiegend von Hautschuppen und Federn. Sie beunruhigen das Geflügel durch ihre ständigen Bewegungen. Hauptaufenthaltsorte sind die Regionen um die Kloake, wo man am unteren Ende der Federkiele ihre Gelege findet. Da sie Fraßgänge in die Federfahnen fressen, kann man Tiere mit solchen Gefiederschäden unter Umständen nicht mehr ausstellen. Die Bekämpfung erfolgt wie beim Hühnerfloh mit Sprays und Pudern.

Kalkbeinmilben leben unter den Schuppen der Beine, wo sie sich von Hautteilen ernähren. Die Beinhaut wird durch die Fraßgänge der Milben dauerhaft gereizt und es bilden sich graue bis weißliche Borken, wodurch die Schuppen hochgehoben werden. Die Hühner leiden unter ständigem Juckreiz. Dem Befall liegt auch eine genetische Komponente zugrunde, die über die Größe und Beschaffenheit der Beinschuppen zum Tragen kommt. So sind Rassen mit großen, groben Beinschuppen oder Fußbefiederung stärker betroffen als solche mit kleineren, geschlossen sitzenden Schuppen.

Eine Bekämpfung lässt sich im Anfangsstadium durch wiederholtes Einreiben mit Pflanzenöl durchführen. Bei starker Krustenbildung ist ein vorheriges Aufweichen durch Seife oder Glycerin erforderlich. Ebenso erfolgreich ist das Einsprühen mit Präparaten zur Ektoparasiten-Bekämpfung wie bei Hunden und Katzen.

Innenparasiten (Endoparasiten)

Würmer (Spulwürmer, Haarwürmer, Bandwürmer) parasitieren im Darm der Hühner. Befallene Tiere magern trotz starker Nahrungsaufnahme ab, haben Durchfall, stehen matt herum, haben hängende Flügel und können Lähmungserscheinungen zeigen. Bei starker Häufung von Würmern kann es zu einer Verstopfung des Darms kommen, die nicht selten zum Tode führt.

Zur Behandlung werden die üblichen Breitband-Anthelmintika in Form von Kapseln, Pulvern oder Lösungen verwendet. Die Behandlung sollte regelmäßig, am besten zweimal jährlich wiederholt werden, da eine Neuinfektion durch den verseuchten Boden jederzeit möglich ist. Ebenso empfehlen sich ein Abtragen der oberen Bodenschicht und eine Desinfektion des Bodens mit Branntkalk.

Kokzidien als Auslöser gefährlicher **Darmerkrankungen** gehören zu den einzelligen Tieren. Beim Huhn sind bisher neun verschiedene Kokzidienarten (Gattung *Eimeria*) bekannt. Folglich gibt es mehrere Formen der Kokzidiose, von denen neben der Dünndarm- die Blinddarmkokzidiose (Erreger *Eimeria tenella*) am gefährlichsten ist. Sie erzeugt blutige Durchfälle durch Entzündungen der Blinddärme, die stark aufgetrieben und blutig sind. Der Kot sieht, im Gegensatz zu den Ausscheidungen der Dünndarmkokzidiose, die eine braunrote Farbe haben, leuchtend rot aus (Rote Kükenruhr). Auch der Zwölffingerdarm ist stark befallen.

Die chronische Kokzidiose befällt ebenfalls hauptsächlich den Dünndarm und kann sich über Wochen hinziehen. Betroffene Tiere haben geringe Fresslust und magern sehr schnell ab. Der Kot ist wässrig, der Dünndarm hat eine hellrote Farbe.

Viele Alttiere sind von Kokzidien befallen, ohne dass Krankheitserscheinungen zu bemerken sind. Sie scheiden kontinuierlich Dauerformen dieser Erreger (Oocysten) aus, die nach einigen Tagen reif sind und dann virulent werden. Bei Küken kann die Krankheit schon ab der 2. Woche auftreten und äußert sich in Mattigkeit, großem Durst und gelb-bräunlichem, später blutigem Kot.

Zur Behandlung stehen zahlreiche Medikamente zur Verfügung. Da Kokzidien jedoch leicht resistent werden, wird ein Wechsel der Präparate von Zeit zu Zeit notwendig. Neuinfektionen durch von Alttieren ausgeschiedene Oocysten sind jederzeit möglich.

Die Impfung gegen Kokzidiose ist mittlerweile fest etabliert und wird oft von den Geflügelzuchtvereinen organisiert vorgenommen. Sie basiert auf abgeschwächten, aber noch vermehrungsfähigen Erregern, die eine Immunität gegen verschiedene Kokzidienarten erzeugen. Der Impfstoff wird zwischen dem 4. und 10. Lebenstag über das Trinkwasser verabreicht. Durch ständige Wiederaufnahme der ausgeschiedenen Erreger aus der Einstreu wird langsam eine Immunität aufgebaut. Um diese Wiederaufnahme zu ermöglichen, ist es notwendig, den Aufzuchtstall mindestens zwei Wochen nicht zu säubern. Auch darf im Fall der Impfung unter keinen Umständen Kükenfutter mit Kokzidiostatika gegeben werden, da dieses die Impfung wirkungslos macht und die Küken der Gefahr einer Ansteckung aussetzt.

Auch die **Schwarzkopfkrankheit** wird durch tierische Einzeller, in diesem Fall **Histomonaden**, ausgelöst. Betroffene Tiere haben geschrumpfte, teils bläuliche Kämme und Kehllappen, grünlichen Durchfall und magern ab. Der Verlauf ist schleichend und führt infolge starker Leberschädigung oft zum Tode. Da die Symptome zunächst unspezifisch sind und häufig Sekundärinfektionen mit *Escherichia coli* auftreten (die dann bei Kotproben diagnostiziert werden), wird die Ursache der Erkrankung vielfach nicht erkannt. Als Zwischenwirte können Regenwürmer fungieren, sodass einmal befallene Ausläufe ein ständiges Infektionsrisiko darstellen. Bei kontinuierlichen Verlusten sollte daher der Auslauf abgegraben und mit Branntkalk desinfiziert werden. Den besten Schutz bietet ein erneuerbarer Sandauslauf auf wasserdurchlässigen Folien.

Eine Behandlung ist schwierig, da die Medikamente auf Ronidazolbasis für Hühner mittlerweile verboten sind. Für Tauben sind sie zur Bekämpfung von Trichomonaden (Gelber Knopf) hingegen weiterhin zugelassen.

Zur Diagnose von Würmern, Kokzidien und Salmonellen sollte jeder Züchter mindestens einmal im Jahr eine **Kotprobenuntersuchung** durch einen Tierarzt vornehmen lassen.

Anhang

Register Hühnerrassen

Literaturverzeichnis

BDRG (2006): Rassegeflügel-Standard für Europa. Howa Druck & Satz, Nürnberg.

Benecke, N. (1994): Der Mensch und seine Haustiere – Die Geschichte einer jahrtausendealten Beziehung. Konrad Theiss Verlag, Stuttgart.

Crawford, R.D. (ed.) (1990): Poultry breeding and genetics. Elsevier, Amsterdam.

Dürigen, B. (1885): Die Geflügelzucht, 1. Auflage. Verlag Paul Paray, Berlin.

Dürigen, B. (1910): Die Geflügelzucht, 2. Auflage. Verlag Paul Paray, Berlin

Eriksson, J., Larson, G., Gunnarsson, U., Bedhom, B., Tixier-Boichard, M., Strömstedt, L., Wright, D., Jungerius, A., Vereijken, A., Randi, E., Jensen, P.& L. Andersson (2008): Identification of the yellow skin gene reveals a hybrid origin of the domestic chicken. PLoS Genet. 2008 Feb 29;4(2):e1000010. doi: 10.1371/journal.pgen.1000010.

Fischer, K. (1980): Bart-Haubenhühner. Geflügel-Börse 6/1980, S. 2-6. Verlag Jürgens, Germering.

Flisikowski, K., Schwarzenbacher, H., Wysocki, M., Weigend, S., Preisinger, R., Kjaer, J.B. & R. Fries (2008): Variation in neighbouring genes of the dopaminergic and serotonergic systems affect feather pecking behaviour of laying hens. Animal Genetics 40(2):192-9. doi: 10.1111/j.1365-2052.2008.01821

Gleichauf, R. (1972): Züchtungs- und Vererbungslehre für Geflügelzüchter, 4. Auflage. Verlag Fritz Pfenningstorff, Berlin u. Stuttgart.

Granevitze, Z., Hillel, J., Feldman, M., Six, A., Eding, H. & S. Weigend (2009): Genetic structure of a wide-spectrum chicken gene pool. Animal Genetics. doi:10.1111/j.1365-2052.2009.01902.x.

Kaiser, H.G. (2018): Das Bankivahuhn. Geflügelzeitung 2/2018. HK Hobby- und Kleintierzüchter Verlagsgesellschaft, Berlin.

Kirchner, U. (1984a) Ein Beitrag zur Entstehungsgeschichte des Haushuhnes – Teil 1. Geflügel-Börse 7/1984.

Kirchner, U. (1984b) Ein Beitrag zur Entstehungsgeschichte des Haushuhnes – Teil 2. Geflügel-Börse 9/1984.

Lawal, R. A., Martin, S. H., Vanmechelen, K., Verejken, A., Silva, P., Ll-Atiyat, R. M., Aljumaah, R. S., Mwacharo, J. M., Wu, D.-D., Zhng, Y.-P., Hocking, P. M., Smith, J., Wragg, D. & O. Hanotte (2020): The wild species genome ancestry of domestic chickens. BMC Biology (2020) 18:13. https://doi.org/10.1186/s12915-020-0738-1.

Lüttwitz, M. von (2003). Summierende Genwirkung beim Geflügel. Geflügel-Börse 16/2003. Verlag Jürgens, Germering.

Malomane, D. K., Simianer, H., Weigend, A., Reimer, C. , Schmitt, A. O. & S. Weigend (2019): The SYNBREED chicken diversity panel: a global resource to assess chicken diversity at high genomic resolution. BMC Genomics (2019) 20:345. https://doi.org/10.1186/s12864-019-5727-9.

Oehler, K. (1982): Zur Geschichte des Sultanhuhnes. Geflügel-Börse 24/1982, S. 3-5. Verlag Jürgens, Germering.

Osman, S. A. M. , Sekino, M., Kuwayama, T.,Kinoshita, K., Nishibori, M., Yamamoto, Y., & M. Tsudzuki (2006): Genetic variability and relationships of native Japanese chickens based on microsatellite DNA polymorphisms-focusing on the Natural Monuments of Japan. The Journal of Poultry Science 43(1): 12-22, 2006. https://doi.org/10.2141/jpsa.43.12. Abgerufen am 08.08.2022.

PALLESKE, W. (1997): Die natürliche und künstliche Brut und Aufzucht unserer Hühner. Verlag Oertel + Spörer, Reutlingen.

RAETHEL, H.S. (1991): Hühnervögel der Welt, 4. Auflage. Natur Verlag, Augsburg.

REGENSTEIN, F. (1979): Vererbung bei Hühnern und Tauben, 2. Auflage. Verlag Oertel + Spörer, Reutlingen.

SASAKI, K. & T. YAMAGUCHI (1970): Onaga-Dori (Long-Tailed Fowl) and their Inharited Studies in Japan. World´s Poultry Science Journal 26.

SCHWARZ, W & A. SIX (2004): Der große Geflügelstandard in Farbe. Band 1: Hühner – Truthühner – Perlhühner. 7. Auflage. Verlag Oertel + Spörer, Reutlingen.

SIX, A. (2005): Beobachtungen zum Türkischen Huhn. Geflügelbörse. Verlag Jürgens, Germering.

SIX, A. & B. MÜLLER (2007): Vererbung bei Hühnern und Wassergeflügel. Verlag Oertel + Spörer, Reutlingen.

SIX, A. & S. WEIGEND (2003): Genetische Vielfalt - Molekularbiologische Untersuchungen der Verwandtschaftsbeziehungen ausgewählter Hühnerrassen, Geflügelzeitung 4 und 5/2003. HK Hobby- und Kleintierzüchter Verlagsgesellschaft, Berlin.

SIX, A., FELLMIN, M. & S. NEUKIRCHEN (2025): Weiterführende Untersuchung zur Kurzbeinigkeit bei verschiedenen Hühnerrassen. Abschlussbericht. http://juwira.de/images/2025/Abschlussbericht_Kurzbeinigkeit_Endversion_aktualisiert_120525_Armin_Six.pdf.

SIWEK, M., WRAGG, D., SLAWINSKA, A., MALEK, M., HANOTTE, O. & J. M. MWACHARO (2013): Insights into the genetic history of Green-legged Partridgelike fowl: mtDNA and genome-wide SNP analysis. Animal Genetics, 44, 522–532. doi: 10.1111/age.12046.

SPERL, Theodor (1999): Hühnerzucht für jedermann. Verlag Oertel + Spörer, Reutlingen.

WANDELT, R & J. WOLTERS (1996): Handbuch der Hühnerrassen – Die Hühnerrassen der Welt. Verlag Wolters, Bottrop.

WANDELT, R & J. WOLTERS (1998): Handbuch der Zwerghuhnrassen – Die Zwerghuhnrassen der Welt. Verlag Wolters, Bottrop.

WANG, M.-S., THAKUR, M., PENG, M.-S., JIANG, Y., FRANTZ, L. A. F., LI, M. et al. (2020): 863 genomes reveal the origin and domestication of chicken. Cell Research (2020) 30:693 – 701; https://doi.org/10.1038/s41422-020-0349-y.

WANG, N., KIMBALL, R.T., BRAUN, E.L., LIANG, B. & Z. ZHANG (2013): Assessing Phylogenetic Relationships among Galliformes: A Multigene Phylogeny with Expanded Taxon Sampling in Phasianidae. PLoS ONE 8(5): e64312. doi:10.1371/journal.pone.0064312.